Die Prüfung der Elektrizitätszähler

Meßeinrichtungen, Meßmethoden und Schaltungen

Von

Dr.-Ing. Karl Schmiedel

Nürnberg

Vierte verbesserte und erweiterte Auflage

Mit 183 Abbildungen

Springer-Verlag

Berlin / Göttingen / Heidelberg

1954

ISBN-13: 978-3-642-49013-2 e-ISBN-13: 978-3-642-92634-1
DOI: 10.1007/978-3-642-92634-1

Softcover reprint of the hardcover 4th edition 1954

Vorwort zur vierten Auflage.

Die Aufgabe des Buches ist, dem Zählerfachmann eine zusammenfassende Übersicht über alle bekannten Methoden und Einrichtungen für die Prüfung und Justierung der Elektrizitätszähler zu geben, deren Kenntnis für ihn wichtig ist. Reichliche Angaben von Literaturstellen ermöglichen es dem Leser, den Quellen nachzugehen, wenn manche Darstellungen nur kurz gefaßt sind. Diese Zielsetzung ist von der ersten Auflage an beibehalten worden. Es ergab sich daher bei der Bearbeitung der neuen Auflage die Notwendigkeit, durch Kürzung verschiedener Abschnitte, die weniger wichtige oder veraltete Einrichtungen behandelten, Platz für die Beschreibung der fortschrittlichen Einrichtungen zu schaffen. Der Umfang des Buches brauchte somit nicht wesentlich vergrößert zu werden.

Zum Verständnis des Buches ist nur die Kenntnis der Grundlagen der Gleich- und Wechselstromtechnik und der Wirkungsweise der Elektrizitätszähler[1] vorausgesetzt.

Für die Bearbeitung der neuen Auflage war die Tatsache ausschlaggebend, daß die neueren Zähler sehr kleine Fehler haben, so daß an die Methoden und Einrichtungen für ihre Prüfung erhöhte Anforderungen gestellt werden. Erstrebenswert ist es, daß der Fehler der Messung nur den zehnten Teil des Fehlers des Zählers beträgt. Deshalb sind die Einrichtungen zur Konstanthaltung der elektrischen Größen (s. S. 43), die Geräte zur Justierung der Leistungsmesser und Normalzähler (s. S. 58), die Zeitmesser (s. S. 89) und die Gleichlastprüfzähler samt der Drehstromarbeitswaage und dem Spannungssymmetrieanzeiger (s. S. 97) ausführlich behandelt worden, ebenso die selbsttätigen Zähleinrichtungen (s. S. 107), die den persönlichen Fehler der Messung beseitigen. Die anderen Kapitel wurden durch Einfügung von Neuerungen ergänzt.

Die Darstellung der Schaltpläne ist in der alten Art beibehalten worden. Die Symbole der neuen VDE-Vorschriften wurden nicht verwendet; sie eignen sich wohl gut für ein bequemes Zeichnen großer Schaltpläne, lassen jedoch die Funktion der Elemente der Elektrizitätszähler und Leistungsmesser nicht so klar hervortreten, wie es für den Zweck des Buches wünschenswert ist. Auch sind sie inter-

---

[1] PFLIER, P. M.: Elektrizitätszähler, Berlin/Göttingen/Heidelberg: Springer 1954.

national nicht gebräuchlich. Dagegen wurden überall die Formelzeichen des AEF (DIN 1304) benutzt.

Der Grundsatz, nur die Geräte zu beschreiben und nicht ihre Zusammenfassung in Prüfständen, ist beibehalten worden. Die Prüfstände kann man in so mannigfaltigen Formen aufbauen, daß im Rahmen des Buches nur die eine oder die andere Bauart angegeben werden könnte, wodurch die Vollständigkeit leiden würde.

Auch die Fehlschaltungen der Zähler[1] sind nicht behandelt worden, weil deren Kenntnis zwar für die richtige Messung der Arbeit notwendig ist, aber nicht für die Prüfung und Justierung.

Ich hoffe somit, daß die Neuauflage den Wünschen der Leser gerecht wird und einen guten Überblick über den Stand der Technik im Zählerprüfwesen gibt.

Allen den Herren, die mich durch ihren Rat bei der Abfassung der Neuauflage unterstützt haben, sage ich an dieser Stelle meinen besten Dank.

Auch den Firmen, die mir bereitwillig Unterlagen und Bilder zur Verfügung stellten, danke ich für ihr Entgegenkommen.

Nürnberg, im Mai 1954

Karl Schmiedel.

---

[1] PFLIER, P. M.: Elektrizitätszähler, S. 294, 1954. — BEETZ, W.: Arch. techn. Messen 1937, J 752—6. — v. KRUKOWSKI, W.: Grundzüge der Zählertechnik, S. 441 und 508 (H. NÜTZELBERGER). Berlin: Springer 1930.

Inhaltsverzeichnis.

Seite

I. Allgemeines und Vorschriften 1
1. Meßgenauigkeit, Fehler, Berichtigung (Korrektion) 1
2. Größenordnung der Fehler 3
3. Fehlerkurve, Fehlergrenzen 7
a) Gleichstromzähler 8
b) Wirkverbrauchszähler für Ein- und Mehrphasen-Wechselstrom 9
c) Blindverbrauchszähler für Ein- und Mehrphasen-Wechselstrom 10
d) Scheinverbrauchszähler für Ein- und Mehrphasen-Wechselstrom 11
e) Großbereichzähler 12
f) Besondere Vorschriften der REZ 12
g) Verkehrsfehlergrenzen der Eichordnung der PTB 13
h) Meßwandler 13
i) Fehlergrenzen anderer Länder 15

II. Methoden zur Bestimmung des Fehlers 15
1. Langprüfung durch Zählwerksablesung 16
2. Kurzprüfung durch Zeit-Leistungs-Verfahren 18
3. Kurzprüfung durch Normalzählerverfahren 21
4. Kurzprüfung durch stroboskopische Verfahren 23
a) Direktes Verfahren, Durchsichtsstroboskop 23
b) Indirekte Verfahren 23

III. Die Fehlerkurve des Zählers und die mittleren Angaben für die Verrechnung mit dem Abnehmer 26

IV. Einrichtungen zur Erzeugung, Einstellung und Regelung der zugeführten Leistung 27
1. Sparschaltung 27
2. Stromquellen 28
a) Akkumulatorenbatterien 28
b) Gleichrichter 29
c) Gleichstromgeneratoren 31
d) Wechselstromgeneratoren 31
3. Einstellung des Hauptstromes, der Spannung, der Frequenz und der Phasenverschiebung 33
a) Einstellung des Hauptstroms 33
b) Einstellung der Spannung 36
c) Belastungs-Widerstände und -Transformatoren 36
d) Einstellung der Frequenz 38
e) Einstellung der Phasenverschiebung 39
4. Konstanthaltung des Stromes, der Spannung und der Frequenz . 43
a) Eisenwiderstand (Variator) 43
b) Glimmteiler-Röhre (Stabilisator) 44
c) Schwebespule 44

Seite

d) Magnetischer Spannungsgleichhalter 45
e) Kohledruckregler 46
f) Tirillregler 46
g) Regler mit hydraulischem Verstärker 47
h) Röhrenregler 48

V. Meßgeräte und Einrichtungen zur Bestimmung des Sollwerts der Angaben 53

1. Meßgeräte und Hilfseinrichtungen zur Messung der elektrischen Größen 54
a) Kompensatoren 54
b) Präzisionsmeßgeräte 64
c) Spannungs- und Strommesser zur annähernden Einstellung des Belastungszustandes 69
d) Frequenzmesser 72
e) Phasenmesser 73
f) Vorwiderstände, Nebenwiderstände und Wandler zur Erweiterung der Meßbereiche 74
g) Hilfseinrichtungen zur Bestimmung der Stromrichtung und der Phasenlage 80
h) Hilfsschalter zum Sparen von Meßgeräten 88

2. Geräte zur Bestimmung der Meßzeit 89
a) Normale für die Meßzeit 89
b) Stoppuhren 90
c) Röhrensender mit Synchronuhr 91

3. Prüf- und Eichzähler 94
4. Gleichlastprüfzähler und zugehörige Geräte 97
a) Gleichlastprüfzähler 97
b) Drehstromarbeitswaage 102
c) Spannungssymmetrieanzeiger 103

VI. Bestimmung des Istwerts der Angaben 105

1. Prüfung 105
2. Justierung 106

VII. Selbsttätige Einrichtungen zur Bestimmung des Ist- oder Sollwerts der Angaben 107

1. Integrierende Verfahren 107
a) Geber am Zähler 107
b) Verstärker 109
c) Empfänger 109

2. Stroboskopische Einrichtungen 119
a) Durchsichtsstroboskop 119
b) Lichtblitzbeleuchtung der Markenscheibe 120
c) Optischer Kompensator 121
d) Kathodenstrahloszillograph 122

VIII. Prüfschaltungen 124

1. Einphasenwechselstrom 127
a) Schaltung bei getrenntem Strom- und Spannungskreis 127
b) Schaltung bei direkter Belastung 128

Seite

2. Vierleiter-Zweiphasenwechselstrom 130
   a) Schaltung bei direkter Belastung 130
   b) Schaltung bei getrennten Strom- und Spannungskreisen . . . 130
3. Dreileiter-Zweiphasenwechselstrom 131
4. Vierleiter-Drehstrom, drei Meßwerke 131
   a) Schaltung bei getrennten Strom- und Spannungskreisen . . . 131
   b) Schaltung bei direkter Belastung 133
   c) Abschaltung einer Phase 134
5. Dreileiter-Drehstrom, drei Meßwerke 135
6. Dreileiter-Drehstrom, zwei Meßwerke 136
   a) Allgemeines 136
   b) Schaltung bei getrennten Strom- und Spannungskreisen . . . 137
7. Vierleiter-Drehstrom, zwei Meßwerke 140
   a) Allgemeines 140
   b) Schaltung bei getrennten Strom- und Spannungskreisen . . . 142
   c) Schaltung bei direkter Belastung 144
8. Vier- oder Dreileiter-Drehstrom, ein Meßwerk (sogenannte Drehstromzähler für gleichbelastete Phasen) 145
   a) Allgemeines 145
   b) Eine Hauptstromspule in einer Phasenleitung, eine Spannungsspule zwischen dieser Leitung und dem Nulleiter 145
   c) Eine Hauptstromspule in einer Phasenleitung, eine Spannungsspule zwischen dieser Leitung und einer anderen Phasenleitung 146
   d) Zwei Hauptstromspulen, jede in einer Phasenleitung, eine Spannungsspule zwischen diesen beiden Leitungen 147
9. Blindverbrauchzähler 149
   a) Allgemeines 149
   b) Vierleiter-Drehstrom, drei Meßwerke mit 180°-Verschiebung . 151
   c) Vierleiter-Drehstrom, drei Meßwerke mit 90°-Verschiebung . . 152
   d) Vierleiter-Drehstrom, drei Meßwerke mit 60°-Verschiebung . . 154
   e) Dreileiter-Drehstrom, zwei Meßwerke mit 180°-Verschiebung . 155
   f) Dreileiter-Drehstrom, zwei Meßwerke mit 90°-Verschiebung . 157
   g) Dreileiter-Drehstrom, zwei Meßwerke mit 60°-Verschiebung . 159
10. Zweileiter-Gleichstrom 160
11. Dreileiter-Gleichstrom 160
   a) Zwei Hauptstromspulen, jede in einem Außenleiter, Spannungskreis zwischen den beiden Außenleitern 160
   b) Eine Hauptstromspule in einem Außenleiter, Spannungskreis zwischen den beiden Außenleitern 162
   c) Eine Hauptstromspule in einem Außenleiter, Spannungskreis zwischen diesem Leiter und dem Nulleiter 163
12. Prüfschaltungen unter Verwendung des Gleichlastprüfzählers . . 163
   a) Einphasenwechselstrom und Drehstrom einseitig 163
   b) Drehstrom gleichseitig 164

IX. Prüfklemmen 165
1. Prüfklemme für Zweileiter-Gleich- oder -Wechselstrom 165
2. Prüfklemme für Dreileiter-Drehstrom 167

Seite

X. Prüfung der Strom- und Spannungswandler 168

1. Absolutes Verfahren von SCHERING und ALBERTI 169
   a) Stromwandler 169
   b) Spannungswandler 170
2. Gegenschaltungsverfahren von W. HOHLE 172
   a) Stromwandler 172
   b) Spannungswandler 174
3. Gegenschaltungsverfahren von O. ZWIERINA 175
   a) Stromwandler 175
   b) Spannungswandler 176
4. Gegenschaltungsverfahren mit Hilfswicklung auf dem Normalwandler 177

XI. Einrichtungen und Schaltungen für die Messung besonderer Eigenschaften und Vorgänge 178

1. Drehmoment 178
   a) Kräftemesser 178
   b) Selbsttätige Vorrichtung zur Aufzeichnung des Drehmoments über den ganzen Umfang, insbesondere für Gleichstromzähler 180
   c) Bestimmung des Drehmoments durch Rechnung aus der elektrisch zugeführten Leistung 181
2. Reibung 182
   a) Drehmoment-Torsionswaage 182
   b) Rotierendes Torsionsdynamometer 184
   c) Auslaufmessungen 186
   d) Methode des geeichten Motors 192
   e) Methode der Synchrondrehzahl bei Induktionszählern 193
3. Reibungskompensation 194
   a) Gleichstrom-Wattstundenzähler 194
   b) Wechselstrom-Induktionszähler und Gleichstromzähler . . . 195
4. Anlauf und Leerlauf 196
5. Eigenbremsung 197
   a) Auslaufmethode 197
   b) Methode des geeichten Motors 198
   c) Einlaufmethode 198
   d) Methode der Synchrondrehzahl 199
   e) Indirekte Bestimmung der Eigenbremsung 200
6. Stoßweise Belastung 202
7. Kurvenform 204
8. Äußere Felder 205
   a) Absichtliche Fälschung der Angaben 205
   b) Unabsichtliche Einwirkung stromführender Leitungen 205
9. Temperatur 207
10. Kurzschlußsicherheit 208
   a) Thermische Kurzschlußsicherheit 208
   b) Dynamische Kurzschlußsicherheit 209

Seite

11. Isolation 210
    a) Durchschlagprüfung 210
    b) Stoßspannungsprüfung 211
12. Eigenverbrauch der Wicklungen 213
    a) Gleichstrom 213
    b) Wechselstrom 213
13. Kurzschlußwindungen 218
    a) Kurzschlußprüfer nach A. TÄUBER-GRETLER 218
    b) Schlußhorcher 219
    c) Brücke mit Gleichrichtermeßgerät 219
14. 90°-Verschiebung 220
    a) Stillstandsmethode 220
    b) Winkelmessung mit Hilfsspule 222
15. Felder 222
    a) Gleichstrom 222
    b) Permanente Magnete 224
    c) Wechselstrom 225
16. Strömung in der Scheibe 226
17. Bürsten-Übergangswiderstand bei Gleichstrom-Amperestundenzählern 227
18. Gegenelektromotorische Kraft bei Gleichstromzählern 228
19. Schiefe Aufhängung 229

Namenverzeichnis 230

Sachverzeichnis 231

I. Allgemeines und Vorschriften.

Für die Beurteilung der Güte eines Elektrizitätszählers sind seine meßtechnischen Eigenschaften ausschlaggebend. Die Methoden, mit denen man sie bestimmt, und die Einrichtungen, die man zu ihrer Feststellung braucht, sollen in erster Linie behandelt werden, denn jeder Zähler muß auf diese Eigenschaften geprüft werden. Außer den meßtechnischen Eigenschaften ist es aber auch wichtig, die sogenannten maschinentechnischen Eigenschaften zu kennen, z. B. Drehmoment, Reibungsmoment, Leistungsaufnahme, Spannungsabfall, Temperatureinflüsse, Isolation. Diese Werte wird man jedoch nicht an jedem Zähler messen, sondern nur an einem oder mehreren Stücken einer neu einzuführenden Type. Die dafür verwendeten Einrichtungen werden im Schlußkapitel behandelt werden.

1. Meßgenauigkeit, Fehler, Berichtigung (Korrektion).

Das Messen ist eine vergleichende Tätigkeit: die zu messende Größe, Istgröße genannt, wird mit einer anderen sicher festgestellten Größe, Sollgröße genannt, verglichen. In der Meßtechnik haben sich gewisse Begriffe herausgebildet, nach denen man diesen Vergleich beurteilt. Es sind dies: die Genauigkeit, der Fehler, die Berichtigung (Korrektion), die Fehlergrenze, die Unsicherheit.

Genau ist eine Messung nur dann, wenn die Istgröße mit der Sollgröße übereinstimmt, d. h. wenn der Unterschied von beiden unendlich klein ist[1]. Man sollte deshalb nie ein Meßergebnis mit dem Ausdruck: Genauigkeit von soundsoviel Einheiten oder auch Prozent angeben, sondern sollte nur die negativen Begriffe: Fehler, Fehlergrenze, Toleranz, Unsicherheit benutzen. Als allgemeinen oder als Sammelbegriff wird man jedoch das Wort Meßgenauigkeit nicht ganz vermeiden können, weil es sich im Sprachgebrauch zu sehr eingebürgert hat.

Der absolute Fehler (Fehlangabe) eines Meßwertes oder Meßergebnisses ist die Differenz zwischen Istwert A (Istangabe) und Sollwert S (Sollangabe, wirklicher Verbrauch):

$$\pm F_a = A - S.$$

[1] DIN 1319, Juli 1942: Grundbegriffe der Meßtechnik. — MIE, GUSTAV: Die Grundlagen der Mechanik, Stuttgart: Enke 1950, S. 5 u. 6.

Der Fehler ist also positiv, wenn der Istwert zu groß, negativ, wenn er zu klein ist.

Der relative Fehler ist das Verhältnis vom absoluten Fehler zum Sollwert: $\pm F = \frac{A - S}{S}$.

Meist wird der prozentuale Fehler angegeben, der 100mal so groß ist

$$\pm F = \frac{A - S}{S} \cdot 100\%.$$

Die Berichtigung oder Korrektion k ist der negative Wert des Fehlers

$$A \pm k = S, \ \pm k = S - A = \mp F_a.$$

Die Berichtigung kann man ebenso wie den Fehler auch in Prozenten angeben.

Der Korrektionsfaktor C (früher auch Constante genannt) ist der Faktor, mit dem man den Istwert multiplizieren muß, um den Sollwert zu erhalten: $C \cdot A = S$, $C = \frac{1}{1 \pm F}$, wenn F der relative Fehler ist, und $F = \frac{1 - C}{C}$.

Bei der Bestimmung des Fehlers wird es für die übliche Prüfung von Zählern genügen, wenn man nur eine Messung vornimmt. Will man genauere Fehlerbestimmungen machen, so wird man den mittleren Fehler aus einer Anzahl aufeinanderfolgender Messungen errechnen müssen. Man kann dann die unvermeidlichen persönlichen Fehler des Beobachters und andere Einflüsse eliminieren. Der mittlere Fehler[1] von n Messungen ist, wenn $F_1, F_2, F_3 \ldots F_n$ die Fehler der Einzelmessungen sind,

$$F_m = \pm \sqrt{\frac{F_1^2 + F_2^2 + F_3^2 \ldots + F_n^2}{n}} \left(1 + \frac{0{,}707}{\sqrt{n}}\right)$$

Sind die Einzelfehler klein und ist die Anzahl n der Beobachtungen groß, so genügt es, den arithmetischen Mittelwert der Fehler zu bilden, der nur sehr wenig von dem genauen Wert abweicht.

Je mehr Einzelwerte man bestimmt, um so sicherer wird das Meßergebnis. Die Unsicherheit[2] eines Meßergebnisses ist der Betrag, um den bei häufiger Wiederholung einer Meßreihe der Durchschnitt der einzelnen Meßreihen um den Gesamtdurchschnitt aller Messungen streut.

Auch ohne diese genaue Definition ist es verständlich, wenn man sagt, daß ein Meßergebnis um soundsoviel Prozent, z. B. $\pm$ 0,2%, unsicher ist oder nur mit einer Unsicherheit von $\pm$ 0,2% angegeben werden kann[3].

---

[1] KOHLRAUSCH: Praktische Physik, 19. Aufl., Leipzig u. Berlin: B. G. Teubner 1950, Bd. 1, S. 17.

[2] DIN 1319, Juli 1942.

[3] Siehe auch P. M. PFLIER: Elektrische Meßgeräte und Meßverfahren. Berlin/Göttingen/Heidelberg: Springer 1951.

2. Größenordnung der Fehler.

Jede zu messende Größe muß auf eine Grundgröße bezogen werden, deren Wert durch internationale Abmachungen festgelegt und durch eine amtliche Stelle verbürgt ist. Um zu diesen Grundgrößen zu gelangen, muß man aber einen Umweg über verschiedene Meßgeräte machen. Wir nehmen beispielsweise an, daß wir einen in einem Stromkreis fließenden Gleichstrom messen wollen. Dazu benutzen wir einen Strommesser, den wir in den Stromkreis einschalten. Diesen Strommesser müssen wir vorher geeicht haben; wir haben zu diesem Zweck einen sogenannten Normalwiderstand mit ihm in Reihe geschaltet und an dessen Enden mit dem Kompensationsapparat die Spannung gemessen. Der Normalwiderstand, der dauernd im Gebrauch ist, muß mit einem anderen Normalwiderstand, der sich z. B. bei einem staatlichen Institut in besonderer Verwahrung findet, dieser wieder mit einem Quecksilbernormal (z. B. bei der Physikalisch-Technischen Bundesanstalt) verglichen worden sein. Erst dieses kann man als Grundgröße ansprechen. Das gleiche gilt für die Widerstände im Kompensationsapparat. Für die Spannung ist als Grundgröße die EMK des (WESTONschen) Normalelements festgelegt (s. S. 55); es wird am Kompensationsapparat direkt verwendet, muß aber ab und zu von der Physikalisch-Technischen Bundesanstalt überprüft werden.

So kommen wir zu folgendem Schema:

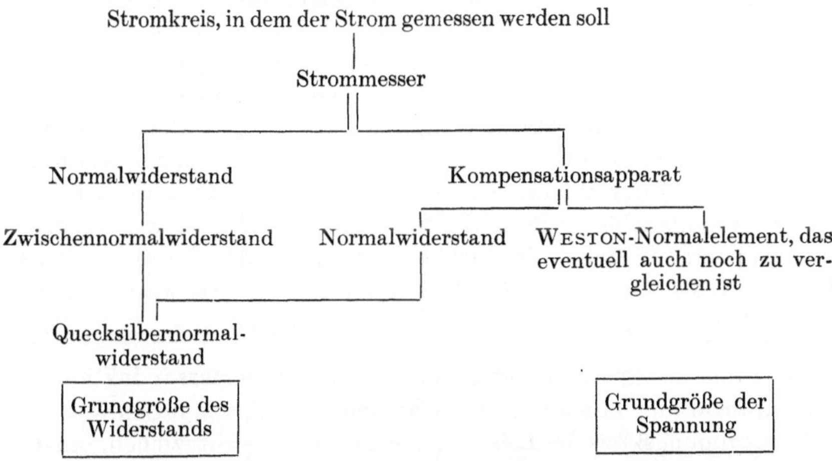

Der mögliche Gesamtfehler ist die arithmetische Summe der Einzelfehler der einzelnen Meßgeräte, er kann größer werden, als man meist annimmt. Man muß sich deshalb vor Beginn einer Messung über die Größe der möglichen Fehler Rechenschaft geben, damit der Fehler des Meßergebnisses innerhalb der Grenzen bleibt, die man verantworten kann. Wenn man die Einrichtungen, die diese Nachprüfung gestatten, nicht selbst zur Verfügung hat, so muß man die verwendeten Meßgeräte bei einer amtlichen Stelle, die die Größe der Fehler feststellt und verbürgt, prüfen lassen.

Die Sicherheit einer Messung hängt weiterhin auch von der Art ab, in der man die Messung vornimmt. Mißt man z. B. eine Größe aus der Differenz zweier Meßwerte, so ist mit einem kleinen Meßfehler zu rechnen, wenn der als Differenz gemessene Wert etwa von der Größenordnung des größeren der beiden Meßwerte ist. Je kleiner dagegen der Differenzwert ist, desto größer wird der prozentuale Fehler, weil ja die Fehler der beiden Meßwerte, aus denen er errechnet wird, ebenso groß bleiben wie beim erstgenannten Fall.

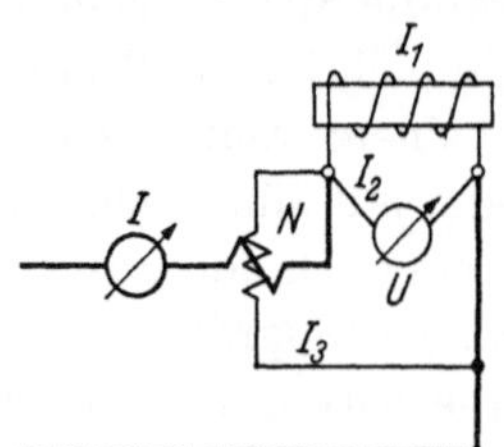

Abb. 1. Messung des Wirkstroms einer Spule mit Eisenkern.

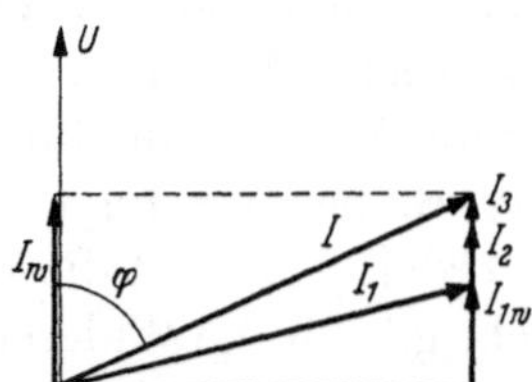

Abb. 2. Diagramm zur Schaltung Abb. 1.

Im folgenden soll an einem Beispiel gezeigt werden, welch große Fehler bei der Messung in einem verhältnismäßig einfachen Fall einer Schaltung für Wechselstrom auftreten können, wobei auch die Bildung von Differenzwerten vorkommt. In Abb. 1 ist die Meßschaltung für einen solchen Stromkreis, eine Spule mit Eisenkern, angegeben. Die Spannung U an den Enden der Spule wird mit einem Spannungsmesser gemessen; der Strom I und die Leistung N der Spule und der Meßgeräte insgesamt mit einem Strommesser und einem Leistungsmesser. Es soll der Wirkstrom in der Spule festgestellt werden. Aus dem Diagramm Abb. 2 sehen wir, daß man am einfachsten so vorgeht: Man bestimmt zunächst die Wirkkomponente I_W des Gesamtstroms I: $I_W = I \cdot \cos\varphi$. Den Strom I hat man am Strommesser abgelesen; der Leistungsfaktor ist $\cos\varphi = \frac{N}{U \cdot I}$. Da die Widerstände des Spannungsmessers und des Spannungskreises des Leistungsmessers induktionsfrei sind, braucht man nun nur noch die Ströme I_2 im Spannungsmesser und I_3 im Spannungskreis des Leistungsmessers von I_W abzuziehen, um den Wirkstrom I_{1W} in der Spule zu erhalten. Wir wollen durch Einsetzen von Zahlenwerten feststellen, welche Fehler auftreten können. Wir benutzen für die Messung Präzisionsmeßgeräte, die Fehler von nur $\pm 0{,}1\%$ haben sollen, wozu wir erfahrungsgemäß noch einen Ablesefehler von $\pm 0{,}1\%$ annehmen müssen. So erhalten wir folgende Aufstellung:

	Sollwert	Ablesung in Teilstrichen	Anzeigefehler in Teilstrichen	Ablesefehler in Teilstrichen	Gesamtfehler in %
Spannung U	110,0 V	110,0	$\pm$ 0,1	$\pm$ 0,1	$\pm$ 0,2
Gesamtstrom I	0,500 A	50,0	$\pm$ 0,1	$\pm$ 0,1	$\pm$ 0,4
Leistung N	22,0 W	22,0	$\pm$ 0,1	$\pm$ 0,1	$\pm$ 1,0
Leistungsfaktor $\cos\varphi$	0,40				
Wirkstrom I_W	0,200 A				

Spannungsmesser I_2 0,055 A (0,05 A je 100 V) $r_2 \pm 0{,}2\%$ } Fehler der
Leistungsmesser I_3 0,033 A (0,03 A je 100 V) $r_3 \pm 0{,}2\%$ } Widerstände

Wirkstrom $I_{1W} = I_W - I_2 - I_3 = 0{,}112$ A.

Der größte Wert I'_{1W} und der kleinste Wert I''_{1W}, zwischen denen der Wirkstrom der Spule schwanken kann, errechnen sich dann zu

$$I'_{1W} = 0{,}502 \cdot \frac{22{,}2}{109{,}8 \cdot 0{,}502} - 0{,}0549 - 0{,}0329 = 0{,}1144$$

$$I''_{1W} = 0{,}498 \cdot \frac{21{,}8}{110{,}2 \cdot 0{,}498} - 0{,}0551 - 0{,}0331 = 0{,}1096.$$

Der Fehler, mit dem man trotz Benutzung bester Meßgeräte rechnen muß, ist also etwa $\pm$ 2,1%.

Dem Beispiel, an dem wir sahen, wie große Fehler bei ganz einfachen Messungen auftreten können, wollen wir ein anderes gegenüberstellen, das sich auf die Praxis der Zählerprüfung bezieht und zeigen soll, daß man bei Anwendung von allen Vorsichtsmaßnahmen und unter Verwendung sehr guter Meßgeräte mit einem ziemlich kleinen Fehler rechnen kann. Zur Bestimmung des Fehlers des zu prüfenden Zählers (s. S. 19) zählt man eine gewisse Anzahl von Umdrehungen des Zählerankers, und mißt die Arbeit, die man während dieser Umdrehungen zuführt, durch Bestimmung der Leistung und der Zeit. Die Leistung bestimmt man bei Gleichstrom durch Messung des Stroms und der Spannung mit getrennten Meßgeräten, bei Wechselstrom mit einem Leistungsmesser. Die Zeit mißt man mit einer Stoppuhr (s. S. 90). Wir wollen im folgenden die Leistung mit einem Leistungsmesser messen. Der Fehler eines geeichten Präzisionsleistungsmessers muß mindestens mit 0,1 Teilstrichen angenommen werden. Der Temperaturfehler des Leistungsmessers sei 0,1% je 10° C; der Ablesefehler ist erfahrungsgemäß etwa 0,1 Teilstrich. Bei einer um 5° von der Normaltemperatur abweichenden Raumtemperatur ist also bei Teilstrich 100 der Fehler der Messung 0,25%. Der Fehler der Stoppuhr mit 60-Sekunden-Teilung, mit der man die Zeit bestimmt, ist $\pm$ 0,2 Sekunden, weil der Zeiger nicht kontinuierlich über die Skala läuft, sondern von 0,2 zu 0,2 Sekunden springt. Bei einer Beobachtungszeit von 60 Sekunden ist der mögliche Fehler also 0,33%. Der mögliche Gesamtfehler ist demnach für die Arbeitsmessung 0,58%, rund 0,6%. In Abb. 3 ist der mögliche Gesamtfehler auch für andere Ausschläge des Leistungsmessers als 100 Teilstriche, und für die Beobachtungszeiten 1 min (Kurve *a*), 2 min (Kurve *b*) und unendlich lange Zeit (Kurve *c*) gezeichnet[1]. Bei der Kurve *c* fällt der Fehler der Stoppuhr weg und es bleibt nur noch der Fehler des Leistungsmessers übrig. Unberücksichtigt sind dabei geblieben der Winkelfehler des Leistungsmessers, der bei Phasenverschiebung zwischen Strom und Spannung den Fehler des Leistungsmessers vergrößern kann, weiterhin der Fehler durch Exzentrizität des Zeigers der Stoppuhr und der individuelle Fehler der messenden Person.

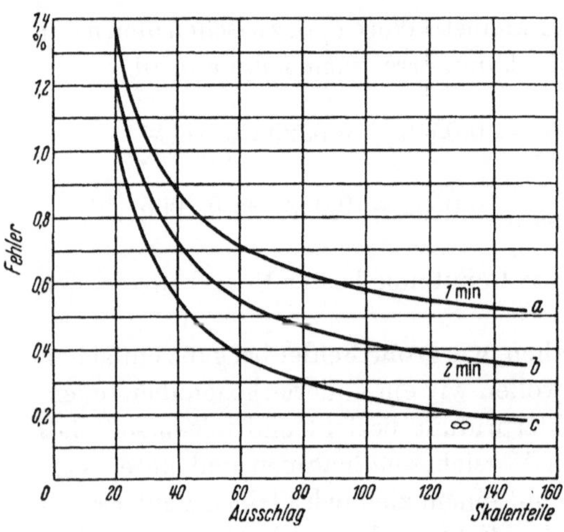

Abb. 3. Fehler bei Arbeitsmessung mit Leistungsmesser und Stoppuhr.

Da sich die Fehler nur selten nach einer Richtung addieren, wird der Gesamtfehler meist kleiner sein, als der in Abb. 3 gezeichnete größtmögliche Gesamtfehler. Die Wahrscheinlichkeitsrechnung ergibt, daß bei der Hälfte aller Messungen der Meßfehler nur ein Drittel, bei Dreiviertel aller Messungen nur die Hälfte des in Abb. 3 angegebenen größtmöglichen Fehlers beträgt[2]. Ausgeführte Messungen bestätigen die Rechnung.

Man ist natürlich dauernd bestrebt, die Meßverfahren so zu verbessern, daß die Meßfehler kleiner werden als bei dem beschriebenen Verfahren. Das später im Kapitel V beschriebene Gleichlastverfahren in Verbindung mit der Arbeitswaage ist für alle vorkommenden Prüfungen an Elektrizitätszählern nur noch mit einem Fehler von 0,1% behaftet, so daß es allen Anforderungen genügt.

Zum Schluß sei noch ein Hinweis auf die zahlenmäßige Auswertung der Messungen gegeben: Bei der Angabe der Zahlenwerte soll man nur so viele Stellen angeben, wie man nach der Unsicherheit der Meßwerte verantworten kann. Es hat keinen Zweck, ein mit einer gewissen Unsicherheit erhaltenes Meßergebnis mit einer großen Anzahl von Stellen auszurechnen und dadurch kleine Meßfehler vorzutäuschen, die gar

---

[1] VOGLER, H.: ETZ 1935, S. 98.

[2] Die Rechnung führte Herr Dr. FÖRSTER durch.

nicht vorhanden sind. Andererseits soll man aber immer so viele Stellen angeben, wie dem Meßfehler entsprechen. Kann man den Fehler einer Messung auf $\pm$ 0,1% angeben, so soll man z. B. schreiben: Fehler = 3,0% und nicht nur: Fehler = 3%.

Um auch später feststellen zu können, wann und unter welchen Bedingungen die Messung vorgenommen wurde, sollte man bei jeder Messung das Datum und die Uhrzeit, die Nummern und Meßbereiche der benutzten Meßgeräte und die Temperatur des Beobachtungsraumes aufschreiben.

Die wenigen Hinweise mögen genügen, um das Wesentliche, das bei Messungen zu beachten ist, zu veranschaulichen. Wenn damit auch nicht alle vorkommenden Fälle erfaßt wurden, so werden die Beispiele doch zu erkennen geben, wie wichtig es ist, sich Rechenschaft über die Größe der möglichen Fehler zu geben[1].

3. Fehlerkurve, Fehlergrenzen.

Die Fehlerkurve eines Elektrizitätszählers ist die Kurve, die man erhält, wenn man als Abszisse die Stromstärke oder die Leistung, als Ordinate die Fehler, die man bei verschiedenen Stromstärken oder Leistungen gemessen hat, aufträgt.

Als Fehlergrenzen bezeichnet man die Grenzwerte der Fehler, zwischen denen die Fehlerkurve des Zählers liegen soll. Der Hersteller kann gewisse Fehlergrenzen garantieren. Meist ist es aber üblich, die amtlich zugelassenen Fehlergrenzen[2] oder die vom Verband Deutscher Elektrotechniker in den Regeln für Elektrizitätszähler[3] angegebenen Fehlergrenzen als Grundlage für die Garantiewerte zu benutzen. Die Fehlergrenzen nach der Eichordnung der Physikalisch-Technischen Bundesanstalt werden im folgenden mit PTB, die nach den Regeln für Elektrizitätszähler des Verbandes Deutscher Elektrotechniker mit REZ bezeichnet. Soweit möglich werden die Werte nach diesen beiden Richtlinien in tabellarischen Zusammenstellungen miteinander verglichen.

Allgemeines. Bei der Prüfung der Zähler auf Einhaltung der Fehlergrenzen soll die Raumtemperatur zwischen 15 und 25° C liegen. Vor Beginn der Prüfung soll die Spannungsspule des Zählers mindestens eine halbe Stunde an die Nennspannung angeschlossen sein. Die Einschaltdauer der Stromkreise ist beliebig lang.

---

[1] Ausführliches über Auswertung der Beobachtungen vgl. KOHLRAUSCH, Praktische Physik, 19. Aufl. 1950, Bd. 1, S. 14ff.

[2] Eichordnung der Physikalisch-Technischen Bundesanstalt vom 24. 1. 1942, Nachdruck 1949.

[3] Regeln für Elektrizitätszähler (REZ) des Verbandes Deutscher Elektrotechniker VDE 0418/6. 52.

Als abgekürzte Bezeichnungen sind festgelegt:

N_n = Nennleistung, N = jeweilige Leistung
N'_n = Nennblindleistung, N' = jeweilige Blindleistung,
N''_n = Nennscheinleistung, N'' = jeweilige Scheinleistung,
J_n = Nennstrom, J = jeweiliger Strom,
U_n = Nennspannung, U = jeweilige Spannung,
φ = Winkel, dessen Cosinus gleich dem Leistungsfaktor ist.

Bei Einphasenwechselstrom ist $\cos\varphi = \frac{\text{Wirkleistung}}{\text{Scheinleistung}}$.

Bei Mehrleiterzählern und Zählern für Mehrphasenstrom ist $\cos\varphi = \frac{\text{Gesamte Wirkleistung}}{\text{Summe der Scheinleistungen}}$ in den einzelnen Leitungen bzw. Phasen. Daraus wird tg φ bestimmt.

a) Gleichstromzähler.

Nach PTB sollen alle Gleichstromzähler folgende Fehlergrenzen einhalten. Nach REZ wird unterschieden zwischen

1. Gleichstrom-Zweileiterzählern und -Dreileiterzählern bei gleichseitiger Belastung und
2. Gleichstrom-Dreileiterzählern bei einseitiger Belastung.

Belastung in % von N_n bei PTB in % von J_n bei REZ	Zulässiger Fehler in %		
	PTB	REZ 1. gleichseitig	REZ 2. einseitig
5	± 9	± 5,0	
10	± 6		
20		± 3,5	± 4,0
50	± 3	± 2,5	± 3,5
100	± 3	± 2,5	± 3,0
125	± 4		
Grenzstrom		± 3,0	± 3,0

Die Zwischenwerte müssen innerhalb der Werte liegen, die sich bei graphischer Darstellung aus der geradlinigen Verbindung der Tabellenwerte ergeben.

Der kleinste Strom, bei dem elektrodynamische Wattstundenmotorzähler anlaufen müssen, soll 2% J_n nicht überschreiten; der Zähler soll dabei erschütterungsfrei aufgehängt und der Spannungskreis an die Nennspannung angeschlossen sein.

Magnetmotorzähler sollen bei 1% J_n anlaufen.

Innerhalb eines Spannungsbereichs von 90 bis 110% U_n dürfen elektrodynamische Wattstundenmotorzähler auch bei kleinen Erschütterungen nicht leerlaufen.

b) Wirkverbrauchszähler für Ein- und Mehrphasen-Wechselstrom.

α) Wirkverbrauchszähler als unmittelbar angeschlossene oder mit Meßwandlern als Ganzes zu prüfende Zähler. Nach PTB darf der Fehler zwischen 5 und 125% der Nennleistung folgende Grenzen nicht überschreiten:

$$\pm F = 3 + 0{,}05 \frac{N_n}{N} + 0{,}5 \cdot \left(1 + 0{,}1 \frac{N_n}{N}\right) \cdot \operatorname{tg} \varphi \%$$

tg φ ist immer positiv einzusetzen, gleichgültig, ob das Netz induktive oder kapazitive Belastung hat. In der nebenstehenden Tabelle sind die cos φ und tg φ gegenübergestellt. Danach kann man sich tg φ als Funktion von cos φ als Kurve auf Millimeterpapier zeichnen, wenn man häufiger Fehlerberechnungen vorzunehmen hat. Auch der cos φ-Rechenschieber von Beetz[1] ist zum schnellen Auffinden von tg φ geeignet. Der Anlaufstrom soll 0,5% J_n nicht überschreiten; der Zähler soll dabei erschütterungsfrei aufgehängt und der Spannungskreis an die Nennspannung angeschlossen sein. Der Zähler soll nur mit dem Zählwerk, nicht mit zusätzlichen Einrichtungen belastet sein. Innerhalb eines Spannungsbereiches von 90 bis 110% U_n darf der Zähler nicht leerlaufen.

cos φ	tg φ	cos φ	tg φ
1	0	0,4	2,291
0,9	0,4843	0,3	3,179
0,8	0,7500	0,2	4,899
0,7	1,021	0,1	9,950
0,6	1,333	0	∞
0,5	1,732		

Die zahlenmäßige Gegenüberstellung der Fehlergrenzen nach PTB und REZ zeigt die folgende Tabelle:

Belastung in % von N_n bei PTB in % von J_n bei REZ	Zulässiger Fehler in % bei cos φ = 1		bei cos φ = 0,5	
	PTB	REZ	PTB	REZ
5	± 4,0	± 2,5	± 6,6	
10	± 3,5	± 2,0	± 5,23	
20	± 3,25	± 2,0	± 4,55	± 2,0
50	± 3,1		± 4,14	
100	± 3,05	± 2,0		± 2,0
125	± 3,04			
Grenzstrom		± 2,5		± 3,0

Für Dreileiter- und Vierleiter-Drehstromzähler geben die REZ außerdem für einseitge Belastungen zwischen zwei Außenleitern bzw. zwischen einem Außenleiter und dem Mittelpunktleiter folgende Fehlergrenzen an:

[1] Hersteller A. W. Faber-Castell.

Belastung in % von J_n	Zulässiger Fehler in %	
	bei $\cos\varphi = 1$	bei $\cos\varphi = 0.5$
10	± 3,0	—
20	± 2,5	—
100	± 2,5	± 3,0
Grenzstrom	± 3,0	—

β) Wirkverbrauchs-Meßwandlerzähler, die für sich zu prüfen sind. Nach PTB darf der Fehler zwischen 5 und 125% der Nennleistung folgende Grenzen nicht überschreiten:

$$\pm F_m = 2 + 0{,}03\,\frac{N_n}{N} + 0{,}3\left(1 + 0{,}05\,\frac{N_n}{N}\right)\operatorname{tg}\varphi\%$$

Für Anlauf und Leerlauf gelten die gleichen Bestimmungen wie für unmittelbar angeschlossene Zähler.

Die Fehlergrenzen gelten für Einphasenstrom von $\cos\varphi = 0{,}5$ bis 1, für Mehrphasenstrom von $\cos\varphi = 0{,}2$ bis 1, für letztere oberhalb der Nennstromstärke nur für symmetrische Belastung.

Die Zahlenwerte gibt die folgende Tabelle, wobei bei den REZ die gleichen Werte gelten wie für unmittelbar angeschlossene Zähler.

Belastung in % von N_n bei PTB in % von J_n bei REZ	Zulässiger Fehler in %			
	bei $\cos\varphi = 1$		bei $\cos\varphi = 0{,}5$	
	PTB	REZ	PTB	REZ
5	± 2,6	± 2,5	± 3,64	
10	± 2,3	± 2,0	± 3,08	
20	± 2,15	± 2,0	± 2,80	± 2,0
50	± 2,06		± 2,63	
100	± 2,03	± 2,0		± 2,0
125	± 2,02			
Grenzstrom		± 2,5		± 3,0

c) Blindverbrauchszähler für Ein- und Mehrphasen-Wechselstrom

α) Blindverbrauchszähler als unmittelbar angeschlossene oder mit Meßwandlern als Ganzes zu prüfende Zähler. Nach PTB darf der Fehler zwischen 5 und 125% der Nennblindleistung folgende Grenzen nicht überschreiten:

$$\pm F' = 3 + 0{,}05\,\frac{N'_n}{N'} + 0{,}5\left(1 + 0{,}1\,\frac{N'_n}{N'}\right)\operatorname{ctg}\varphi\%$$

$\operatorname{ctg}\varphi$ ist immer positiv einzusetzen.

Die Fehlergrenzen gelten nur für $\cos\varphi \leqq 0{,}98$, d. h. $\sin\varphi \geqq 0{,}2$, bei Mehrphasenstrom nur für symmetrische Belastung.

β) Blindverbrauchs-Meßwandlerzähler, die nur für sich zu prüfen sind. Nach PTB gelten unter den gleichen Voraussetzungen wie unter c, α) folgende Fehlergrenzen:

$$\pm F' = 2 + 0{,}03\,\frac{N'_n}{N'} + 0{,}3\left(1 + 0{,}05\,\frac{N'_n}{N'}\right)\cdot\operatorname{ctg}\varphi \text{ in } \%$$

Die Zahlenwerte sind die gleichen, wie für Wirkverbrauchszähler, wenn man in den Tabellen anstelle von N_n und N die Werte N'_n und N', anstelle von $\cos\varphi$ den Wert $\sin\varphi$ einsetzt.

d) Scheinverbrauchszähler für Ein- und Mehrphasen-Wechselstrom.

α) Scheinverbrauchszähler als unmittelbar angeschlossene oder mit Meßwandlern als Ganzes zu prüfende Zähler. Nach PTB darf der Fehler zwischen 5 und 125% der Nennscheinleistung bzw. des Nennstromes folgende Grenzen nicht überschreiten:

$$\pm F'' = 3{,}5 + 0{,}14\,\frac{N''_n}{N''} - 0{,}5\left(1 + 0{,}1\,\frac{N''_n}{N''}\right)\operatorname{tg}(45^\circ - \varphi)\,\%$$

$\operatorname{tg}(45^\circ - \varphi)$ ist stets positiv einzusetzen.

Die Fehlergrenzen gelten für den Bereich der Phasenverschiebungen, für den der Zähler laut Aufschrift bestimmt ist, und zwar nur für symmetrische Belastungen. Wenn kein Bereich der Phasenverschiebungen angegeben ist, gelten die Fehlergrenzen für alle möglichen Phasenverschiebungen.

β) Scheinverbrauchs-Meßwandlerzähler, die für sich zu prüfen sind. Nach PTB gelten unter den gleichen Voraussetzungen wie unter d, α) folgende Fehlergrenzen:

$$\pm F''_M = 2{,}3 + 0{,}064\,\frac{N''_n}{N''} - 0{,}3\left(1 + 0{,}05\,\frac{N''_n}{N''}\right)\cdot\operatorname{tg}(45^\circ - \varphi)\,\%$$

Die Zahlenwerte gibt die folgende Tabelle. Dazu ist zu bemerken, daß die Werte für $\cos\varphi = 1$ und $\sin\varphi = 0$ auch für $\sin\varphi = 1$ und $\cos\varphi = 0$, die für $\cos\varphi = 0{,}5$ und $\sin\varphi = 0{,}87$ auch für $\sin\varphi = 0{,}5$ und $\cos\varphi = 0{,}87$ usw. gelten.

Belastung in % von N''_n oder in % von J_n	Zulässiger Fehler in %					
	bei $\cos\varphi = 1$, $\sin\varphi = 0$		bei $\cos\varphi = 0{,}5$, $\sin\varphi = 0{,}87$		bei $\cos\varphi = 0{,}25$, $\sin\varphi = 0{,}97$	
	Unmittelbar angeschlossene Zähler	Wandlerzähler	Unmittelbar angeschlossene Zähler	Wandlerzähler	Unmittelbar angeschlossene Zähler	Wandlerzähler
5	± 4,80	± 2,98	± 5,90	± 3,42	± 5,42	± 3,23
10	± 3,90	± 2,49	± 4,64	± 2,82	± 4,31	± 2,67
20	± 3,45	± 2,25	± 4,00	± 2,52	± 3,76	± 2,40
50	± 3,18	± 2,10	± 3,62	± 2,34	± 3,43	± 2,23
100	± 3,09	± 2,05	± 3,49	± 2,28	± 3,32	± 2,18
125	± 3,07	± 2,04	± 3,47	± 2,27	± 3,29	± 2,17

Die REZ enthalten für Blind- und Scheinverbrauchszähler keine Vorschriften.

e) Großbereichzähler.

Für Zähler, die als Großbereichzähler gekennzeichnet sind, gelten nach PTB von 5 bis 125% der Nennleistung die Fehlergrenzen der nicht als solche gekennzeichneten. Darüber hinaus bis zu der auf dem Zählerschild angegebenen Grenzstromstärke gelten die für die Nennstromstärke — für Wechselstromzähler bei der jeweiligen Phasenverschiebung — festgelegten Fehlergrenzen. In den REZ sind für die Fehlergrenzen bei Grenzstrom besondere Werte angegeben (s. obige Tabellen).

f) Besondere Vorschriften der REZ.

Für verschiedene Einflüsse enthalten die REZ Vorschriften, die in der Eichordnung der PTB nicht vorgesehen sind. Bei den Typenprüfungen für die Beglaubigung der Zähler werden diese Einflüsse jedoch berücksichtigt, ohne daß die PTB sich an bestimmte Fehlergrenzen bindet. Die Vorschriften der REZ für die verschiedenen Einflüsse werden im folgenden kurz zusammengestellt. Diese Einflüsse wird man nur dann messen, wenn man eine neue Type in meßtechnischer Hinsicht beurteilen will.

α) Einfluß einer Spannungsänderung von $\pm$ 10% U_n.

Zählerart	Zusätzlicher Fehler in %
Ein- und Mehrphasen-Wechselstromzähler	$\pm$ 1
Gleichstrom-Wattstundenzähler	$\pm$ 2

β) Einfluß einer Frequenzänderung von $\pm$ 5% f_n.

Belastung in % von J_n	zusätzlicher Fehler in % bei cos φ = 1	bei cos φ = 0,5
10	$\pm$ 1	—
100	$\pm$ 1	$\pm$ 2

Die Vorschrift gilt für alle Wechselstromzähler.

γ) Einfluß einer Eigenerwärmung. Nach beliebig langer Einschaltung des Hauptstromkreises und bei mindestens einhalbstündiger Einschaltung des Spannungskreises bei Wattstundenzählern gelten folgende Bedingungen:

Zählerart	Zulässige Änderung des Fehlers in % bei cos φ = 1	bei cos φ = 0,5
Induktionsmotorzähler und elektrodynamische Zähler	$\pm$ 1	$\pm$ 1,5
Magnetmotorzähler und Elektrolytzähler	$\pm$ 1	

δ) Einfluß der Raumtemperatur. Bei einer Raumtemperatur von —5° bis +35° C soll die Änderung der Angaben nicht größer sein als 1% je 10° C, bei temperaturkompensierten Zählern nicht größer als

0,5 %je 10° C. Dies gilt für Ein- und Mehrphasen-Wechselstromzähler bei

100% von J_n und $\cos\varphi = 1$ und $\cos\varphi = 0{,}5$

und bei 10% von J_n und $\cos\varphi = 1$

für Gleichstromzähler bei 10 und 100% von J_n.

ε) Einfluß von Fremdfeldern. Ein Fremdfeld von 1,25 Oerstedt darf bei 20% J_n keinen größeren Fehler hervorrufen als

± 1% bei allen Zählern mit Ausnahme der nicht astatischen Gleichstrom-Wh-Zähler,

± 5% bei nicht astatischen Gleichstrom-Wh-Zählern.

Die Prüfung muß in drei Richtungen des Fremdfeldes vorgenommen werden, und zwar

horizontal in Richtung der Grundplatte,
vertikal in Richtung der Grundplatte,
senkrecht zur Richtung der Grundplatte.

ζ) Einfluß der Zusatzeinrichtungen. Der Einfluß eines Auslösers bei Sonderzählern soll nicht größer sein als ± 1%. Das Reibungsmoment einer Zusatzeinrichtung darf die Zählerangabe nicht mehr als 2% ändern.

Der Eigenfehler eines Maximumwerkes darf nicht größer sein als ± 1,5% vom Endwert der Anzeigevorrichtung.

g) Verkehrsfehlergrenzen der Eichordnung der PTB.

Die Verkehrsfehlergrenzen für unmittelbar angeschlossene Zähler betragen das Doppelte der Eichfehlergrenzen. Für die Verkehrsfehler von Meßsätzen mit Meßwandlern gelten besondere Vorschriften[1].

Nach dem heutigen Stand der Technik sind die Verkehrsfehlergrenzen sehr reichlich bemessen. Es soll dadurch nur der Gebrauch unrichtiger Elektrizitätszähler verhindert werden, der nach den Bestimmungen des Gesetzes vom 1. 6. 1898 strafbar ist. Die Stromlieferer sind dadurch nicht von der Verpflichtung befreit, richtig eingestellte Zähler zu verwenden. Als richtig in diesem Sinne gelten Elektrizitätszähler, deren Angaben mindestens die Eichfehlergrenzen einhalten[2].

h) Meßwandler.

Allgemeines. Für die Fehlergrenzen der Meßwandler sind die Vorschriften der Eichordnung der PTB maßgebend[3]. Die Regeln für

[1] Eichordnung der PTB, § 979, III.
[2] SCHMIDT, R.: Mitt. Elektr.-Werke 1925, S. 317.
[3] Eichordnung der PTB, § 969.

Wandler des Verbandes Deutscher Elektrotechniker[1] stimmen mit diesen Vorschriften genau überein.

Als Verkehrsfehlergrenzen gelten die gleichen Werte wie für die Eichfehlergrenzen.

Als abgekürzte Bezeichnungen sind festgelegt:

Bei Stromwandlern:	Bei Spannungswandlern:
J_p = Primärstrom	U_p = Primärspannung
J_s = Sekundärstrom	U_s = Sekundärspannung

Nennübersetzung K_n für Strom- bzw. Spannungswandler.

$$\text{Stromfehler } F_J = \frac{K_n \cdot J_s - J_p}{J_p} \cdot 100 \text{ in } \%$$

$$\text{Spannungsfehler } F_U = \frac{K_n \cdot U_s - U_p}{U_p} \cdot 100 \text{ in } \%$$

Der Fehler ist positiv, wenn der tatsächliche Wert des Sekundärstroms bzw. der Sekundärspannung den Sollwert übersteigt.

Die Fehlwinkel δ_J bzw. δ_U sind die Phasenverschiebungen des Sekundärstroms gegen den Primärstrom, bzw. der Sekundärspannung gegen die Primärspannung.

δ_J bzw. δ_U sind positiv bei Voreilung des Sekundärstroms gegen den Primärstrom, bzw. der Sekundärspannung gegen die Primärspannung.

Die Fehlergrenzen gelten bei Raumtemperaturen von 15 bis 25° C.

α) Stromwandler. Die Eichfehlergrenzen der PTB sind in der folgenden Tabelle zusammengestellt, die zwischenliegenden Werte müssen innerhalb des Linienzuges liegen, der bei graphischer Darstellung die einzelnen Fehlergrenzen geradlinig miteinander verbindet.

Primärstrom in % des Nennstromes	Klasse 0,5		Klasse 0,2		Klasse 0,1	
	Stromfehler in %	Fehlwinkel in min	Stromfehler in %	Fehlwinkel in min	Stromfehler in %	Fehlwinkel in min
10	± 1,0	± 60	± 0,5	± 20	± 0,25	± 10
20	± 0,75	± 40	± 0,35	± 15	± 0,2	± 8
50	± 0,66	± 36	± 0,29	± 13	± 0,16	± 7
100	± 0,5	± 30	± 0,2	± 10	± 0,1	± 5
120	± 0,5	± 30	± 0,2	± 10	± 0,1	± 5

Die Fehlergrenzen müssen bei Nennfrequenz zwischen $^1/_4$ und $^1/_1$ der Nennbürde bei einem Bürdenleistungsfaktor $\cos\beta = 0{,}8$ eingehalten werden. Ist die Nennleistung größer als 60 VA, dann müssen die Fehlergrenzen zwischen 15 VA und der Nennleistung eingehalten werden.

[1] VDE 0414/I.42; ETZ 1937, S. 941; 1939, S. 1299 u. 1940, S. 1003.

Ist die Bürde, bei der die Messung durchzuführen ist, kleiner als 0,15 Ω, so tritt anstelle des Bürdenleistungsfaktors $\cos\beta = 0{,}8$ der Wert $\cos\beta = 1$.

Die Fehlergrenzen gelten für beliebige Einschaltdauer.

Bei Wandlern mit Schutzwiderstand müssen die Fehlergrenzen bei eingeschaltetem Schutzwiderstand eingehalten werden.

β) Spannungswandler. Für das 0,8- bis 1,2fache der Nennspannung gelten die in der Tabelle zusammengestellten Fehlergrenzen:

Klassenzeichen	Spannungsfehler in %	Fehlwinkel in min
Kl. 0,5	± 0,5	± 20
Kl. 0,2	± 0,2	± 10
Kl. 0,1	± 0,1	± 5

Die Fehlergrenzen müssen bei Nennfrequenz zwischen $^1/_4$ und $^1/_1$ der Nennleistung bei einem Leistungsfaktor von $\cos\beta = 0{,}8$ eingehalten werden; beim 0,8- bis 1,2fachen der Nennspannung gelten sie für einen Widerstand, der der sekundären Nennleistung bei Nennspannung entspricht.

Ist die Nennleistung größer als 60 VA, so müssen die Fehlergrenzen zwischen 15 VA und Nennleistung eingehalten werden. Die Fehlergrenzen gelten für beliebige Einschaltdauer. Bei dreiphasigen Spannungswandlern müssen die Fehlergrenzen bei praktisch symmetrischer Erregung aller Phasen auf der Primärseite für alle Dreieckspannungen eingehalten werden. Dasselbe gilt für die Sternspannungen, wenn der Sternpunkt herausgeführt ist.

Die Fehlergrenzen müssen auch mit Schutzzubehör eingehalten werden.

i) Fehlergrenzen anderer Länder.

Die Fehlergrenzen, die andere europäische und außereuropäische Länder in Vorschriften festgelegt haben, sind so vielseitig und so weit voneinander verschieden, daß eine übersichtliche Zusammenstellung kaum möglich ist. Die Internationale Elektrotechnische Kommission (JEC) hat Vorschläge ausgearbeitet, die eine Vereinheitlichung anstreben. Bisher halten jedoch alle Länder an ihren besonderen Vorschriften fest. Eine Ausnahme macht Deutschland, dessen REZ bis auf einige Kleinigkeiten mit den Vorschlägen der JEC übereinstimmen; das gleiche gilt für die Regeln für Meßwandler.

II. Methoden zur Bestimmung des Fehlers.

Da der Zähler den Istwert der elektrischen Arbeit zählt, wird man bei seiner Prüfung und Einstellung auch den Sollwert als elektrische Arbeit bestimmen und aus dem Vergleich der beiden Größen den Fehler berechnen. Eine Ausnahme macht die stroboskopische Messung, bei der man die Winkelgeschwindigkeit des Scheibenankers, die dem Istwert der Leistung entspricht, mit der bekannten Winkelgeschwindigkeit eines Gebermotors als Sollwert vergleicht. Wir wollen die ersteren, die sogenannten integrierenden Verfahren, zunächst behandeln und am Schluß des Kapitels die auf der Messung der Momentanwerte beruhenden.

1. Langprüfung durch Zählwerksablesung.

Bei *Motorzählern* liest man den Istwert der Arbeit A über eine bestimmte Zeitspanne t, die Meßzeit, am Zählwerk ab. Den Sollwert der Arbeit bestimmt man aus der Messung der Leistung N, die man bei Gleichstrom mit Strom- und Spannungsmesser, bei Wechselstrom mit dem Leistungsmesser während der Meßzeit möglichst konstant hält, und der Meßzeit t. Der Fehler errechnet sich dann zu

$$\pm F = \frac{A - N \cdot t}{N \cdot t} \cdot 100 \text{ in } \%$$

Dieses Verfahren ist deshalb mühsam, weil man während der erforderlichen langen Meßzeit die Leistung konstant halten muß. Bei schwankender Belastung muß man sehr viele Ablesungen an den Meßgeräten in gleichen Zeitabständen machen, um einen einigermaßen brauchbaren Mittelwert bilden zu können. Bei 5stelligen Zählwerken, deren Anfangsziffernrolle eine Teilung von 100 Teilstrichen trägt, genügt bei Nennlast eine Meßzeit von etwa 10 Minuten zur Bestimmung des Fehlers. Bei kleinen Belastungen wird demnach die Meßzeit sehr lang. Um kürzere Meßzeiten zu erreichen, schreiben manche Länder, in denen Eichzwang besteht, ein 6stelliges Zählwerk mit schneller Durchlaufzeit der Anfangsziffernrolle vor, damit die amtliche Eichung in kurzer Zeit vorgenommen werden kann. Diese Vorschrift hat aber den Nachteil, daß das schnellaufende Zählwerk mehr Reibung hat als das langsamlaufende[1], wodurch die meßtechnischen Eigenschaften des Zählers leiden. Das 6stellige Zählwerk hat sich deshalb nicht durchsetzen können.

Einfacher und sicherer ist es, die Zählwerksangaben des Prüflings mit den Zählwerksangaben eines geeichten Normalzählers vom gleichen Meßbereich wie der Prüfling zu vergleichen. Der Normalzähler kann auch ein Präzisionszähler oder ein Gleichlastzähler sein. Dabei braucht man keine Zeitablesung zu machen, auch braucht man die Leistung nicht während der Meßperiode konstant zu halten, man muß nur beide Zähler zu gleicher Zeit ein- und ausschalten. Diese Methode kann man besonders vorteilhaft anwenden, wenn man eine größere Anzahl von

[1] Edler, Hans: VDE Fachberichte 1951, S. 285.

Zählern nach der Justierung überprüfen will. Dafür gibt es heute praktische Einrichtungen, die bequem und zeitsparend sind[1]. Die Meßzeit sollte man so lang wie möglich wählen; am besten ist es, wenn man die Zähler abends abliest, über Nacht laufen läßt und am nächsten Morgen abschaltet und abliest. Diese Art der Prüfung hat außerdem noch den Vorteil, daß man bei der Dauerschaltung alle Unregelmäßigkeiten, z. B. Hemmungen am Zählwerk, falsche Übersetzungen u. a. herausfindet. Die Ausrechnung des Fehlers kann man sich dadurch erleichtern, daß man den Normalzähler mit einem Kontaktwerk (s. S. 107) versieht, das die Belastung nach einer vorher eingestellten Anzahl von Kilowattstunden abschaltet.

Bei *Elektrolytzählern* stellt man den Fehler durch eine Dauerablesung am Zählrohr des Prüflings und Vergleich mit der Ablesung an einem Normalzähler fest. Je nach dem Meßbereich des Prüflings braucht man bei Prüfung mit Nennstrom mehrere Tage, wenn man einen ganzen Durchlauf des Zählers der Fehlerbestimmung zugrunde legen will. Zum Beispiel hat ein Zähler für 5 A 220 V bei einem Meßbereich von 200 kWh eine Durchlaufzeit von 182 Stunden bei Nennstrom.

Für Kurzprüfung von Elektrolytzählern sind Methoden bekannt, die darauf beruhen, daß man den Zellenstromkreis vom Nebenschluß trennt und ihn etwa 5fach überlastet. Dabei muß man allerdings eine Korrektur anbringen, weil sich der Widerstand des Zellenstromkreises bei Überlastung erhöht. Über die Korrektur und über die Meßmethode geben die Hersteller solcher Zähler Auskunft.

Bei *Doppelpendelzählern* muß die Meßzeit mindestens 20 Minuten, das ist 2 Umschaltperioden von je 10 Minuten betragen, weil der Fehler durch ungleichmäßige Justierung der Pendel in die erste Periode eingeht und erst in der zweiten eliminiert wird. Aber auch dann ist ein Ablesefehler von 0,1 Skalenteilen möglich, weil der Zeiger nie ganz still steht, sondern durch die Stöße des Differentialwerks hin- und herpendelt. Deshalb sollte man für eine sorgfältige Prüfung nicht nur 2 Umschaltperioden, sondern 4 oder 6 wählen, also eine Meßzeit von 40 oder 60 Minuten. Auch wird erst dann die Anzeige am Zifferblatt groß genug, um einen genügend kleinen Ablesefehler zu erhalten. Am Zifferblatt soll mindestens ein ganzer Umgang des am schnellsten laufenden Zeigers abgelesen werden. Dieser Eichzeiger wird nur bei der Eichung aufgesetzt, für die Benutzung des Zählers am Aufhängeort wird er nicht gebraucht.

Pendelzähler brauchen nur bei *einer* Belastung justiert zu werden, denn ihre Angaben sind über den ganzen Meßbereich proportional.

---

[1] TAUBER, GEORG: Siemens-Zeitschrift, 1952, H. 2, S. 57.

Um die Zeit für die Prüfung von Doppelpendelzählern abzukürzen, hat ORLICH[1] eine Methode angegeben, mit der man nur 20 Minuten lang zu prüfen braucht. Er geht von dem Gedanken aus, daß die vom Zähler angezeigte Größe von der Differenz der Schwingungszeiten der beiden Pendel abhängig ist. Diese Differenz kann man aus den Zeiten zwischen zwei gleichsinnigen oder ungleichsinnigen Koinzidenzen der Pendelschwingungen bestimmen. Bei großen Belastungen folgen die Koinzidenzen so schnell aufeinander, daß man sie nicht mit Sicherheit zählen kann, nur bei kleinen Belastungen ist das Verfahren mit Vorteil anzuwenden. Man muß die Messung über zwei Umschaltperioden, deren jede etwa 10 Minuten beträgt, erstrecken. Die Beobachtung der Koinzidenzen mit dem Auge oder mit dem Ohr verlangt eine gespannte Aufmerksamkeit und kann nur geübten Beobachtern zugemutet werden. Außerdem beansprucht die Bestimmung der Übersetzungskonstanten so viel Zeit, daß sich nur bei kleinen Belastungen übers Ganze gesehen ein Zeitgewinn gegenüber der Zifferblattablesung erzielen läßt. Der Hinweis auf diese sehr interessante Methode mag deshalb genügen. Wer sich weiterhin über die Prüfung und Einstellung von Doppelpendelzählern unterrichten will, dem sei der gründliche Aufsatz von HOMMEL[2] über dies Sondergebiet empfohlen.

2. Kurzprüfung durch Zeit-Leistungs-Verfahren.

Bei rotierenden oder oszillierenden Motorzählern sind die Umdrehungen oder Oszillationen des Ankers dem Istwert der Angabe des Zählers proportional. Den Sollwert der Angabe bestimmt man dadurch, daß man die jeweilige Leistung N und die Zeit t mißt, die während einer gewissen Anzahl von u Umdrehungen verstrichen ist.

Auf dem Zifferblatt des Zählers oder auf einem besonders angebrachten Leistungsschild war früher neben den Angaben über Nennspannung, Nennstrom, Nennfrequenz und anderen notwendigen Daten das Übersetzungsverhältnis vom Anker auf das Zählwerk in folgender Form angegeben:

$$1 \text{ Kilowattstunde} = C_z \text{ Umdrehungen.}$$

Heute wird die sogenannte Zählerkonstante „C_z Umdrehungen je Kilowattstunde" auf dem Zählerschild aufgeschrieben. Bei der Fehlerausrechnung wird allgemein der Wert

$$\frac{C_z}{1000 \cdot 3600} = C'_z \text{ Umdrehungen je Wattsekunde}$$

[1] ETZ 1901, S. 94.

[2] Über die Fehlerkurven des Pendelzählers. Archiv. Elektrotechn. 1920, S. 167.

angewendet, weil man die Leistung in Watt und die Zeit in Sekunden zu messen pflegt.

Den Fehler kann man auf zwei Arten berechnen:

1. Art: Bei einer Leistung N Watt, die man am Leistungsmesser (oder bei Gleichstrom am Strom- und Spannungsmesser) einstellt, zählt man eine bestimmte Anzahl von u Umdrehungen (oder Oszillationen) und stoppt die Zeit t Sekunden für den Ablauf dieser Umdrehungen mit der Stoppuhr ab. Dann rechnet man sich für die gleiche Zeit t die Umdrehungen u_s aus, die der Zähler machen würde, wenn er richtig zeigte: $u_s = C'_z \cdot N \cdot t$.

Aus dem Istwert u und dem Sollwert u_s ergibt sich der Fehler $\pm F = \frac{u - u_s}{u_s} \cdot 100\%$ und der Korrektionsfaktor $C = \frac{u_s}{u}$. Es ist zweckmäßig, eine Tabelle anzulegen, bei der F und C von Zehntel zu Zehntel Prozent nebeneinandergestellt sind, so daß man den zu F gehörenden Wert von C ablesen kann, ohne C ausrechnen zu müssen — und umgekehrt.

2. Art. Man mißt u und t wie bei der 1. Art, nimmt aber eine Sollzeit t_s an, bei der der Istwert der Umdrehungen ohne Fehler wäre: $u = C'_z \cdot N \cdot t_s$. Der Sollwert der Umdrehungen würde dann $u_s = C'_z \cdot N \cdot t$ sein. Der Fehler erhält also folgende Form:

$$F = \frac{u - u_s}{u_s} \cdot 100\% = \frac{t_s - t}{t} \cdot 100\%.$$

Man kann auch durch eine andere Überlegung auf die beiden Arten der Fehlerberechnung kommen. Ist C_z die Zählerkonstante, so ist die Übersetzung von der Ankerachse auf *die* Ziffernrolle des Zählwerks, die kWh anzeigt, $\frac{1}{C_z}$; wenn man mit Ws rechnet, $\frac{1}{C'_z}$. Der Istwert der Arbeit ist mithin $A = \frac{u}{C'_z}$ Wattsekunden. Der Sollwert der Arbeit ist $S = N \cdot t$ Wattsekunden. Der Fehler berechnet sich zu

$$F = \frac{A - S}{S} \cdot 100\% = \frac{\frac{u}{C'_z} - N \cdot t}{N \cdot t} \cdot 100\%.$$

Erweitert man mit C'_z, so erhält man

$$\text{Art 1: } F = \frac{u - C'_z \cdot N \cdot t}{C'_z \cdot N \cdot t} \cdot 100\% = \frac{u - u_s}{u_s} \cdot 100\%.$$

Art 2: Nimmt man eine Sollzeit t_s an, die bei der Belastung N verstrichen sein müßte, wenn u Umdrehungen gezählt worden sind, so geht die Gleichung über in

$$F = \frac{C'_z \cdot N \cdot t_s - C'_z \cdot N \cdot t}{C'_z \cdot N \cdot t} \cdot 100\% = \frac{t_s - t}{t} \cdot 100\%.$$

Wir wollen den Unterschied der beiden Arten der Fehlerberechnung an zwei Zahlenbeispielen verdeutlichen.

Beispiel für Art 1: Ein älterer Wechselstromzähler für 5 A 220 V, also für eine Nennleistung von $N_n = 1100$ Watt, habe die Zählerkonstante $C_z = 3000$ Umdrehungen je Kilowattstunde oder $C_z' = \frac{3000}{1000 \cdot 3600} = \frac{1}{1200}$ Umdrehungen je Wattsekunde. Wir wollen den Fehler für 5, 10, 20, 50 und 100% der Nennlast besimmen.

Die Leistung messen wir mit einem Präzisionsleistungsmesser mit mehreren Meßbereichen. Die Skala des Leistungsmessers sei in 150 gleiche Teilstriche geteilt; für die kleinen Leistungen 5, 10 und 20% von N_n wählen wir den Meßbereich 1 A 300 V, ein Teilstrich entspricht also 2 W. Für die Leistungen 50 und 100% von N_n wählen wir den Meßbereich 5 A 300 V, wobei ein Teilstrich 10 W ist. Den Zeiger des Leistungsmessers stellen wir auf einen der Leistung entsprechenden Wert ein, aber nicht genau auf diesen Wert, sondern so, daß der Zeiger sich mit einem Teilstrich deckt, der in der Nähe des gewollten Wertes liegt. Nur dann kann man die Zeigerstellung genau beobachten. Nach Anbringung der Korrektion des Leistungsmessers erhält man den wahren Wert der Leistung N.

Die Umdrehungen wählt man proportional den einzelnen Belastungen zu 3, 6, 12, 30 und 60.

Bei jedem einzelnen Belastungspunkt bestimmt man nun die Zeit t für die gewählte Anzahl von Umdrehungen u und berechnet $u_s = \frac{N \cdot t}{1200}$. In der folgenden Tabelle sind die Fehler für die einzelnen Meßpunkte berechnet:

N in % von N_n annähernd	Skalenwert	Eingestellter Teilstrich	Korrektion in Teilstrichen	N in Watt	u Umdr.	t Sek.	u_s Umdr.	$F = \frac{u - u_s}{u_s}$ in %
5	1 Teilstrich = 2 W	28,0	+ 0,3	56,6	3	62,1	2,93	+ 2,4
10		55,0	+ 0,2	110,4	6	66,0	6,07	— 1,2
20		110,0	+ 0,2	220,4	12	65,2	11,98	+ 0,2
50	1 Teilstrich = 10 W	55,0	— 0,2	548	30	64,8	29,59	+ 1,4
100		110,0	— 0,1	1099	60	65,2	59,71	+ 0,5

Beispiel für Art 2: Bei Art 2 ist die Fehlerausrechnung einfacher und deshalb wird dieser Methode meist der Vorzug gegeben. Dabei berechnet man nach $u = C_z' \cdot N \cdot t_s$ die Sollzeit t_s, die für alle Belastungen die gleiche ist. Man braucht diese Rechnung also nur einmal zu machen. Der Nachteil ist aber, daß man den Ausschlag des Leistungsmessers meist auf Zwischenwerte zwischen zwei Teilstrichen einstellen muß, weil t_s ein konstanter Wert ist. Die größere Bequemlichkeit bei der Ausrechnung des Fehlers wird somit durch eine schwierigere und deshalb unsichere Einstellung der Leistung erkauft. Diese Unsicherkeit kann man nur dann vermeiden, wenn man den Leistungsmesser nach dem Gleichlastverfahren (s. S. 97) mit einem Stufenwandler verbindet, dessen Stufen den Belastungspunkten entsprechen, so daß der Leistungsmesser immer den gleichen Ausschlag zeigt.

Dem folgenden Zahlenbeispiel legen wir die gleichen Daten des Zählers und des Leistungsmessers zugrunde wie im vorigen Beispiel. Wir wählen $u_n = 60$ Umdrehungen. Es ist dann $t_s = \frac{u_n}{C_2' \cdot N_n} = \frac{60 \cdot 1200}{1100} = 65{,}45$ oder rund 65,5 Sekunden bei Nennleistung und bei allen anderen Teilen der Nennleistung der Tabelle.

N in % von N_n	N in Watt	Skalenwert	N Sollwert Teilstriche	Korrektion in Teilstrichen	Einzustellende Teilstriche	u Umdr.	t Sek.	t_s Sek.	$F = \frac{t_s - t}{t}$ in %
5	55	1 Teil-	27,5	+ 0,3	27,2	3	63,9	65,5	+ 2,5
10	110	strich	55,0	+ 0,2	54,8	6	66,2	65,5	— 1,1
20	220	= 2W	110,0	+ 0,2	109,8	12	65,5	65,5	0,0
50	550	1 Teil-	55,0	— 0,2	55,2	30	64,7	65,5	+ 1,2
		strich							
100	1100	= 10W	110,0	— 0,1	110,1	60	65,3	65,5	+ 0,3

Bei den beschriebenen Verfahren der Fehlerbestimmung ist es lästig, daß man die Einstellung des Zeigers am Leistungsmesser dauernd beobachten und sie durch Einstellwiderstände konstant halten, gleichzeitig aber die Ankerumdrehungen des Prüflings zählen muß. Wenn die Messung einigermaßen sicher sein soll, so braucht man dazu zwei Personen. Um einen Beobachter zu sparen, kann man die Spannung der Stromquelle und somit die Leistung mit selbsttätigen Einrichtungen (s. S. 43) konstant halten und mit Hilfe von selbsttätigen Zählvorrichtungen (s. S. 109) die Ankerumdrehungen zählen. Dadurch vermindert man zwar die persönlichen und die Ablesefehler, aber der Aufwand dafür ist nicht unerheblich. Die im folgenden beschriebene Methode, bei der ein integrierendes Gerät, also ein Zähler, zur Bestimmung des Sollwerts der Arbeit benutzt wird, hat sich deshalb weitgehend durchgesetzt.

3. Kurzprüfung durch Normalzählerverfahren.

Den Sollwert der Angaben bestimmt man mit einem geeichten Normalzähler. Dieser Zähler kann ein Zähler gleicher Type und gleichen Meßbereichs wie der Prüfling oder auch ein Präzisionszähler oder ein Gleichlastprüfzähler (s. S. 97) sein. Die Stromkreise des Prüflings und des Normalzählers schaltet man hintereinander, die Spannungskreise parallel. Besonders vorteilhaft ist das Verfahren anzuwenden, wenn mehrere Prüflinge gleicher Type und gleichen Meßbereiches zu prüfen oder zu justieren sind. Vor Beginn der Messung legt man die Spannungskreise aller Zähler mindestens eine halbe Stunde an die Spannung. Man stellt dann mit Hilfe eines Leistungsmessers die gewollte Belastung ein und schaltet vorerst den Stromkreis ab. Vor Beginn der

Messung stellt man die Marken auf den Scheibenankern aller Zähler auf Null (z. B. nach vorn). Nun schaltet man den Strom ein und zählt, beim Einschalten mit Null beginnend, am Normalzähler eine vorher bestimmte Anzahl von Umdrehungen. Kurz vor Beendung der letzten Umdrehung schaltet man den Strom ab. Die Marke auf dem Anker des Normalzählers steht noch nicht genau vorn (auf Null). Man holt sie durch mehrmaliges kurzzeitiges Einschalten des Stromes in die genaue Nullstellung. Die Marken der Prüflinge, die zu wenig zeigen, haben noch nicht die Nullstellung erreicht, die Marken der Prüflinge, die zu viel zeigen, haben die Nullstellung überschritten. Der Weg, um den die Marke von der Nullstellung abweicht, ist ein Maß für den Fehler. Mit einer am Scheibenumfang angelegten kreisförmigen Skala mit entsprechender Teilung kann man den Fehler ablesen. Man kann auch die Scheibenanker der Prüflinge von vornherein mit einer Hunderterteilung versehen und an dieser den Fehler ablesen. Will man die Zähler nicht nur prüfen, sondern einstellen, so braucht man die Fehler jedoch nicht festzustellen. In diesem Fall verstellt man die Einstellmittel der Zähler nach der entsprechenden Richtung und wiederholt die Messung einmal oder mehrmal, bis alle Prüflinge synchron mit dem Normalzähler laufen. Deshalb nennt man das Verfahren auch „Synchronprüfung“ oder „Synchroneinstellung“ oder „Synchroneichung“, je nachdem, ob man die Zähler prüfen, einstellen (justieren) oder eichen will.

Bei diesem Verfahren braucht man die Leistung nicht konstant zu halten und auch die Spannung kann ein wenig schwanken, denn der Normalzähler gibt als integrierendes Gerät immer den richtigen Wert der Arbeit an. Ein einziger Beobachter muß nur die Umdrehungen zählen. Die Anzahl der Umdrehungen kann man beliebig groß wählen, so daß man den Fehler auch bei kleinen Belastungen mit großer Sicherheit bestimmen kann.

Für die Justierung einer Reihe von Zählern benutzt man als Normalzähler gewöhnlich einen Zähler gleicher Art. Dieser hat bei jeder der verschiedenen Belastungen den Fehler, auf den man den Prüfling einstellen will. Die Angaben des Prüflings müssen also mit denen des Normalzählers übereinstimmen.

Nimmt man als Normalzähler einen Präzisionszähler oder einen Gleichlastprüfzähler, so muß man vor Beginn der Messung feststellen, um wieviel die Angaben des Prüflings bei der Justierung abweichen sollen, damit die Prüflinge die gewollten Fehlergrenzen einhalten und diese Abweichungen berücksichtigen (s. S. 101).

Durch selbsttätige Zählvorrichtungen (s. S. 109) kann man die Genauigkeit der Prüfung steigern, wenn man die Kosten dafür aufwenden will. Vor allem kann man die Start- und Stoppfehler vermeiden.

4. Kurzprüfung durch Stroboskopische Verfahren.

Die beschriebenen integrierenden Verfahren beruhen auf dem Vergleich der Ankerumdrehungen oder des Wegs eines Punktes auf dem Ankerumfang (oder des Zählwerks) mit einer bestimmten Arbeit. Beim stroboskopischen Verfahren dagegen vergleicht man den Augenblickswert der Winkelgeschwindigkeit des Ankers mit einer bekannten Winkelgeschwindigkeit auf optischem Wege.

a) Direktes Verfahren. Durchsichtsstroboskop.

Die älteste Anordnung für stroboskopische Messungen ist das bekannte Durchsichtsstroboskop. BLATHY[1] hat es wohl als erster in der in Abb. 4 gezeichneten Form zum Prüfen von Zählern verwendet. Der

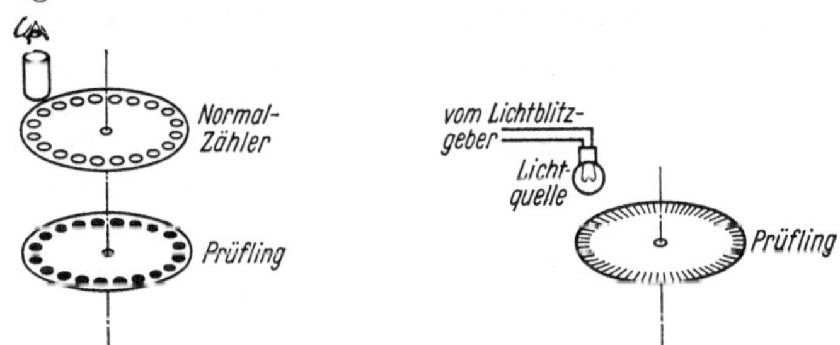

Abb. 4. Durchsichtsstroboskop nach Blathy.

Abb. 5. Markenscheibe mit Lichtblitzbeleuchtung.

Prüfling hat am Scheibenumfang eine Anzahl in gleichen Abständen aufgebrachte Marken, die Scheibe des Normalzählers hat ebensoviele Löcher. Der Beobachter sieht durch die Löcher in der Scheibe des Normalzählers auf die Marken auf der Scheibe des Prüflings. Haben beide Scheiben die gleiche Winkelgeschwindigkeit, so scheinen die Marken des Prüflings stillzustehen; läuft der Prüfling schneller als der Normalzähler, so scheinen die Marken in der Drehrichtung zu wandern, läuft er langsamer, entgegen der Drehrichtung.

b) Indirekte Verfahren.

Neben diesem direkten Verfahren haben sich für die Zählerprüfung indirekte Verfahren eingeführt. Als Beispiel für eine solche Anordnung sei die in Abb. 5 dargestellte gewählt. Auf dem Umfang des Ankers des Prüflings ist eine Reihe von Marken in gleichen Abständen aufgebracht. Sie werden von einer Lichtquelle beleuchtet, die Lichtblitze einer bestimmten Frequenz aussendet. Die Marken auf dem Anker des Prüflings scheinen stillzustehen, wenn ihre Frequenz, d. h. die Anzahl

---

[1] DRP 294117 vom 10. 4. 1914; DRP 359220 vom 23. 4. 1920.

der Marken, die je Sekunde an einem festen Punkt vorbeiwandern, gleich der Frequenz der Lichtblitze oder ein ganzes Vielfaches davon ist. Läuft der Anker langsamer, so scheinen die Marken entgegen der Drehrichtung, läuft er schneller, so scheinen sie in der Drehrichtung zu wandern. Will man den Prüfling justieren, so verstellt man seine Einstellmittel so lange, bis die Marken am Umfang des Ankers stillzustehen scheinen. Man kann so den Zähler sehr schnell auf die richtige Umdrehungszahl einstellen, weil die durch die Betätigung der Einstellmittel bedingte Geschwindigkeitsänderung sofort beobachtet wird. Will man den Zähler nicht justieren, sondern seine Fehler bestimmen, so muß man die Wanderungsgeschwindigkeit der Marken feststellen. Hat der Prüfling z. B. 400 Marken am Ankerumfang und macht der Zähler 60 Umdr./min, also 1 Umdr./sek, beleuchtet man die Marken weiterhin mit 400 Lichtblitzen in der Sekunde, so ist der Fehler + 0,25%, wenn sich der Anker um eine Marke in der Sekunde in seiner Drehrichtung zu bewegen scheint. Allgemein ist der Fehler des Prüflings gleich der Anzahl der je Sekunde an einem festen Punkt vorbeiwandernden Marken, geteilt durch die Frequenz f_b der Lichtblitze. Benutzt man als Lichtblitzgeber z. B. einen Normalzähler (s. S. 120), so ist bei z Lichtblitzen je Umdrehung und bei einer Nenndrehzahl n_n Umdrehungen je Minute des Normalzählers $f_b = \frac{z \cdot n_n}{60} \cdot \frac{N}{N_n}$, wenn N_n die Nennlast und N die jeweilige Last des Normalzählers und des Prüflings ist. Wenn der die Lichtblitze aussendende Normalzähler gleicher Bauart wie der Prüfling ist und gleichen Meßbereich wie der Prüfling hat, ist das stroboskopische Verfahren einfach. Wenn man aber viele verschiedene Arten von Zählern prüfen will, braucht man ebenso viele Normalzähler bzw. Lichtblitzgeber. Es sind Vorschläge gemacht worden, die das Ziel haben, mit *einem* Zähler als Lichtblitzgeber auszukommen. Wir wollen im folgenden annehmen, daß ein Gleichlastprüfzähler der Lichtblitzgeber ist (s. S. 121). Die Anzahl von Lichtblitzen je Umdrehung, die der Gleichlastprüfzähler sendet, sei die Lichtblitzfrequenz f_b. Sie ist bei allen Lasten die gleiche. Die Bewegungsfrequenz der auf dem Anker des Prüflings angebrachten Marken sei f_m. Es entsteht ein scheinbar stillstehendes Bild der Marken, wenn $f_m \cdot p = f_b \cdot q$, wobei p und q ganze Zahlen (ohne gemeinsamen Nenner) sind.

Ist $p = q = 1$, so ist die Ablesung am klarsten, wie wir oben für den Vergleich zweier gleicher Zähler erwähnten. Ist dagegen f_m ein ganzes Vielfaches von f_b, also z. B. $f_m = 3f_b$ ($p = 1$, $q = 3$), d. h. läuft der Prüfling mit großer Last schnell, während die Frequenz f_b der Lichtblitze konstant bleibt, so werden die einzelnen Marken des stillstehenden Bildes verwaschen, weil während der Dauer des Lichtblitzes die Marke einen immer größeren Weg, in unserem Beispiel den dreifachen, zurücklegt. Ist umgekehrt f_b ein ganzes Vielfaches von f_m, also z. B. $f_b = 5 f_m$ ($p = 5$, $q = 1$) oder $f_m = \frac{1}{5} f_b$, d. h. läuft der Zähler mit kleiner Last, also langsam, während die Frequenz f_b der Lichtblitze konstant bleibt, so wird das stillstehende Bild der Marken ein harmonisches Bild der Markenreihe. Die Markenteilung erscheint immer feiner, der Weg einer bestimmten Marke ist dann nicht mehr mit dem Auge zu verfolgen. Hinzu kommt noch, daß bei kleinen Lasten die Hemmfahne eine ungleichförmige Bewegung des Ankers bedingt, so daß das Bild dauernd schwankt.

Auch die Anzahl der Marken muß einen bestimmten Wert haben, wenn man für verschiedene Belastungen des Prüflings gute Bilder erhalten will. Das Auge verliert für Frequenzen unter 20 Hz[1] die Fähigkeit, die in kurzen Zeitabständen aufeinanderfolgenden Bildeindrücke zu einem Gesamtbild zusammenzuziehen. Ist z die Anzahl der Marken auf dem Ankerumfang, sind ferner n_n die Umdrehungen des Prüflings in der Minute bei Nennlast, ist $b = N : N_n$ die Belastung, bezogen auf die Nennlast des Prüflings, so ist die Markenfrequenz $f_m = \frac{z \cdot n_n}{60} \cdot b$ und die Anzahl der Marken am Ankerumfang $z = \frac{f_m \cdot 60}{n_n \cdot b}$.

Haben wir z. B. einen schnellaufenden Zähler mit $n_n = 60$ U/min und wollen wir ihn noch bei 5% der Nennlast N_n stroboskopisch einstellen, so muß er, da f_m mindestens 20 Hz sein muß, mindestens $z = \frac{20 \cdot 60}{60 \cdot 0{,}05} = 400$ Marken am Ankerumfang erhalten.

Bei einem langsamlaufenden Zähler sei $n_n = 30$ und der Ankerumfang habe ebenfalls $z = 400$ Marken. Dann kann man nur bis zu einer Belastung $b = \frac{f_m \cdot 60}{z \cdot n_n} = \frac{20 \cdot 60}{400 \cdot 30} = 0{,}1$, also 10% der Nennlast N_n herab eine stroboskopische Messung durchführen.

Um die Grenzen, die der Anwendung des stroboskopischen Verfahrens gesetzt sind, zu erweitern, kann man entweder verschiedene Lichtblitzfrequenzen anwenden oder man kann den Anker des Prüflings mit zwei oder mehreren Markenreihen versehen. Auch die Gleichmäßigkeit der Markeneinteilung und der Lichtblitze ist von wesentlicher Bedeutung, ebenso eine gute Optik für die Beleuchtung (Lichtblitze). Jedoch kommt man bei keiner stroboskopischen Prüfanordnung darüber hinweg, daß das stroboskopische Bild bei kleinen Belastungen schwankt, weil der Anker infolge der Wirkung der Hemmfahne und auch wegen der nicht ganz gleichmäßigen Leitfähigkeit der Anker-

[1] In der Kinematographie wird eine Frequenz von 25 Hz zugrunde gelegt; die äußerste Grenze, bei der das Auge die Bilder noch zusammenziehen kann, liegt bei der Frequenz 10 Hz.

scheibe ungleichförmig läuft. So ist die stroboskopische Einstellung und Prüfung in der Hauptsache bei großen Belastungen vorteilhaft anzuwenden. Für kleine Belastungen sind die integrierenden Verfahren bis heute immer noch die einfachsten und sichersten.

III. Die Fehlerkurve des Zählers und die mittleren Angaben für die Verrechnung mit dem Abnehmer.

Die für die einzelnen Belastungen gefundenen Fehler trägt man meist in Abhängigkeit von der Belastung oder vom Strom in Form einer Kurve auf. In Abb. 6 ist eine ziemlich stark gekrümmte Fehlerkurve eines älteren Zählers als Beispiel gewählt. Schwankt nun der Verbrauch des Abnehmers, so wird der Fehler zu verschiedenen Zeiten positiv oder negativ sein. In Abb. 7 ist ein Belastungsdiagramm gezeichnet. Der Sollwert S des Verbrauchs ist durch die Flächen, die von ausgezogenen Linien begrenzt werden, gegeben, der Istwert A durch die von gestrichelten Linien begrenzten Flächen. Dabei ist der Maßstab für die Abweichungen zwischen A und S der Zehnfache des wirklichen, um die Abweichungen deutlicher zu machen. Die schraffierten Flächen stellen das Mehr oder Weniger dar, das der Abnehmer gegenüber dem Sollwert zu bezahlen hat. Man erhält den mittleren Fehler während der Belastungszeit zu

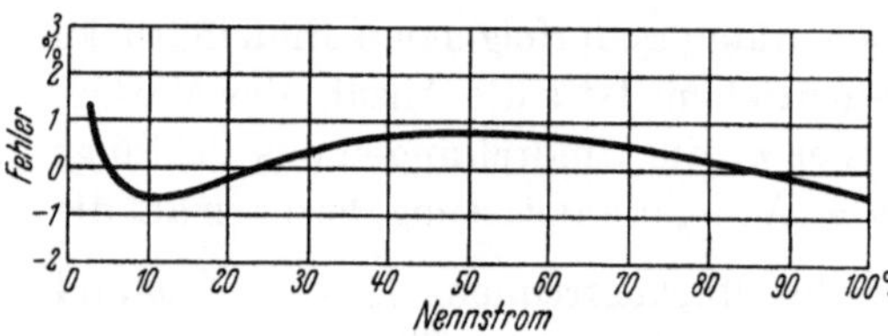

Abb. 6. Fehlerkurve eines Zählers.

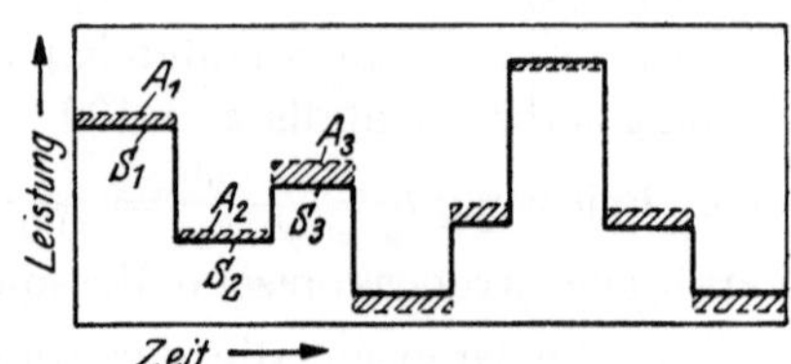

Abb. 7. Belastungskurve.

$$F_m = \frac{\Sigma A - \Sigma S}{\Sigma S} = \frac{A_1 + A_2 + A_3 + \cdots + A_n}{S_1 + S_2 + S_3 + \cdots + S_n} - 1.$$

Da $A_1 - S_1 = F_1 \cdot S_1$ usw., so kann man die Gleichung auch so schreiben, daß darin die für die einzelnen Belastungen aus der Fehlerkurve entnommenen Fehler erscheinen:

$$F_m = \frac{F_1 \cdot S_1 + F_2 \cdot S_2 + F_3 \cdot S_3 + \cdots + F_n \cdot S_n}{\Sigma S}$$
$$= F_1 \cdot \frac{S_1}{\Sigma S} + F_2 \cdot \frac{S_2}{\Sigma S} + F_3 \cdot \frac{S_3}{\Sigma S} + \cdots\cdots + F_n \cdot \frac{S_n}{\Sigma S}.$$

Aus der Gleichung sieht man, daß der mittlere Fehler immer kleiner sein muß als der größte Fehler, den man der Fehlerkurve entnehmen kann.

Diese Überlegung ist an und für sich so selbstverständlich, daß man sie für überflüssig halten könnte. Wir haben sie dennoch gemacht, weil immer wieder die Vermutung geäußert wird, daß bei schwankender Belastung die Fehler größer sind, als die aus der Fehlerkurve abzulesenden. Wie später gezeigt werden wird, können nur bei ganz kurzen Stromstößen kleine positive Fehler auftreten. Dies kommt jedoch nur in Ausnahmefällen vor.

IV. Einrichtungen zur Erzeugung, Einstellung und Regelung der zugeführten Leistung.

Ehe wir dazu übergehen, die Meßgeräte und Meßeinrichtungen zu beschreiben, die man zur Bestimmung der Größen für die Berechnung des Fehlers braucht, wollen wir die Einrichtungen zur Erzeugung, Einstellung und Regelung der elektrischen Leistung für die Prüfstände behandeln. Denn zur Beurteilung eines Zählers muß man ihn bei verschiedenen Belastungen prüfen, bei der Justierung muß man die den gewählten Punkten der Fehlerkurve des Zählers entsprechenden Werte der Belastung einstellen.

1. Sparschaltung.

Bei der Prüfung des Zählers in der Installation hat man die Stromquelle zur Verfügung, von der das betreffende Netz gespeist wird. Man stellt dann die gewünschte Belastung näherungsweise durch Einschalten von Lampen, Motoren oder sonstigen Verbrauchsapparaten her oder benutzt, insbesondere in kleinen Anlagen, transportable Belastungswiderstände, wie sie weiter unten beschrieben werden.

Bei dieser Art der Belastung verbraucht man die ganze Arbeit, die vom Zähler angezeigt wird. Im Laboratorium und im Prüfraum würde eine solche Belastungsweise besonders bei Zählern für große Leistungen große Stromquellen voraussetzen und eine unnötige Energievergeudung bedeuten. Man trennt deshalb den Spannungskreis des Zählers elektrisch vollkommen von dem Hauptstromkreis und speist den Spannungskreis von einer Stromquelle, deren Spannung der Nennspannung entspricht, und die nur einen kleinen Strom zu liefern braucht; den Hauptstromkreis dagegen, da er sehr kleinen Widerstand hat, von einer Stromquelle kleiner Spannung, die aber großen Strom liefern kann. Diese Schaltung „mit getrennten Strom- und Spannungskreis“ oder

„Sparschaltung“ wird in allen Prüfräumen angewandt. Die Anschlußklemmen der Zähler sind so eingerichtet, daß man den Spannungskreis vom Hauptstromkreis von außen trennen kann, ohne im Innern des Zählers irgendeine Leitung lösen zu müssen.

2. Stromquellen.

Zunächst sollen die verschiedenen Stromquellen für Gleich- und Wechselstrom betrachtet werden, wenn man von besonderen Vorrichtungen zur Konstanthaltung des Stromes, der Spannung und der Drehzahl (Frequenz) absieht. Diese Vorrichtungen werden im Abschnitt 4 behandelt werden.

a) Akkumulatorenbatterien.

Zur Speisung des Spannungskreises von Gleichstrom-Wattstundenzählern kann man eine sogenannte „Spannungsbatterie“ aufstellen, die für etwa 500 V bemessen ist und Ströme von etwa 1 bis 4 A liefern kann. Wegen der Isolationsschwierigkeiten geht man ungern über diese Spannung hinaus. Sind Zähler für höhere Spannungen zu prüfen, so schafft man sich dafür besser einen Gleichstrom-Hochspannungsgenerator oder einen Gleichrichter (siehe weiter unten) an.

Um für die Speisung des Hauptstromkreises verschieden große Stromstärken zur Verfügung zu haben, richtet man die „Hauptstrombatterie“ am besten so ein, daß sich ihre Elemente in mehreren Gruppen hintereinander und parallel schalten lassen. Diese Anordnung hat den Vorzug, daß man normale Ausführungen der Zellen wählen und daß man beim Laden die Zellen so schalten kann, daß die Ladespannung der Spannung der Lademaschine oder des Ladegleichrichters angepaßt werden kann. Dem steht der Nachteil gegenüber, daß sich bei der Entladung die parallelgeschalteten Elemente ungleichartig entladen und dadurch ungleich beansprucht werden. Außerdem ist die Schaltanlage ziemlich umständlich und muß sehr gut gewartet werden.

Einfacher sind wenige Elemente großer Entladestromstärke. Als Beispiel sei eine Batterie aus zwei Zellen, deren jede eine einstündige Entladestromstärke von 6658 A hat, angeführt[1]. Auf kürzere Zeit kann jeder Zelle 7500 A entnommen werden; bei Parallelschaltung beider Zellen kann man also auf 15000 A bei 2 V kommen. Zur Ladung einer solchen Batterie muß man allerdings einen Gleichstromgenerator in Sonderausführung oder einen Trockengleichrichter für hohe Ströme bei kleiner Spannung vorsehen.

Akkumulatorenbatterien sind die einzigen Stromquellen, die einen konstanten Gleichstrom liefern. Alle anderen Gleichstromquellen, wie

[1] Siemens-Jb. 1927, S. 169.

Gleichrichter und Gleichstromgeneratoren, liefern Ströme mit einer mehr oder weniger großen Welligkeit. Da aber Gleichstromzähler gegenüber einem nicht zu stark schwankenden Gleichstrom unempfindlich sind, kann man diese Stromquellen auch zur Prüfung verwenden. Die Welligkeit, d. h. das Verhältnis des Effektivwertes der Oberschwingungen zum Mittelwert des Gleichstroms, soll 5% nicht übersteigen.

b) Gleichrichter[1].

In welchen Fällen man an Einphasen- oder Dreiphasenwechselstrom angeschlossene Gleichrichter für Prüfzwecke verwenden kann, wollen wir im folgenden kurz beschreiben.

α) Quecksilberdampfgleichrichter. Es liegt nahe, einen an ein Drehstromnetz angeschlossenen Quecksilberdampfgleichrichter als Gleichstromquelle für die Prüfung von Gleichstromzählern zu verwenden. Da sein Spannungsabfall aber 10 bis 15 Volt beträgt, ist es unwirtschaftlich, ihn für die Speisung des Hauptstromkreises, wo man nur eine kleine Spannung brauchen kann, zu verwenden. Für die Speisung des Spannungskreises ist er nicht geeignet, weil er nur für große Leistungen gebaut wird. Man benutzt ihn dagegen oft als Gleichstromquelle zur Speisung der Gleichstrommotoren, die die Prüfgeneratoren antreiben, oder zur Ladung von Akkumulatorenbatterien. Beispielsweise schließt man an ein vorhandenes Drehstromnetz über einen Dreiphasen-Sechsphasentransformator einen Sechsphasengleichrichter an. Auf dessen Gleichstromseite regelt man die Spannung am besten durch einen Röhrenfeinregler, damit der Gleichstrommotor, der den Prüfgenerator für Gleich- oder Wechselstrom antreibt, mit möglichst konstanter Drehzahl läuft. Für Batterieladungen braucht man einen solchen Regler nicht, sondern regelt von Hand oder mit einem einfacheren Regler.

β) Trockengleichrichter. Trockengleichrichter werden als Kupferoxydul- oder Selengleichrichter gebaut[2]. Sie werden als Gleichstromquellen für die Speisung der Prüfeinrichtungen viel verwandt, da sie einen kleinen Spannungsabfall haben und für kleine Leistungen gebaut werden können. In Abb. 8 ist als Beispiel die Schaltung für einen Selengleichrichter als Gleichstromquelle für 6 V und 100 A schematisch angegeben. Eine Drehstromquelle, z. B. ein röhrengeregelter Drehstromgenerator, speist über Ringkernregler mit Grob- und Feineinstellung drei Transformatoren, an die Selengleichrichter in Brückenschaltung angeschlossen sind. Da die Welligkeit des Gleichstroms nur etwa 4%

---

[1] Vgl. E. v. Rziha: Starkstromtechnik I, 1952, S. 225ff.

[2] Hoffmann, H.: ETZ 1949, S. 221. — K. Maier: Trockengleichrichter, München und Berlin: R. Oldenburg, 1938.

beträgt, ersetzt eine solche Anordnung eine Batterie gleicher Leistung, ohne daß eine besondere Wartung notwendig ist. Auch den später genannten Gleichstromgeneratoren ist die Anordnung überlegen, weil hier die Störungen und Spannungsschwankungen durch Kollektor und Bürsten vermieden werden. Man kann durch Parallel- oder Serienschaltung der Gleichrichterzellen bis zu mehreren 1000 A bei kleinen Spannungen und bis zu einigen 1000 V bei kleinen Strömen alle Anforderungen für Zählerprüfzwecke erfüllen. Ebenso sind Trockengleichrichter zum Laden von Akkumulatorenbatterien oder als Stromquellen für Gleichstrommotoren zum Antrieb von Prüfgeneratoren geeignet.

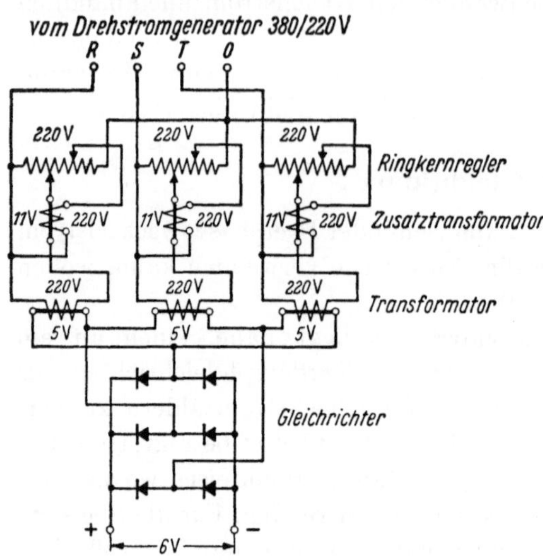

Abb. 8. Schaltung eines Selengleichrichters.

γ) Glühkathodengleichrichter. Zur Gleichrichtung einer Wechselspannung werden Dioden und Duodioden in verschiedenen Schaltungen als sogenannte Netzgeräte verwendet. Es gibt eine Reihe von Gleichrichterröhren, denen man Gleichströme von einigen 100 bis 1000 V und 30 bis etwa 400 mA für Prüfzwecke entnehmen kann[1]. Sie sind also vornehmlich für die Speisung des Spannungskreises von Gleichstromzählern geeignet und ersetzen eine Spannungsbatterie. Die Welligkeit der Gleichspannung wird durch besondere Schaltungen auf das zulässige Maß gebracht. Meist werden noch Stabilisatoren zur Konstanthaltung der Ausgangsspannung vorgesehen (s. S. 44). Da sie leicht Rundfunkstörungen verursachen, müssen sie mit Entstörungseinrichtungen versehen sein.

δ) Kontaktgleichrichter. Pendelgleichrichter, auch Zerhacker oder Vibratoren genannt, bestehen aus mit der Frequenz des Wechselstroms schwingenden Federn; diese betätigen entsprechend angeordnete Kontakte so, daß die beiden Halbwellen des Wechselstroms gleichgerichtet werden. Sie werden in Form von polarisierten Relais bis zu 800 V

[1] Kulp, M.: Elektronenröhren und ihre Schaltungen. Göttingen, Vandenhoek & Ruprecht, 1951, S. 72ff.

Gleichspannung und bis etwa 100 mA gebaut. Zur Glättung des Gleichstroms und zur Unterdrückung der Funkenbildung an den Kontakten werden Kondensatoren in besonderen Schaltungen vorgesehen[1]. Im Gegensatz zu den Trocken- und Glühkathodengleichrichtern haben sich die Kontaktgleichrichter für Prüfzwecke nur in seltenen Fällen durchsetzen können.

c) Gleichstromgeneratoren.

Gleichstromgeneratoren als Stromquellen für die Prüfeinrichtungen von Zählern treten gegenüber den anderen Stromquellen immer mehr zurück. Der Grund dafür liegt wohl in den Störungen, die am Kollektor und den Bürsten auftreten können, wenn diese nicht sehr gut gewartet werden und daran, daß die neueren Gleichrichterschaltungen einen Gleichstrom von sehr geringer Welligkeit liefern.

Es sei deshalb nur erwähnt, daß man früher für die Erzeugung von hohen Gleichspannungen, wie man sie z. B. für die Prüfung von Zählern für Bahnbetriebe braucht, oft Gleichstrom-Hochspannungsgeneratoren verwendete, die Spannungen bis zu einigen 1000 V liefern konnten[2]. Generatoren für hohe Gleichströme dagegen haben nie eine Rolle im Prüfwesen gespielt. Gleichstromgeneratoren für gängige Spannungen und Ströme werden dagegen noch viel als Lademaschinen für Akkumulatorenbatterien und als Stromquellen für die Motoren von Motorgeneratoren verwendet.

d) Wechselstromgeneratoren.

Als Wechselstromquellen für die Prüfung von Einphasen- und Dreiphasen-Wechselstromzählern dienen Drehstromgeneratoren, die von einem Drehstrom-Synchronmotor oder von einem Gleichstrommotor angetrieben werden, der an eine möglichst konstante Gleichstromquelle angeschlossen wird.

α) Ein Generator. Hat man nur einen Generator als Stromquelle, so werden die Prüfstromkreise, d. h. der Hauptstromkreis und der Spannungskreis der Sparschaltung, über entsprechende Transformatoren parallel an den Drehstrom-Generator angeschlossen. Jede Verstellung in einem der beiden Stromkreise beeinflußt den anderen. Man muß also bei jeder Änderung der Belastung Spannung und Strom durch die vorgesehenen Einstelleinrichtungen neu einstellen. Wie lästig und zeitraubend das vor allem bei Drehstrommessungen ist, weiß jeder, der einmal auf diese Art und Weise hat arbeiten müssen.

---

1 RZIHA, E. v.: Starkstromtechnik, I, 1952, S. 291.

2 LINKE, H.: ETZ 1915, S. 549. — K., E. u. M. PEDERZANI: Wien, 1926, S. 625. — H. TRACHMANN: AEG-Mitt. März 1938, S. 91.

β) Doppelgenerator. Man ist deshalb bald zu Drehstrom-Doppelgeneratoren übergegangen. Für die Speisung des Hauptstromkreises und des Spannungskreises ist je ein Generator vorgesehen, die beiden Wellen sind miteinander und mit der Welle des Gleichstromantriebsmotors gekuppelt. Beide Generatoren liefern also Ströme gleicher Frequenz. Ein solcher Maschinensatz ist in Abb. 9 dargestellt[1]. Rechts ist der Gleichstrommotor angeordnet, der an eine geregelte Gleichstromquelle angeschlossen sein soll, in der Mitte liegt der Generator zur Speisung des Hauptstromkreises, links der zur Speisung des Spannungskreises. Beide Generatoren sind so gebaut, daß ihre Stromkurve sowohl bei kleiner als auch bei großer Last rein sinusförmig ist. Der Stator des

Abb. 9. Doppelgenerator.

in der Mitte liegenden Generators ist drehbar angeordnet und kann mit dem Handrad oder durch den links daneben sichtbaren kleinen Motor durch Fernsteuerung gegenüber dem Stator des linken Generators räumlich verdreht werden. Diese räumliche Verdrehung bedingt bei laufenden Maschinen eine zeitliche Phasenverschiebung der den beiden Generatoren entnommenen Spannungen.

Ähnliche Maschinensätze in stehender Bauart, also mit vertikaler Welle, hat man früher oft verwendet, weil man sie bequem neben dem Prüfstand aufstellen kann.

Im Anfang führte man die Wicklung des Hauptstromgenerators für großen Strom und kleine Spannung, die des Spannungsgenerators für die gewünschte Spannung und kleinen Strom aus. Davon ist man aber bald abgekommen, man gibt beiden Generatoren die gleichen Wicklungen und bringt die Ströme und Spannungen durch im Prüfstand

---

[1] Die erste Doppelmaschine wurde nach Angaben der Physikalisch-Technischen Reichsanstalt von den Siemens-Schuckert-Werken gebaut und zu gleicher Zeit von der Union-Elektrizitäts-Gesellschaft im Jahre 1901 entwickelt, vgl. ETZ 1902, S. 776; 1909, S. 436.

eingebaute Transformatoren auf die gewünschten Werte. Für die Leitungsverlegung von der Maschine zum Prüfstand ist dies natürlich günstiger. Allerdings muß man dafür sorgen, daß die Sinusform der Spannungen durch die Transformatoren nicht verzerrt wird. In bestimmten Grenzen kann man die Spannung jedes der beiden Stromkreise verändern, ohne daß sie sich gegenseitig beeinflussen. Der Gleichstromantriebsmotor sollte so gebaut sein, daß man durch Änderung seines Erregerstroms seine Drehzahl in verhältnismäßig weiten Grenzen einstellen kann; es ist erwünscht, Frequenzen von 40 bis 60 Hz zur Verfügung zu haben, damit man den Einfluß der Frequenzänderung auf das Verhalten der für die Nennfrequenz von 50 Hz gebauten Zähler feststellen kann. Will man Zähler, die für eine Nennfrequenz von 25 oder $16^2/_3$ Hz gebaut sind, prüfen, so muß man Sondermaschinen, z. B. polumschaltbare Generatoren oder Periodenumformer aufstellen.

γ) Dreifachgenerator. Eine andere Anordnung sieht 3 miteinander gekuppelte Einphasengeneratoren vor, deren Spannungen um 120° gegeneinander verschoben sind. Jede der 3 Spannungen wird durch einen Röhrenfeinregler (s. S. 52) bei Laständerungen um $\pm$ 50% der Nennlast bis auf $\pm$ 0,5‰ konstant gehalten. Das Spannungsdreieck bleibt daher bei allen praktisch vorkommenden Belastungen erhalten. Die Generatoren sind so gebaut, daß sie bei allen vorkommenden Belastungen eine sinusförmige Spannung liefern. Als Antriebsmotor dient an Stelle eines Gleichstrommotors ein Synchronmotor mit asynchronem Anlauf. Man spart dadurch eine Gleichstromquelle großer Leistung. Die Erregerleistung für den Synchronmotor und die Einphasengeneratoren wird durch Trockengleichrichter geliefert. Da die Netzfrequenz normalerweise weniger als die Netzspannung schwankt, läuft der Synchronmotor so ruhig, daß man auch bei ungeregelter Spannung der Generatoren Zähler nach der Synchronmethode prüfen und einstellen kann.

3. Einstellung des Hauptstromes, der Spannung, der Frequenz und der Phasenverschiebung.

Wir wollen uns zunächst mit den Einrichtungen befassen, mit denen man die elektrischen Größen auf bestimmte Werte für die Prüfung direkt oder mittels Hilfsmotoren von Hand einstellt. Einrichtungen zur Konstanthaltung der elektrischen Größen werden im nachfolgenden Absatz 4 behandelt werden.

a) Einstellung des Hauptstroms.

Wird eine Akkumulatorenbatterie als Gleichstromquelle benutzt, so kann man den ihr entnommenen Strom durch Vorwiderstände einstellen, denen man Widerstände zur Feineinstellung parallel schaltet. Durch Parallel- und Serienschaltung der Batteriezellen mit Zellenschaltern kann man nur in Stufen schalten, die der Elementspannung gleichen.

Bei den Gleichrichtern wird man meist auf der Wechselstromseite die gewünschten Werte einstellen, wie dies beispielsweise in Abb. 8 dargestellt ist.

Bei Gleichstromgeneratoren würde es naheliegen, durch Änderung des Erregerstroms den Strom in gewissen Grenzen einzustellen. Da man aber den Spannungskreis an den gleichen Generator anschließt, würde sich bei Änderung der Erregung auch die Spannung ändern. Deshalb stellt man meist im Prüfstrompfad mit grobstufigen Widerständen ein, denen man feinstufige Widerstände parallel schaltet.

Bei den Wechselstromgeneratoren stellt man den Hauptstrom grob durch Vorschaltung von Stufentransformatoren (Stromtransformatoren) ein, zur Feineinstellung benutzt man Regeltransformatoren, die meist als Drehtransformatoren ausgeführt und in den Prüfstand eingebaut werden. Auf diese Weise stellt man auch bei Netzanschluß des Prüfstandes den Hauptstrom ein.

α) Widerstände. Für Gleichstrom kann man jeden vielstufigen Kurbelwiderstand zum Grob- und Feineinstellen verwenden. Zur Feineinstellung benutzt man jedoch meist Drehwiderstände, die für alle üblichen Stromstärken gebaut werden. Alle modernen Bauarten dieser Widerstände sind bequem zu handhaben und geben keine Wackelkontakte, wenn sie gut gepflegt werden. Schiebewiderstände, die früher viel verwendet wurden, werden bei neuen Prüfständen kaum mehr eingebaut.

Für die Grobeinstellung großer Stromstärken sind frei ausgespannte Bandwiderstände geeignet, weil sie eine große abkühlende Oberfläche haben. Man kann die Belastung der Widerstände steigern, wenn man sie durch Anblasen mit dem Luftstrom eines Ventilators kühlt. Das Material der Widerstände muß einen kleinen Temperaturkoeffizienten haben (Konstantan oder Manganin), damit der Widerstand von der Einschaltdauer und der Kühlung unabhängig bleibt. Für Stromstärken über etwa 3000 A kommt man mit dieser Art von Widerständen nicht mehr aus, man geht dann zu wassergekühlten Konstantanrohren über. Für die Grobeinstellung sehr hoher Stromstärken von 10000 A und darüber ordnet man Widerstände aus Konstantanband samt den zugehörigen Schaltern in einem mit Wasser gefüllten Behälter an und läßt dauernd neues Kühlwasser zufließen[1]. Der Widerstand des Wassers ist im Verhältnis zu dem des Bandes so groß, daß er vollkommen außer acht

---

[1] Siemens-Jb. 1927, S. 169.

gelassen werden kann. Einen solchen Widerstand kann man im Notfall auch improvisieren, indem man ein Konstantanband passender Abmessung in einen tönernen Kübel mit fließendem Wasser legt.

β) Regeltransformatoren (Stelltransformatoren). Die Regeltransformatoren für Wechselstrom werden meist als Drehtransformatoren ausgeführt, wie Abb. 10 zeigt. Ein ringförmiger Eisenkern trägt eine Primär- und eine Sekundärwicklung. Die Wicklung kann auch als Sparwicklung ausgeführt werden. Auf jeder der blankgemachten Stirnseiten der Sekundärwicklung gleitet eine Bürste; die beiden Bürsten kann man mit zwei konzentrisch angeordneten Knöpfen drehen. Die Schaltung zeigt Abb. 11. b_1 und b_2 sind die Bürsten, die auf der

Abb. 10. Drehtransformator.

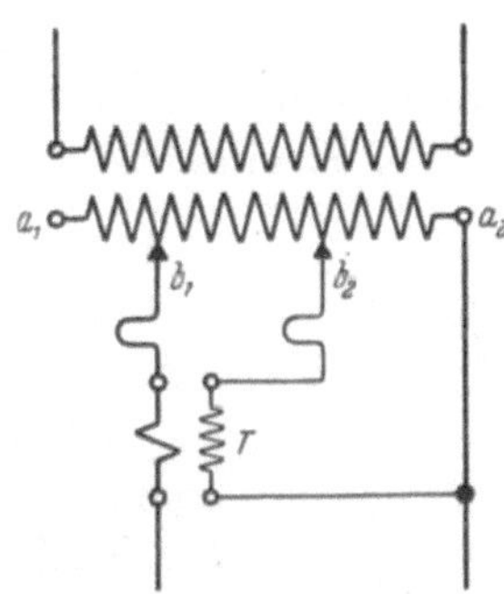

Abb. 11. Schaltung mit induktiver Einstellung und Zusatztransformator.

Sekundärwicklung a_1 a_2 gleiten. Außer dem Drehtransformator ist noch ein kleiner Zusatztransformator T vorgesehen; seine den Hauptstrom führende Wicklung ist an die Bürste b_1, die andere Wicklung an die Bürste b_2 und das eine Ende a_2 der Sekundärwicklung angeschlossen. Das Übersetzungsverhältnis des Transformators soll etwa 20:1 sein. Man stellt grob mit der Bürste b_1 ein; verschiebt man die Bürste b_2 um den gleichen Betrag wie die Bürste b_1, so ändert sich die Stromstärke um $^1/_{20}$ des Betrages der Grobeinstellung. Hat die Grobeinstellung z. B. eine Stufigkeit von 0,5%, so ist die der Feineinstellung 0,025%. Die Anordnung hat den Vorzug, daß man verlustarm einstellen kann und daß die Erwärmung sehr klein ist. Ein weiterer Vorteil ist, daß nur eine Bürste (b_1) den Hauptstrom führt.

Eine früher oft angewandte Schaltung mit kombinierter induktiver und Widerstandseinstellung zeigt Abb. 12. Die eine Bürste gleitet auf der blankgemachten Stirnseite der Wicklung, die andere auf einem Widerstandsband, das um den Ring gelegt ist. Die Feineinstellung übernimmt hier die auf dem Widerstand gleitende Bürste. Die Anordnung hat den Nachteil, daß beide Bürsten den Gesamtstrom führen.

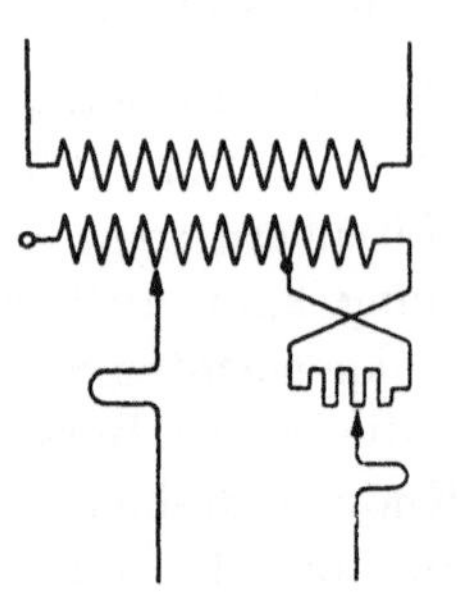

Abb. 12. Schaltung mit kombinierter induktiver und Widerstandseinstellung.

Schiebetransformatoren sind in alten Prüfständen noch viel vorhanden, für sie kann man die gleichen Schaltungen wie für die Drehtransformatoren machen.

γ) **Stromtransformatoren.** Mit Stromtransformatoren bezeichnet man solche Transformatoren, die primär an eine Stromquelle normaler Spannung, z. B. das Netz oder an einen Generator angeschlossen sind, und deren Sekundärwicklung für großen Strom bei niederer Spannung bemessen ist. Meist ist die Primär- oder Sekundärwicklung unterteilt, so daß man durch Parallel- und Serienschaltung der Teilwicklungen die zur Prüfung von Zählern verschiedener Stromstärke geeignetsten Verhältnisse erzielen kann.

b) Einstellung der Spannung.

Die Geräte zur Einstellung der Spannung sind grundsätzlich die gleichen wie die zur Einstellung des Hauptstroms. Bei einer Spannungsbatterie stellt man die Spannung in groben Stufen mit dem Zellenschalter ein, mit dem man einzelne Elemente oder Elementgruppen zu- oder abschaltet. Gleichrichter haben in der Regel Ausgangsklemmen für verschiedene Nennspannungen, wie man sie für die vorgesehenen Prüfzwecke braucht.

Gleichstromgeneratoren werden meist nur für eine bestimmte Spannung gebaut, durch Änderung der Erregung oder der Drehzahl kann man die Spannung nur in mäßigen Grenzen ändern.

Den Hauptanteil der Einstellung übernehmen bei Gleichstrom Vorwiderstände oder Spannungsteiler im Strompfad des Prüfkreises, die als Kurbel- oder Drehwiderstände mit Grob- und Feinabstufung gebaut werden.

Bei Wechselstrom werden zur Einstellung des annähernden Wertes der Nennspannungen sogenannte Spannungstransformatoren verwendet, die mit Anzapfungen versehen sein können und in die Prüfstände eingebaut werden. Mit Drehtransformatoren, die ähnlich wie die für die Einstellung des Hauptstroms ausgeführt sind, kann man die Spannung grob und fein einstellen.

c) Belastungswiderstände und -transformatoren.

α) **Belastungswiderstände.** In Gleichstromnetzen kann man bei Prüfung an Ort und Stelle nicht mit getrenntem Strom- und Spannungskreis arbeiten. Die Leistung, bei der man den Zähler prüfen will, muß man daher entweder durch Einschaltung eines Teils der Stromverbraucher der Anlage oder durch einen Belastungswiderstand einstellen, der die ganze Leistung aufnehmen kann. Solche Belastungswiderstände bestehen aus Gitterwiderständen, die mit Asbest verwebt sind (SCHNIEWINDT-Widerstände), sie werden bis zu einer Leistungsaufnahme von mehreren Kilowatt hergestellt. Durch Schalter können sie stufenweise eingeschaltet werden. Beim Transport sind sie zusammengelegt, für die Prüfung werden sie fächerförmig auseinandergestellt. Die erzeugte Wärme wird durch Konvektion abgeführt.

Auch Eisendrahtwiderstände in gasgefüllten Glasgefäßen, wie sie Seite 43 beschrieben sind, werden als Belastungswiderstände verwendet.

β) Belastungstransformatoren. Für Wechselstrommessungen an Ort und Stelle bedient man sich besser der Belastungstransformatoren, weil sie nur einen kleinen Leistungsverbrauch haben. In Abb. 13 ist das Schaltbild eines solchen Belastungstransformators für Drehstrom dargestellt. Der Spannungskreis des Zählers wird natürlich direkt an die Netzspannung angeschlossen. Der Belastungstransformator hat primär drei Anschlüsse für 110, 220 und 380 V Dreieckspannung, so daß er für diese drei Netzspannungen verwendet werden kann. Der Phasentransformator gestattet die Phase des Stromes gegenüber der Spannung einzustellen, der Regeltransformator mit Grob- und Feineinstellung ist in den Primärkreis des Stromtransformators geschaltet, weil dieser einen kleineren Strom führt als der Sekundärkreis. Der Stromtransformator hat Anzapfungen für verschiedene Belastungsstufen. Schließlich sind noch Stromwandler zum Anschluß der Meßgeräte vorgesehen. Der Belastungstransformator ist also eine Art transportabler Prüfstand.

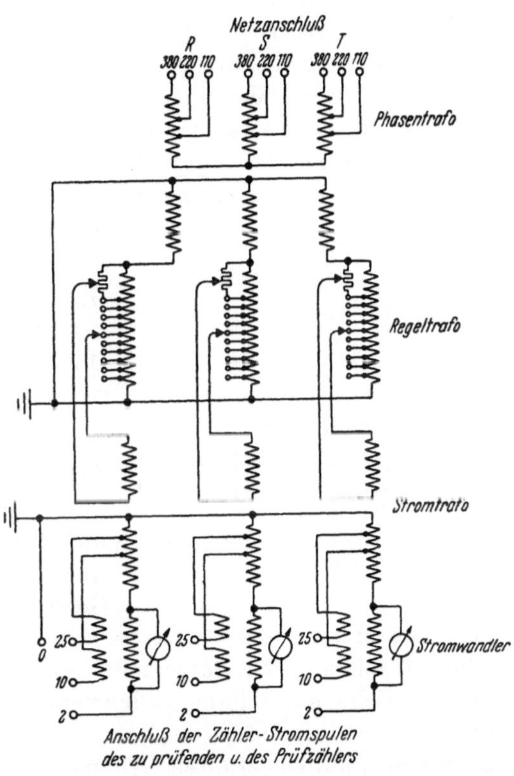

Abb. 13. Belastungstransformator für Drehstrom.

d) Einstellung der Frequenz.

Bei Netzanschluß des Prüfstandes ist man an die Frequenz des Netzes gebunden. Will man Zähler bei verschiedenen Frequenzen prüfen, so muß man den Strom Generatoren entnehmen, deren Drehzahl man ändern kann.

α) Drehzahländerung des Antriebsmotors. Ist der Antriebsmotor für die Generatoren ein Gleichstrommotor, wie dies z. B. bei der Doppelmaschine der Fall ist, so kann man die Drehzahl in bestimmten Grenzen durch Änderung des Erregerstromes des Gleichstrommotors einstellen. Für die üblichen Messungen bei ± 5 bis $\pm 10\%$ Frequenzänderung ist diese Methode zweckmäßig.

Die Grenzen des Einstellbereichs, die durch Änderung der Erregung des Antriebsmotors gegeben sind, kann man im Notfall dadurch erweitern, daß man in den Ankerstromkreis Einstellwiderstände einschaltet. Dabei fällt aber die Leistung des Motors stark ab und der Motor läuft bei Belastung der angetriebenen Generatoren unruhig.

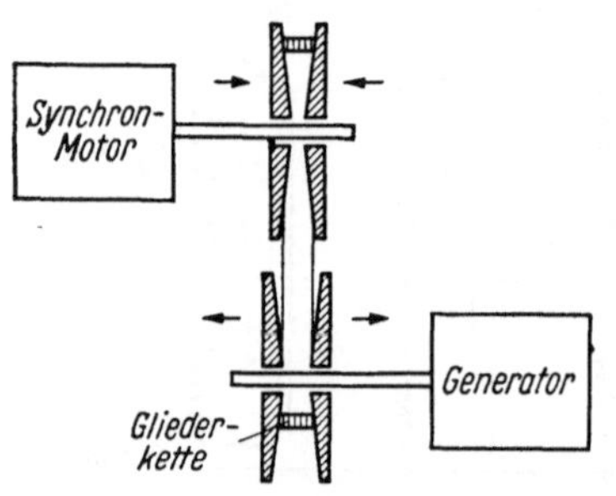

Abb. 14. Kettengetriebe für Drehzahleinstellung.

β) Mechanische Getriebe. Durch Zwischenschaltung von mechanischen Getrieben zwischen Antriebsmotor und Generator kann man die Frequenz in weiten Grenzen ändern. Ein Getriebe, mit dem man die Übersetzung zwischen Motor und Generator kontinuierlich ändern kann, ist in Abb. 14 schematisch dargestellt. Auf jeder der beiden Wellen sind zwei konische, mit radialen Rillen versehene Stahlscheiben aufgebracht, die axial gegeneinander verschoben werden können; das ganze Getriebe ist in einem mit Öl gefüllten Gehäuse eingeschlossen. Mit einem Steuermechanismus kann man die Scheiben so bewegen, daß sich der Abstand der Scheiben auf der Generatorwelle um den gleichen Betrag erweitert, um den der Abstand der Scheiben auf der Motorwelle verengert wird und umgekehrt. Die zwischen den Scheiben laufende Gliederkette bleibt also immer straff, während die Übersetzung zwischen den beiden Wellen geändert wird. Man kann mit dieser Einrichtung die Frequenz im Verhältnis 3:1, also z. B. von 50 bis $16^2/_3$ Hz kontinuierlich ändern bei gleichbleibender Leistung des Antriebsmotors. Die Leistung des Drehstromgenerators ändert sich natürlich entsprechend der Frequenz.

γ) Periodenumformer. Ein Periodenumformer besteht aus einem asynchronen Drehstrom-Schleifringmotor, dessen Stator von einer

Drehstromquelle, z. B. vom Netz oder von einem Drehstromgenerator gespeist wird, während sein Rotor von einem Motor veränderlicher Drehzahl, z. B. von einem Gleichstrommotor angetrieben wird. Steht der Antriebsmotor still, so arbeitet der Drehstrommotor wie ein Transformator, die Frequenz des Rotorstroms ist gleich der des Statorstroms. Wird der Rotor entgegen der Drehrichtung des Drehfeldes mit einer Drehzahl angetrieben, die gleich der des Drehfeldes ist, so ist die Frequenz des Rotorstroms die doppelte der des Statorstroms. Wird der Rotor im gleichen Sinne wie das Drehfeld bewegt, wo wird die Frequenz Null, wenn die Drehzahl des Rotors der des Drehfeldes gleicht. Dann ist natürlich auch die Leistung Null, denn der Stromquelle wird keine Leistung entnommen und der Antriebsmotor läuft leer. Allgemein gilt: Die dem Rotor entnommene Leistung ist gleich der Summe der der Stromquelle entnommenen Leistung und der Leistung des Antriebsmotors. Durch kontinuierliche Änderung der Drehzahl des Antriebsmotors kann man also die Frequenz über ein sehr großes Bereich verstellen, wobei die Leistung, die dem Rotor entnommen werden kann, etwa proportional der Frequenz ist.

δ) Gebremster Asynchronmotor. Ein Drehstrom-Schleifringmotor, der an eine Stromquelle konstanter Frequenz angeschlossen wird, wirkt im Stillstand wie ein Transformator; die Frequenz des Rotorstroms ist dann gleich der Frequenz der Stromquelle. Beim Lauf ist die Frequenz des Rotorstromes der Schlüpfung proportional. Bremst man den Rotor langsam durch eine Bremsvorrichtung, so kann man ihm Ströme niedrigerer Frequenz als die Statorfrequenz entnehmen. Da es aber schwer ist, den Rotor gleichmäßig zu bremsen und da die Bremsverluste sehr groß sind, wird man das Verfahren nur im Notfall anwenden.

e) Einstellung der Phasenverschiebung.

Die Phasenverschiebung zwischen Strom und Spannung stellt man meistens durch Änderung der Phasenlage der Spannung ein, weil im Spannungskreis nur kleine Leistungen bei verhältnismäßig hoher Spannung gebraucht werden.

α) Doppelgeneratoren. Benutzt man einen Doppelgenerator (s. S. 32) als Stromquelle, so kann man nur für einen einzigen angeschlossenen Prüfstand die Phasenverschiebung zwischen Hauptstrom und Spannung einstellen. Ist der Generator entfernt vom Prüfstand aufgestellt, so muß man am Prüfstand einen Umschalter anbringen, mit dem man den kleinen Motor, der den Stator des einen Generators antreibt, durch Fernsteuerung vor- und rückwärts laufen lassen kann. Der Stator des Generators ist bei modernen Ausführungen mit Schleifringen zur

Stromabnahme versehen, so daß man ihn über seinen ganzen Umfang verdrehen kann.

β) Ruhender Drehstrommotor. Wenn man mehrere Prüfstände an ein und dieselbe Stromquelle, z. B. einen Drehstromgenerator oder an das Netz anschließen will, so baut man in jeden Prüfstand einen sogenannten „Phasenschieber" nach Abb. 15 ein. Dieser ist ein festgebremster Drehstrom-Schleifringmotor. Der Ständer wird an die Drehstromquelle angeschlossen. Die auf den Schleifringen des Läufers aufliegenden Bürsten sind mit dem Spannungskreis des Prüfstandes verbunden. Der Läufer wird entweder durch eine Bremsvorrichtung oder durch ein selbstsperrendes Getriebe, z. B. Schnecke und Schneckenrad festgehalten. Er kann durch Lösung der Bremse oder Drehen der Schnecke mit einem an der Schneckenwelle angebrachten Handrad räumlich gegen den Ständer verschoben werden. Das im Ständer erzeugte Drehfeld induziert in der Läuferwicklung Spannungen gleicher Frequenz, deren Größe durch das Übersetzungsverhältnis von Ständer- zu Läuferwicklung gegeben ist. Ihre Phasenlage ist durch die räumliche Stellung des Läufers gegeben. Durch die Drehung des Läufers kann man die Phasenlage der Spannungen um 360° gegenüber der der Ständerspannungen ändern. Die Größe der Spannungen ändert sich je nach der Wicklungsanordnung ein wenig mit der Stellung des Läufers. Da der Phasenschieber meist in den Prüfstand eingebaut ist, kann er leicht bedient werden.

Abb. 15. Phasenschieber für Drehstrom.

γ) Zyklische Vertauschung zur Grobeinstellung. Mit dem in Abb. 16 schematisch dargestellten Schalter[1] kann man die Phasen bei Drehstrom zyklisch vertauschen, ohne daß sich die Spannung ändert. In der gezeichneten Lage des Schalters treten die drei Leitungen in der Phasenfolge RST in den Schalter ein und verlassen ihn in der Folge TRS. Bei den anderen beiden Stellungen erhält man die Folgen STR und RST für die austretenden Leitungen. Die Sprünge der Grobeinstellung sind also 120° Vor- oder Nacheilung. Sieht man noch einen Umschalter vor, so kann man die Sprünge auf 60° verkleinern.

---

[1] Vgl. Orlich, E.: ETZ 1909, S. 436.

δ) Drosselspulen. Mit verstellbaren Drosselspulen kann man bei Einphasen- oder Mehrphasenprüfständen die Phasenverschiebung von cos $\varphi = 1$ bis etwa 0,3 ändern. Nachteilig ist, daß sich mit Änderung der Phasenverschiebung auch die Größe der Spannung ändert und daß die Drosseln meist stark brummen, weil man die Schwingungen des beweglichen Eisenkerns schwer dämpfen kann.

ε) Laufender Einphasenmotor. Zwei besondere Anordnungen, die nur für Einphasenwechselstrom geeignet sind, sollen noch erwähnt werden, weil sie früher oft angewendet wurden. Die eine ist in Abb. 17 schematisch dargestellt[1]. Ein Drehstromasynchronmotor mit Schleifring- oder Kurzschlußläufer ist durch die Wicklungen bei RST angedeutet. Zwischen seinen Klemmen R und S ist der Widerstand R_1,

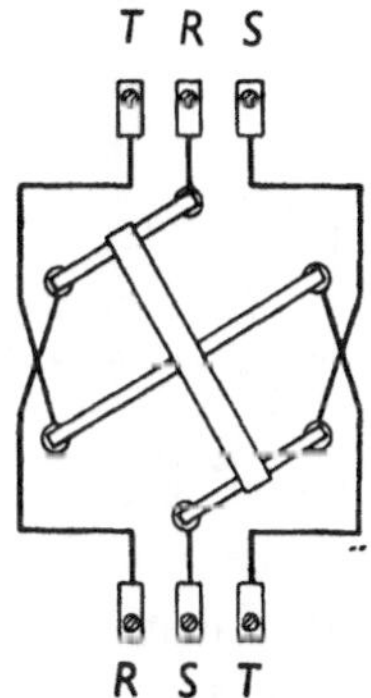

Abb. 16. Schalter für zyklische Vertauschung.

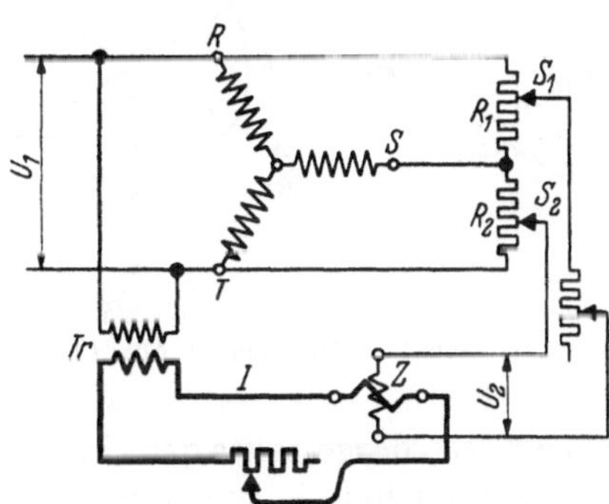

Abb. 17. Laufender Asynchronmotor mit Widerständen.

zwischen S und T der Widerstand R_2 angeschlossen. Auf diesen beiden Widerständen kann man die Schieber S_1 und S_2 verschieben. An S_1 und S_2 ist der Spannungskreis des Zählers angeschlossen, der Hauptstromkreis liegt über einen Stromtransformator Tr an der Spannung U_1 der Stromquelle. Der Drehstrommotor wird z. B. als Einphasenmotor mit Hilfswicklung oder Kondensator angelassen. Beim Lauf bildet sich bekanntlich durch Rückwirkung des Läuferfeldes auf die Ständerwicklung in dieser ein Drehfeld aus, wenn man die Ständerwicklung in Stern schaltet. An einem solchen Motor von der Nennleistung 1 kVA wurden beispielsweise bei einer symmetrischen Belastung von 0,5 A je Phase die verketteten Spannungen 188, 171 und 165 V gemessen. Durch Verschiebung der Schieber S_1 und S_2 kann man die Phase der Spannung U_2 verändern. Steht S_1 oben und S_2 unten, so ist U_2 in Phase mit U_1, also mit U_{TR}, Abb. 18. Schiebt man den Schieber S_2 all-

[1] Bruckmann, H. W. L.: Elektrizitätszähler für Gleich-, Wechsel- und Drehstrom. 2. Aufl. Leipzig: Verlag von Oskar Seiner, 1926, S. 294.

mählich nach oben, so durchläuft U_2 alle Phasenlagen bis — U_{RS}; läßt man S_2 unten stehen und verschiebt S_1 von oben nach unten, so wandert U_2 bis — U_{ST}. Es kann also der Bereich A durchlaufen werden, wobei U_2 von 60° Voreilung bis 60° Nacheilung gegenüber U_1 und damit gegenüber dem Hauptstrom I verschoben werden kann. Vertauscht man die Leitungen an S_1 und S_2, so kann der Bereich B bestrichen werden. Der Bereich C kann nicht einbegriffen werden.

ζ) **Brückenschaltung.** Als Beispiel für eine andere Anordnung zur Phasenverschiebung bei Einphasenwechselstrom sei die in Abb. 19

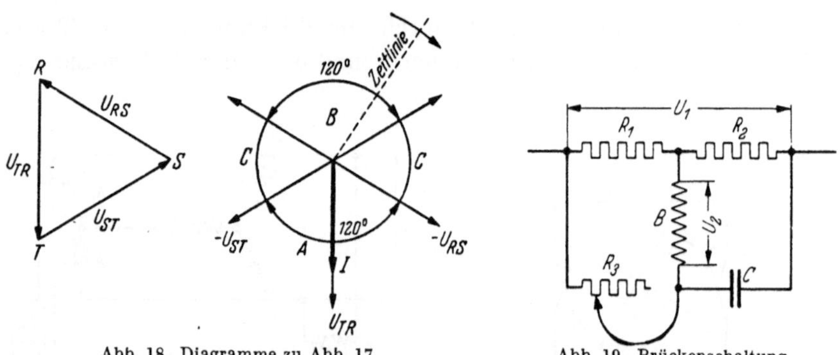

Abb. 18. Diagramme zu Abb. 17.

Abb. 19. Brückenschaltung.

schematisch dargestellte gewählt[1]. Sie ist für kleine Leistungen bis etwa 20 VA brauchbar. Die Brückenzweige bestehen aus zwei Widerständen R_1 und R_2, einem Einstellwiderstand R_3 und der Kapazität C. Die Belastung B, deren Spannung U_2 man verschieben will, liegt im Ausgleichszweig der Brücke. An der Brückendiagonale liegt die Spannung U_1. Bei kleinem Wert von B gilt das Kreisdiagramm, Abb. 20, denn die Spannung U_c am Kondensator C eilt der Spannung U_3 am Einstellwiderstand R_3 um 90° vor. Man sieht aus dem Diagramm, daß die Phasenlage von U_2 insgesamt um 180° geändert werden kann, wenn man R_3 und damit U_3 ändert; die Größe von U_2 ändert sich dabei nicht. Gegenüber U_1 ändert sich die Phase von U_2 um $\pm$ 90°. Das Diagramm verzerrt sich, wenn die Leistung in B größer wird. Wählt man z. B. $R_1 = R_2 = 100\,\Omega$, $C = 10\,\mu$F, $R_3 = 0 \ldots 600\,\Omega$, so ändert sich bei konstanter Spannung U_1 und bei 10 VA Leistung in B die Größe der Spannung U_2 um etwa $\pm$ 10%, wenn man ihre Phasenlage um $\pm$ 90° ändert.

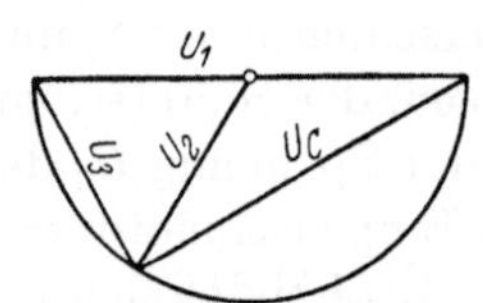

Abb. 20. Diagramm zu Abb. 19.

[1] DÉGUISNE: Archiv Elektrotechn. Bd. 5 (1917), S. 308. Andere Anordnungen siehe H. POLEK: Arch. techn. Messen 1935, Z 61—1 u. 2.

4. Konstanthaltung des Stromes, der Spannung und der Frequenz.

Es gibt sehr verschiedenartige Einrichtungen zur Konstanthaltung des Stromes und der Spannung. Um den Überblick zu erleichtern, wollen wir sie in verschiedene Gruppen einteilen. Die erste Gruppe sind die Geräte, die durch ihre physikalischen Eigenschaften an sich den Strom oder die Spannung konstant halten, der Eisenwiderstand und der Glimmteiler. Dann folgen die induktiven Wechselstromregler, die Schwebespule und der magnetische Spannungsgleichhalter. Anschließend behandeln wir die Regler mit einem Spannungsrelais, das direkt oder durch Zwischenschaltung eines Verstärkermotors mechanisch auf das Stellglied wirkt, den Kohledruckregler, den Tirillregler und den hydraulischen Regler. Als letzte wollen wir einige Beispiele für Konstanthaltungseinrichtungen mit Röhrenreglern beschreiben.

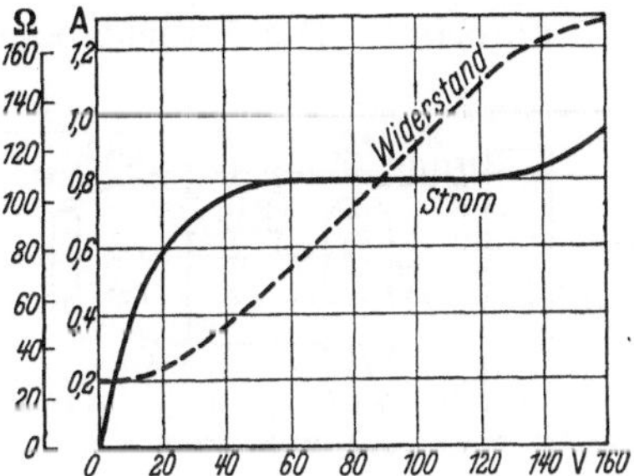

Abb. 21. Kennlinien eines Eisenwiderstandes.

Generatoren in Sonderausführung mit Hilfswicklungen zur Konstanthaltung der Spannung werden für Prüfzwecke kaum mehr verwendet.

a) Eisenwiderstand (Variator)[1].

Ein Eisenwiderstand, der in einem mit Wasserstoff gefülltem Glasgefäß eingeschlossen ist, ändert seinen Widerstand in einem bestimmten Temperaturbereich proportional der Spannung am Widerstand. Der Strom ist in diesem Bereich also konstant. Schaltet man einen solchen Eisenwiderstand in einen Stromkreis ein, so kann man einen bestimmten Strom in einem bestimmten Spannungsbereich annähernd konstant halten, Abb. 21. Bei normalen Ausführungen ist dieser Spannungsbereich etwa 40 bis 60 V. Die Widerstände werden für Ströme von 0,1 bis 20 A und Spannungen bis 300 V gebaut. Die thermische Trägheit, d. h. die Dauer bis zur Erreichung des Endwertes des Stroms vom Zeitpunkt des Einschaltens an, ist bei kleinen Strömen kleiner als bei großen, z. B. bei 0,15 A nur 0,3 s, bei 5 A dagegen 1,5 s. Die Lebensdauer der Variatoren ist 1000 bis 5000 Stunden je nach der Stromstärke, ihr Eigenverbrauch kann bis etwa 200 W ansteigen. Der Eisenwiderstand ist die einzige Einrichtung, mit der man den Strom direkt konstant halten kann, und zwar sowohl bei Gleichstrom als auch

[1] Vgl. z. B. W. Beetz: ETZ 1922, S. 881.

bei Wechselstrom. Alle anderen Konstanthalteeinrichtungen halten die Spannung direkt konstant, den Strom nur indirekt (bei konstanter Last).

b) Glimmteiler-Röhre (Stabilisator)[1].

Bei Gleichstrom kann man für Verbraucher kleiner Leistung, z. B. den Spannungskreis der Zähler, die Spannung durch den sogenannten Glimmteiler oder Stabilisator innerhalb ziemlich weiter Spannungsschwankungen der Stromquelle konstant halten. In Abb. 22 ist die grundsätzliche Schaltung angegeben. Die mit verdünntem Edelgas gefüllte Glimmröhre ist über eine Siebkette L, C und einen Widerstand R an die Gleichspannung U_G der Stromquelle angeschlossen. Die Glimmstrecke ist in vier Teile mit den Teilspannungen U_1, U_2, U_3 und U_4 unterteilt. Die 5 Elektroden sind an die Klemmen $-C$, 0, $+B_1$,

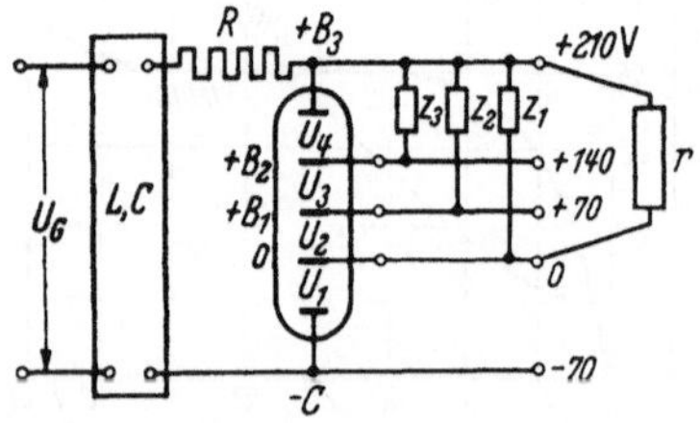

Abb. 22. Glimmteilerröhre, grundsätzliche Anordnung.

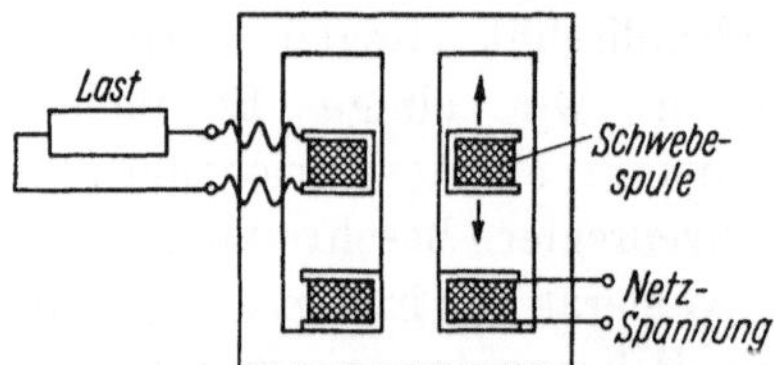

Abb. 23. Schwebespule, grundsätzliche Anordnung.

$+B_2$ und $+B_3$ angeschlossen. Parallel zu den Glimmstrecken liegen die hochohmigen Zündwiderstände Z_1, Z_2 und Z_3. Ist die Spannung $U_G = 300$ V, so kann man an den Klemmen des Glimmteilers die angeschriebenen Spannungen abnehmen. Bei 10% Spannungsschwankung der Stromquelle schwankt die Ausgangsspannung an der Last r je nach Art der Schaltung um $\pm$ 0,2 bis $\pm$ 0,01%. Der Glimmteiler regelt die Spannung vollkommen trägheitslos. Er kann für Eingangsspannungen von $U_G = 70$ bis 855 V gebaut werden bei einer Stromentnahme für die Last r von 15 bis 150 mA.

c) Schwebespule[2].

Für kleine Wechselstromleistungen kann man als Spannungsregler einen Manteltransformator verwenden, auf dessen mittleren Kern eine feste Spule sitzt, die an die Netzspannung angeschlossen ist. Eine zweite Spule ist auf dem Kern beweglich angeordnet, Abb. 23. Wenn diese durch die Last geschlossen wird und also Strom führt, wird sie von der

[1] ATM J 062 — 9, Dez. 1934.
[2] GEYGER, W.: ATM J 062 — 5, Okt. 1934.

festen Spule abgestoßen und in der Schwebe gehalten. Sinkt die Netzspannung, so bewegt sich die Schwebespule nach unten. Da die Streuung des Mittelschenkels gegen die Außenschenkel unten kleiner ist als oben, so nimmt bei gleichbleibender Last die Spannung in der Schwebespule zu. Die Spannung an der Schwebespule bleibt je nach den Abmessungen in gewissen Grenzen konstant. Schwierigkeiten bereitet in der Hauptsache die mechanische Ausführung, da die Schwebespule sich möglichst reibungsfrei bewegen soll.

d) Magnetischer Spannungsgleichhalter.

Eine Vorrichtung, mit der man die Spannung einer Wechselstromquelle für recht hohe Belastungen konstant halten kann, ist in Abb. 24

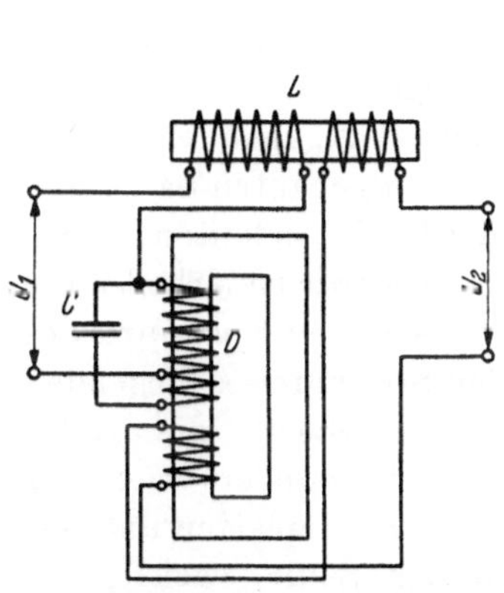

Abb. 24. Magnetischer Spannungsgleichhalter, grundsätzliche Anordnung.

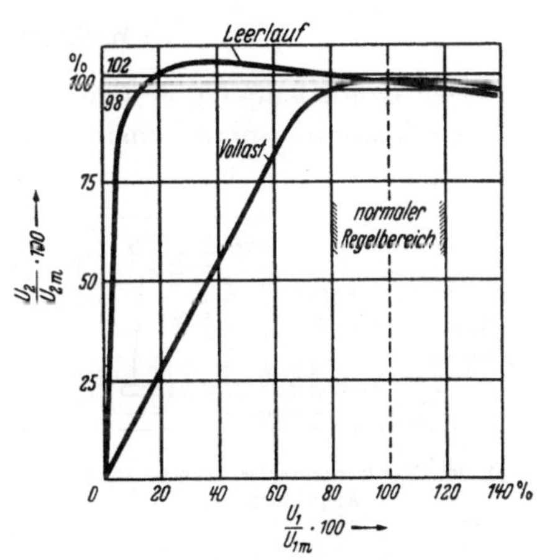

Abb. 25. Kennlinien eines magnetischen Spannungsgleichhalters.

schematisch dargestellt. U_1 ist die schwankende Spannung der Wechselstromquelle. Sie liegt an einer Luftdrossel L und einer gesättigten Drossel D, die in Reihe geschaltet sind. Die Sekundärwicklungen beider Drosseln sind gegeneinander geschaltet. Im Sättigungsgebiet, in dem die Flußkurve der hoch gesättigten Drossel geradlinig ansteigt, kann bei Vollast die Spannung an der Luftdrossel den Anstieg so gut kompensieren, daß die Spannung U_2 innerhalb eines großen Bereiches von U_1 konstant bleibt. Der Kondensator C ist im wesentlichen zur Unterdrückung allzu starker Oberwellen, die durch die gesättigte Drossel entstehen, und zur Vermeidung zu hoher Blindlast vorgesehen. Er dient aber auch zur Erweiterung des Spannungsbereiches bei Leerlauf und kleiner Last[1]. Dadurch erreicht man die Kennlinien, die in Abb. 25 dar-

[1] FRIEDLÄNDER, E.: Siemens-Z. 1935, S. 177. — W. GEYGER: Siemens-Z. 1935, S. 465. — R. GREINER: ETZ 1936, S. 489.

gestellt sind. Zwischen 80 und 120% der mittleren Spannung U_{1m} regelt die Vorrichtung auf ± 1% von U_{2m}. Die Regelgeschwindigkeit ist sehr groß, sie ist fast trägheitslos. Die Kurvenform ist sehr schlecht, die dritte harmonische herrscht vor. Für Vergleichsmessungen einer großen Reihe hintereinander geschalteter Zähler wird dies aber meist nicht stören. Braucht man sinusförmige Sekundärspannung, so muß man eine Zusatzeinrichtung zum Aussieben der Oberwellen vorsehen. Frequenzänderungen sind von großem Einfluß; da die Netzfrequenz aber heute fast immer geregelt ist, ist dies belanglos. Die Außentemperatur hat einen verschwindend kleinen Einfluß auf die Regelgenauigkeit. Die Geräte werden für Belastungen von 10 VA bis 15 kVA gebaut, der Wirkungsgrad bei Vollast ist etwa 80%.

e) Kohledruckregler[1].

Der Kohledruckregler wird als Vorwiderstand in den Stromkreis, dessen Spannung man konstant halten will, eingeschaltet. Er besteht, wie Abb. 26 zeigt, aus einer aus Kohleplatten aufgebauten Säule, die unter Federdruck gehalten wird. Gegen diesen Federdruck arbeitet die Zugkraft eines an der Spannung des zu regelnden Stromkreises liegenden Elektromagnets. Steigt die Netzspannung, so vermindert sich der Druck auf die Kohleplatten und der Widerstand der Säule wächst, bis die Spannung an der Last dem eingestellten Sollwert gleicht. Die ausgeführten Kohledruckregler haben noch eine Anzahl Vorrichtungen, die ein ruhiges Arbeiten gewährleisten. Man kann die Ausgangsspannung auf ± 1% konstant halten bei einer Änderung der Netzspannung um etwa ± 40%, die Einstelldauer ist etwa 20 ms. Der Regler ist für Gleich- oder Wechselstrom ausführbar. Man kann ihn auch als Vorwiderstand in die Erregerwicklung eines Generators legen, an dessen konstantzuhaltende Klemmenspannung man den Elektromagnet anschließt.

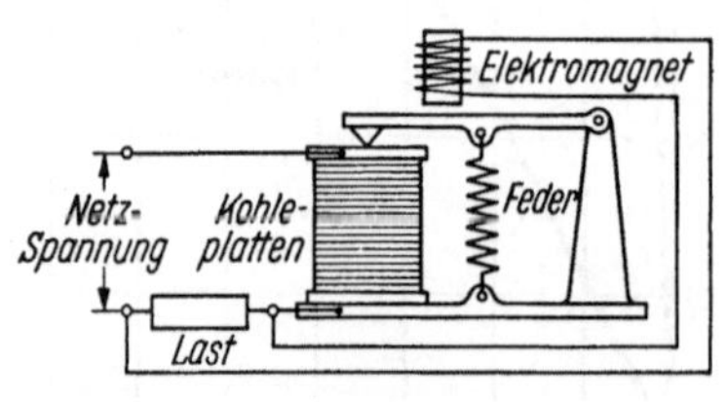

Abb. 26. Kohledruckregler, grundsätzliche Anordnung.

f) Tirillregler.

Der Tirillregler besteht aus einem von der zu regelnden Spannung erregten Schwingkontakt, der parallel an einem Teil der Gleichstrom-Erregerwicklung eines Generators angeschlossen ist. Je größer die Schließungszeit gegenüber der Öffnungszeit des Schwingkontakts ist,

[1] Grob, H.: ETZ 1930, S. 1717.

desto kleiner wird der Widerstand der Erregerwicklung, desto höher wird also die Klemmenspannung des Generators. Da der Schwingkontakt mehrere Schwingungen in der Sekunde macht, wird die Spannung fast trägheitslos mit einer Abweichung von etwa $\pm$ 2% vom Sollwert konstant gehalten. Man kann Leistungen bis 2 kW damit regeln. Für Prüfzwecke wird der Tirillregler nur selten verwendet.

g) Regler mit hydraulischem Verstärker.

Beim Kohledruck- und beim Tirillregler arbeitet das von der Spannung abhängige Regelglied direkt auf das Stellglied. Die mechanische Leistung dieses Regelgliedes ist sehr klein, wodurch seine Anwendbarkeit beschränkt bleibt. Im folgenden soll ein Regler beschrieben werden, bei dem ein Flüssigkeitsmotor großer Leistung, dessen Steuerschieber von einem Spannungsrelais beeinflußt wird, das Stellglied betätigt. Abb. 27 zeigt die grundsätzliche Anordnung einer solchen Einrichtung zur Konstanthaltung der Spannung eines Wechselstromnetzes[1]. Das Spannungsrelais ist über einen Einstellwiderstand R, der zur Einstellung des Sollwerts der Spannung dient, an das zu regelnde Netz angeschlossen. Sein Anker ist mit dem Steuerschieber fest verbunden und durch eine Feder belastet. An den Steuerschieber sind einerseits die von einer Ölpumpe kommende Druckölleitung, andererseits die zwei zum Stellmotor gehenden Leitungen abgeschlossen. Der Stellmotor wird durch eine feste radiale Wand in zwei Kammern geteilt, in die die Steuerleitungen des Steuerschiebers münden. Der Drehflügel sitzt auf der Steuerwelle, die mit dem Stellglied, in unserer Abbildung einem Drehtransformator, verbunden ist. Die Arbeitsweise ist folgende: Je nach der Stellung des Relaisankers und somit des Steuerschiebers fließt das Drucköl nach einer der beiden Kammern des Stellmotors, das Öl aus der anderen Kammer fließt in den Ölbehälter zurück. Der Flügel dreht sich bei der in Abb. 27 gezeichneten Stellung des Steuerschiebers in der Pfeilrichtung, der Drehtransformator

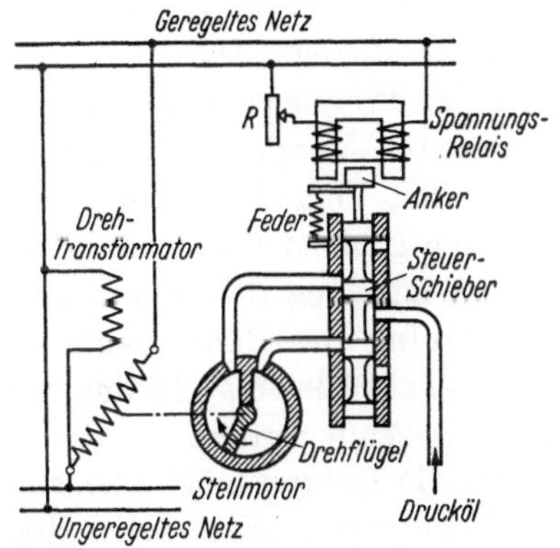

Abb. 27. Hydraulischer Regler, grundsätzliche Anordnung.

[1] HOHLE, W.: Untersuchungen an einem selbsttätigen Spannungsregler für Meßzwecke. Elektrizitätswirtschaft 1933, S. 93. — E. BOGEN: Selbsttätige elektrische Regler mit Druckölstellmotor. ETZ 1952, S. 198.

wird so lange verstellt, bis die Spannung des geregelten Netzes ihren Sollwert erreicht hat. Bei den ausgeführten Reglern ist noch eine Rückführung angebracht, um Pendelungen zu vermeiden. Bei einem Regelbereich von etwa $\pm$ 10% kann mit dem Regler die Spannung bis auf $\pm$ 0,1% konstant gehalten werden. Die Gesamtregelzeit liegt unter 1 s, was für die meisten praktischen Fälle genügen wird. Der Drehtransformator wird für Leistungen von 6 bis 30 kVA gebaut, kann aber auch für größere Leistungen bemessen werden.

Der Flüssigkeits-Stellmotor kann natürlich auch andere Stellglieder, wie Drehwiderstände zur Regelung der Erregung von Generatoren und Motoren antreiben.

h) Röhrenregler[1].

Die Röhrenregler sind proportional wirkende Regler (P-Regler, statische Regler). Die zu regelnde Größe der Spannung, des Stromes oder der Frequenz, kurz Regelgröße genannt, wird laufend mit einer konstanten Vergleichsspannung verglichen. Die Differenz aus Regelgröße und Vergleichsspannung wird durch Elektronenröhren auf die Ausgangsgröße des Reglers verstärkt. Diese ist proportional der Regelgrößenänderung, da es sich um einen P-Regler handelt. Je nach der Anwendung des Röhrenreglers kann seine Ausgangsgröße Stellgröße oder Regelgröße sein. In den späteren Abbildungen wird dieser Unterschied gezeigt werden.

Da die Röhren trägheitslos arbeiten, folgt auch die Ausgangsgröße des Reglers trägheitslos den Regelgrößenänderungen. Jedoch sind die übrigen Teile der Regelstrecke meist mit recht erheblichen Zeitkonstanten behaftet (z. B. Feld eines Generators), die dann das Zeitverhalten der Gesamtanlage weitgehend bestimmen.

Die Röhrenregler haben meist folgende Bestandteile:

1. Einen Einstellwiderstand zum Einstellen des Sollwertes der Regelgröße. Ist die Regelgröße eine Gleichspannung, so wird sie direkt an den Einstellwiderstand angeschlossen. Ist sie keine Gleichspannung, wie dies bei der Regelung der Drehzahl, der Frequenz, einer Wechselspannung oder eines Wechselstromes der Fall ist, so muß die Regelgröße durch einen Meßumformer in eine verhältnisgleiche Gleichspannung umgeformt werden.

2. Eine Quelle für die konstante Vergleichsspannung, z. B. Batterie oder Konstantspannungsgerät.

3. Die Vorstufe für die Spannungsverstärkung.

4. Die Endstufe für die Leistungsverstärkung.

---

[1] Grosshans und zur Megede: Siemens-Zeitschrift 1952, S. 305. — Hartel: ETZ 1952, S. 769.

Einige typische Anwendungsbeispiele der Röhrenregler für Stromquellen zu Prüfzwecken sollen in ihrer grundsätzlichen Anordnung im folgenden angegeben werden. In Wirklichkeit enthalten die Geräte weitere Teile, die zum einwandfreien Arbeiten nötig sind. Unter anderem ist z. B. die Heizung für die Kathoden in den Schaltbildern weggelassen. Wir wollen auch davon absehen, verwickelte Röhrenregler zu beschreiben, ebenso wie auf die in allen Fällen notwendige Rückführung nicht näher eingegangen werden soll.

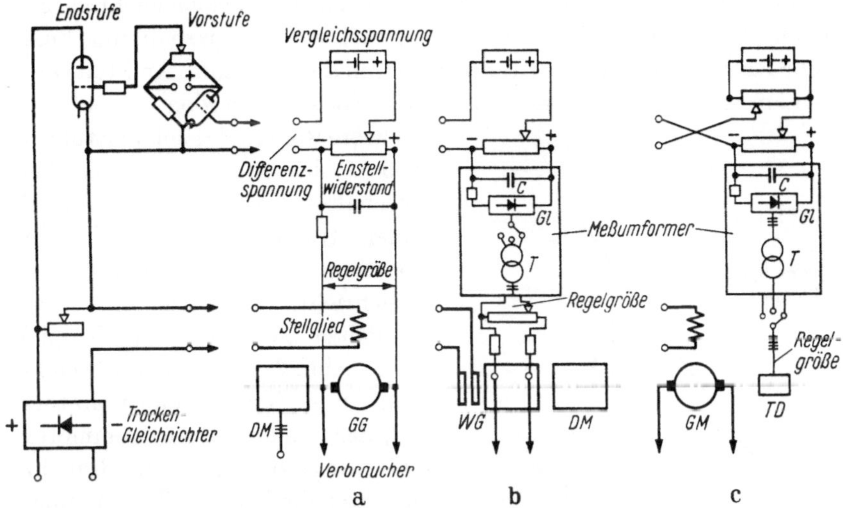

Abb. 28. Röhrenregler zur Konstanthaltung der Spannung von Generatoren (a und b) oder der Drehzahl von Motoren (c).

α) Generatoren und Motoren. In Abb. 28 sind drei Anwendungsbeispiele nebeneinandergestellt. Dabei ist der Röhrenregler, der für alle drei Beispiele der gleiche bleibt, links schematisch dargestellt.

Abb. 28a ist die grundsätzliche Anordnung für die Konstanthaltung der Spannung eines Gleichstromgenerators *GG*, die hier direkt die Regelgröße ist. Sie ist an einen Einstellwiderstand angeschlossen, mit dem der Sollwert der Spannung eingestellt wird. Man kann die Regelgröße selbstverständlich an jedem Punkt zwischen den Klemmen des Generators und dem Verbraucher abnehmen und zum Regler führen. Mit Rücksicht auf die Spannungsabfälle bei veränderlicher Belastung empfiehlt es sich jedoch, stets die Regelgröße unmittelbar am Verbraucher abzunehmen. Sind mehrere Verbraucher am selben Generator angeschlossen, so ist die Regelgröße ebenfalls aus den obengenannten Gründen von einem Verteilerpunkt abzunehmen. Die Vergleichsspannung ist der Regelgröße gegengeschaltet. Sie kann von einer Batterie geliefert werden; da diese kaum belastet ist, wird ihre Spannung durch Alterung nur langsam abnehmen, so daß der Sollwert am genannten Einstellwiderstand nur selten geändert zu werden braucht. Genügt für hohe Ansprüche an die Konstanz der Spannung über die Zeit eine Batterie nicht mehr, so muß man z. B. einen magnetischen Spannungsgleichhalter mit Trockengleichrichter und zwei Stabilisierungsstufen zur Erzeugung der Vergleichsspannung verwenden[1]. Die Differenzspannung liegt an der Kathode und dem Gitter der in einer Brückenschaltung angeordneten Vorverstärkerröhre, deren Anodenspannung und gegebenenfalls Schirmgitterspannung durch eine besondere Gleichstromquelle (z. B. durch einen Trockengleichrichter) geliefert wird. Die in der Vorstufe verstärkte Differenzspannung liegt an der Kathode und dem Gitter der Röhren der Endstufe. An Stelle der einen im Bild gezeichneten Röhre der Endstufe werden gewöhnlich mehrere Röhren, je nach Leistungsbedarf des Stellgliedes, parallel geschaltet. Der Anodenstrom wird einer Stromquelle entsprechender Leistung, meist einem Trockengleichrichter entnommen. Das Stellglied ist in unserem Beispiel nach Abb. 28a die Erregerwicklung des Gleichstromgenerators *GG*, der von dem Drehstrommotor *DM* angetrieben wird. Braucht das Stellglied so große Leistung, daß sie nicht mehr von Elektronenröhren bewältigt werden kann, dann müssen Stromtore für die Endstufe verwendet werden. Auf die besonderen Eigenschaften der Stromtore kann hier nicht näher eingegangen werden, da besondere Schaltungen dafür notwendig sind.

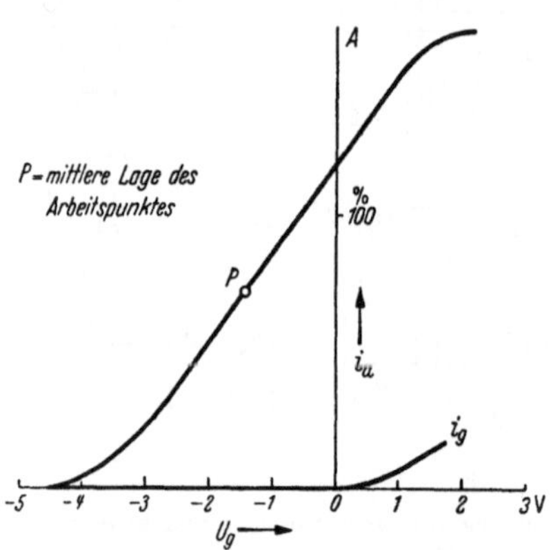

Abb. 29. Kennlinie einer gittergesteuerten Elektronenröhre.

Zur Erläuterung der Wirkungsweise sei zunächst auf die Kennlinie der gittergesteuerten Elektronenröhre, Abb. 29, hingewiesen. U_g ist die Gitterspannung, i_a der Anodenstrom. Steigt die negative Gitterspannung, so nimmt der Anodenstrom ab, der Widerstand der Röhre steigt. Steigt also in unserem Beispiel nach Abb. 28a infolge äußerer Einflüsse, z. B. Laständerung, Drehzahländerung usw. die Regelgröße an, so wird die Differenzspannung kleiner, d. h. der Absolutbetrag der negativen Gitterspannung wird kleiner, der Anodenstrom des Vorverstärkerrohres wird größer, was zur Folge hat, daß der Absolutbetrag der Gitterspannung für die Endstufe größer wird. (Gitterspannung der Endstufe wird stärker negativ.) Der Strom in der Endstufe und damit

[1] Braunersreuther, E., u. W. Hartel: Siemens-Zeitschrift 1954, S. 51.

im Erregerkreis des Generators nimmt ab. Die Klemmenspannung des Generators sinkt wieder. Der verbleibende Restfehler ist von den verschiedensten Einflüssen und von der Auslegung des Reglers und der Regelstrecke abhängig. Er beträgt bei Netzspannungsänderungen von $\pm$ 10% und Laständerungen von 0 bis 100% bei den gebräuchlichsten Anordnungen $\pm$ 0,1%. Größere Genauigkeiten sind unter Erhöhung des Aufwandes erzielbar.

In Abb. 28b ist die grundsätzliche Anordnung für die Konstanthaltung der Spannung des Wechselstromgenerators *WG* dargestellt, der von einem beliebigen Motor, z. B. einem Drehstrommotor *DM* angetrieben wird. Die Schaltung unterscheidet sich von der vorigen nur dadurch, daß die Wechselspannung durch einen Meßumformer gleichgerichtet wird. Dieser besteht aus einem Transformator *T* und einem Trockengleichrichter *Gl* mit nachgeschalteter R-C-Kombination zur Erzielung einer geringen Welligkeit der Gleichspannung. Ohne näher darauf eingehen zu wollen, sei hier erwähnt, daß die Kurvenform der geregelten Wechselspannung unter Umständen zusätzliche Maßnahmen im Meßumformer erforderlich macht. Bei Generatoren für Zählerprüfanlagen, die an sich schon auf beste Kurvenform ausgelegt sein müssen, sind allerdings derartige Maßnahmen nur in Sonderfällen erforderlich. Umschalt- und Anzapfmöglichkeiten am Transformator des Meßumformers können für die Anpassung an verschiedene Regelbereiche und zur Erzielung höchster Regelgenauigkeiten über beide Bereiche vorgesehen werden. Der Regler selbst und damit auch seine Wirkungsweise ist der gleiche wie bei der Gleichspannungsregelung von Abb. 28a. Ebenso gilt das für die Abnahme der Regelgröße dort Gesagte auch hier. Bei der Regelung von Mehrphasengeneratoren ist folgendes zu beachten: Da ein Mehrphasengenerator nur *eine* Erregerwicklung besitzt, so baut sich der Regelkreis auf *eine* Regelgröße, *eine* Stellgröße und *ein* Stellglied auf. Das heißt aber mit anderen Worten, daß die Spannung eines Mehrphasengenerators, beispielsweise eines Dreiphasengenerators, dadurch geregelt wird, daß als Regelgröße die Spannung zwischen zwei beliebigen Phasen oder zwischen einer Phase und dem Sternpunkt verwendet wird. Stellglied ist die Erregerwicklung des Generators. Da aber die Regelung nur für die jeweilige Regelgröße exakt arbeitet, bedeutet das, daß tatsächlich nur jeweils eine Dreieck- bzw. Sternspannung geregelt wird. Die beiden anderen Dreieck- oder Sternspannungen sind ungeregelt. Eine solche Anordnung hat also nur dann Zweck, wenn der Generator später in allen drei Phasen gleich belastet wird. Bei schiefer Belastung ergeben sich in den ungeregelten Phasen Fehler.

Ist in besonderen Fällen ein exakt geregeltes Drehstromnetz erforderlich, so bildet man dieses aus drei einzeln geregelten Einphasengeneratoren, von denen jeder einen Regler besitzt und die zu Stern oder Dreieck verkettet werden (vgl. S. 33).

In Abb. 28c ist die grundsätzliche Anordnung für die Konstanthaltung der Drehzahl eines Gleichstrommotors *GM* dargestellt. Der Meßumformer besteht hier aus der Tachodynamo *TD* (die z. B. als Tonfrequenzmaschine mit permanentmagnetischem Läufer ausgebildet sein kann, also keine Stromabnehmer braucht), dem Transformator *T*, der primär auf drei Stufen geschaltet werden kann und dem Trockengleichrichter *GL* mit parallel geschaltetem Kondensator. Der Röhrenregler bleibt der gleiche wie bei den beiden vorher beschriebenen Anordnungen. Nur müssen die Anschlüsse für die Differenzspannung ver-

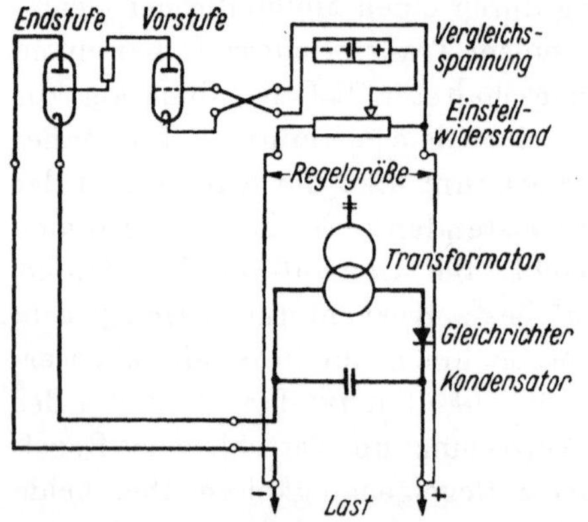

Abb. 30. Konstanthaltung der Spannung eines Gleichrichters durch Röhrenregler, grundsätzliche Schaltung.

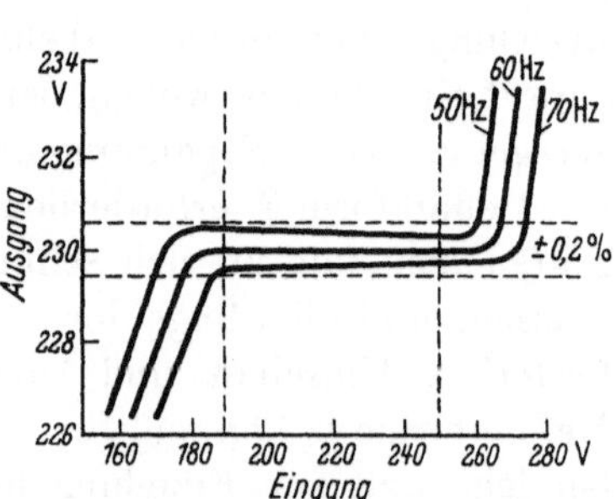

Abb. 31. Regelkennlinien des Wechselspannungsreglers.

tauscht werden, weil beim Ansteigen der Drehzahl der Strom in der Erregerwicklung des Motors erhöht werden muß, um die Drehzahl auf den Sollwert zurückzuführen, während bei den Anordnungen *a* und *b* der Erregerstrom beim Ansteigen des Meßwertes verkleinert werden mußte.

β) Gleichrichter. Bei Gleichrichtern für hohe Ströme und Leistungen wird man meist, wie S. 29 bei der Beschreibung des Trockengleichrichters erwähnt, die Spannung auf der Wechselstromseite konstant halten. Handelt es sich dagegen um einen Gleichrichter kleiner Stromstärke bei hoher Spannung zur Speisung des Spannungskreises von Gleichstromzählern oder -meßgeräten, den man von einem Wechselstromnetz mit schwankender Spannung speisen will, so wird man die Ausgangsspannung des Gleichrichters als Regelgröße nehmen und den vom Gleichrichter gelieferten Strom mit einem Röhrenregler so regeln, daß Schwankungen der Eingangsspannung ausgeglichen werden. In Abb. 30 ist die Anordnung der von der Firma METROHM gebauten Konstanthaltungseinrichtung schematisch dargestellt. Die Schaltung ist ähnlich der in Abb. 28, nur steuert hier die Endstufe nicht ein Stellglied, sondern liegt in Reihe mit dem Gleichrichter in der Hauptleitung, die zur Last führt. Sie regelt also den Strom in der Last so, daß die Regelgröße konstant bleibt. Der Gleichrichter wird an die Netzspannung über einen Transformator angeschlossen, an seinen Ausgangsklemmen kann man eine Gleichspannung von 150 bis 300 V bei höchstens 300 mA entnehmen. Bei Änderung der Netzspannung um ± 10% schwankt die Gleichspannung von ± 0,0005 bis 0,0002% je nach der Last.

γ) **Wechselspannungsregler.** Eine Anordnung, die von den üblichen Konstanthaltungseinrichtungen abweicht, soll noch erwähnt werden[1]. Sie hat die Aufgabe, die Ausgangsspannung eines an ein Wechselstromnetz angeschlossenen Transformators konstant zu halten. Das Stellglied ist hier eine Zusatzwicklung auf dem Transformator, die durch einen Röhrenregler mit Gleichstrom gespeist wird. Die Einrichtung ist also eine Kombination von Röhren- und Magnetverstärker[2]. Die Regelgröße ist die Ausgangsspannung des Transformators. Steigt die Ausgangsspannung an, so steigt auch der Gleichfluß der Hilfswicklung, der Scheinwiderstand des Transformators nimmt zu, die Spannung wird auf den Sollwert zurückgeführt. Abb. 31 zeigt die Kennlinien dieses Reglers. Wenn die Netzspannung z. B. zwischen 190 und 250 V schwankt, ändert sich die Ausgangsspannung nur um ± 0,2% oder ± 0,44 V. Nach Angabe des Herstellers enthält die Wechselstromkurve nur 3% Harmonische. Die Temperatur beinflußt die Angaben nicht in einem Bereich von etwa ± 50° C. Der Transformator kann für Leistungen von 150 bis 9000 VA für Abweichungen vom Sollwert von ± 0,2 bis ± 0,1% gebaut werden. Bei höheren Leistungen z. B. 45 kVA wird eine Abweichung vom Sollwert von ± 0,5% angegeben. Für die Konstanthaltung der Spannung in Mehrphasensystemen muß man für jede Phase einen Regler vorsehen. Die Einrichtung eignet sich auch als Stromquelle mit konstanter Wechselspannung zum Speisen von Gleichrichtern. Es kann auch die Ausgangsspannung des Gleichrichters als Regelgröße für den Verstärker dienen.

V. Meßgeräte und Einrichtungen zur Bestimmung des Sollwerts der Angaben.

Bei der Durchführung der verschiedenen Methoden der Fehlerbestimmung von Zählern muß man zur Bestimmung des Sollwerts der Angaben die von den Stromquellen entnommene und geregelte elek-

---

[1] GRÖNINGER, KURT G.: Präzise Spannungsregelung, Neue Zürcher Zeitung Nr. 2689, 15. Dez. 1948.

[2] KAFKA, W.: Siemens-Z. 1953, S. 62.

trische Leistung messen und die Meßzeit mit einem Zeitmesser feststellen oder die zugeführte Arbeit mit einem Normalzähler zählen. Diese Meßgeräte und Normalzähler müssen, wie in Kapitel I grundsätzlich erwähnt, wieder mit Meßgeräten geprüft werden, die einen möglichst um eine Zehnerpotenz kleineren Fehler haben. Dazu braucht man den zuerst zu beschreibenden Gleichstromkompensator und die beiden auf diesen zurückgeführten Geräte, den Wechselstrom-Gleichstrom-Komparator oder die Wechselstrom-Gleichstrom-Arbeitswaage. Bis zu gewissem Grade kann man auch den Wechselstromkompensator dazu rechnen. Außer den Präzisionsmeßgeräten sollen dann auch die gebräuchlichsten Meßgeräte für die Messung des Stromes, der Spannung, der Frequenz und der Phasenverschiebung beschrieben werden, die man zur annähernden Einstellung des gewollten Belastungszustandes verwenden kann, und schließlich verschiedene zusätzliche Einrichtungen und Hilfsgeräte. Wer sich ausführlicher über alle Meßgeräte unterrichten will, sei auf die reichhaltige Literatur hingewiesen[1].

1. Meßgeräte, Zusatz- und Hilfseinrichtungen zur Messung der elektrischen Größen.

a) Kompensatoren[2].

α) Kompensatoren für Gleichstrom. Der Kompensator für Gleichstrom ist in Verbindung mit dem Weston-Normalelement für genaue technische Messungen unentbehrlich. Mit ihm werden alle Strom-, Spannungs- und Leistungsmesser und Normalzähler für Gleichstrom direkt, für Wechselstrom indirekt mit Hilfe des später beschriebenen Komparators oder der Wechselstrom-Gleichstrom-Arbeitswaage geprüft. Sein Fehler ist kleiner als $\pm$ 0,01%.

Mit dem Kompensator kann man direkt nur Spannungen messen, Ströme nur indirekt. Die zu messende Spannung wird mit der bekannten Spannung eines Normalelements verglichen. Die grundsätzliche

[1] Pflier, P. M.: Elektrische Meßgeräte und Meßverfahren, Berlin/Göttingen/Heidelberg: Springer 1951. — A. Palm: Elektrische Meßgeräte und Meßeinrichtungen, Berlin/Göttingen/Heidelberg: Springer 1948. — Skirl: Elektrische Messungen. Berlin u. Leipzig: Walter De Gruyter & Co. 1936. — I. Krönert: Meßbrücken und Kompensatoren. München u. Berlin: Oldenburg 1935. — Brion u. Vieweg, Starkstrommeßtechnik. Berlin: Springer 1933. — Handbuch der Physik. Berlin: Springer 1927. — Keinath: Die Technik der elektrischen Meßgeräte. 2. Aufl. München u. Berlin: Oldenburg 1926. — Unter Bevorzugung der theoretischen Fragen: Jaeger: Elektrische Meßtechnik. Leipzig: Joh. Ambr. Barth 1922.

[2] Walcher, Th.: Die praktische Anwendung des Kompensationsverfahrens in der elektrischen Meßtechnik, E. u. M. Wien, 1950, S. 257.

Schaltung zeigt Abb. 32. B ist eine Batterie, die für den Meßwiderstand R einen konstanten Strom I, den sogenannten Hilfsstrom liefert, der durch den veränderlichen Widerstand R_1 eingestellt werden kann. Von dem Meßwiderstand R kann durch zwei Gleitkontakte ein beliebiger Teil R_x abgegriffen werden. G ist ein Galvanometer; U_N ein Weston-Normalelement (Kadmiumelement) mit verdünnter Lösung, das bei allen in Laboratoriumsräumen vorkommenden Temperaturen eine EMK. $U_N = 1{,}0187$ V hat[1]. R_2 ist ein Spannungsteiler, an dem man die zu messende Spannung U_x anlegt, wenn sie größer als etwa 1,5 V ist. Kleinere Spannungen kann man direkt kompensieren. Man verfährt folgendermaßen: Zunächst stellt man $R_x = 10187{,}0\ \Omega$ ein, schaltet den Umschalter auf das Normalelement U_N und verändert R_1 so lange, bis das Galvanometer G Null zeigt. Der Strom in R ist dann $I = U_N : R_x = 0{,}10000$ mA. Nun schaltet man den Umschalter auf den Spannungsteiler, wobei in dem in Abb. 32 gezeichneten Beispiel die Spannung $U_x \cdot \frac{1000}{100000}$ an die beiden Gleitkontakte des Meßwiderstandes R zu liegen kommt. Man verschiebt die beiden Gleitkontakte auf R so lange, bis das Galvanometer G Null zeigt und liest dann beispielsweise $R_x = 12031{,}0\ \Omega$ ab. Dann ist die Spannung an den Gleitkontakten

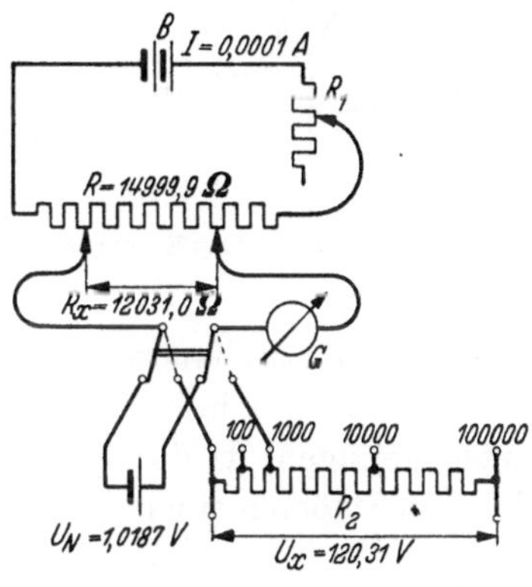

Abb. 32. Kompensator mit Spannungsteiler, grundsätzliche Schaltung.

$$R_x \cdot I = 12031{,}0 \cdot 0{,}0001 = 1{,}2031 \text{ V und } U_x = \frac{100000}{1000} \cdot 1{,}2031 = 120{,}31 \text{ V}.$$

Wenn man Ströme messen will, so legt man an die Stelle des Spannungsteilers einen Normalwiderstand R_N, der bei Durchgang des zu messenden Stromes I_x einen Spannungsabfall $U_y < 1{,}5$ V ergeben muß, damit man ihn noch kompensieren kann. Der Strom ist dann $I_x = U_y : R_N$. Normalwiderstände gibt es in allen Größen von 10000 Ω bis 0,00001 Ω; sie dürfen bei Präzisionsmessungen höchstens bis 1 W, bei technischen Messungen bis 10 W belastet werden. Normalwiderstände neuester Ausführung kann man bis 25 W in Luft belasten. Für sehr genaue Messungen werden die Normalwiderstände in ein Petroleumbad

---

[1] JÄGER, W.: Elektrische Meßtechnik, S. 158. Leipzig: Joh. Ambr. Barth 1922. — R. SCHMIDT: Arch. techn. Messen 1938. Z 41—1. — Man verwendet jetzt meist ein Normalelement mit gesättigter Lösung, weil es wesentlich konstanter ist als ein solches mit ungesättigter Lösung; es ist allerdings etwas temperaturabhängiger. Seine Spannung ist 1,0183 V. — H. EICKE u. W. KESSNER: ETZ—A. 1953, S. 623.

(Temperaturausgleich) gehängt. Bei Messung von sehr großen Strömen werden höhere Belastungen zugelassen (bis zu etwa 1 kW), die entstehende Wärme muß dann durch besondere Kühlvorrichtungen abgeführt werden.

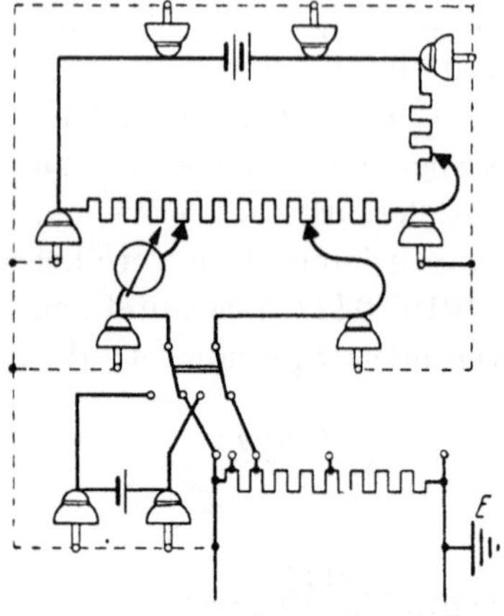

Abb. 33. Schutzleitung am Kompensator.

Die Leistung kann man mit dem Kompensator nur aus zwei aufeinanderfolgenden Messungen der Spannung und des Stromes bestimmen. Hat man sehr häufig Leistungsmessungen zu machen, z. B. viele Leistungsmesser für Prüfstände zu prüfen, so stellt man einen zweiten, etwas vereinfachten Kompensator auf, mit dem man nur die Spannung einstellt und konstant hält. Den normalen Kompensator benutzt man zur Messung des Stromes.

Um Kriechströme durch das Galvanometer zu vermeiden, müssen alle Teile der Meßanordnung, auch die Batterie B, sehr gut isoliert sein. Bei der Messung hoher Spannungen würde aber auch die beste Isolation nicht genügen, da das hochempfindliche Galvanometer schon bei sehr kleinen Strömen einen Ausschlag gibt. Man bringt deshalb die in Abb. 33

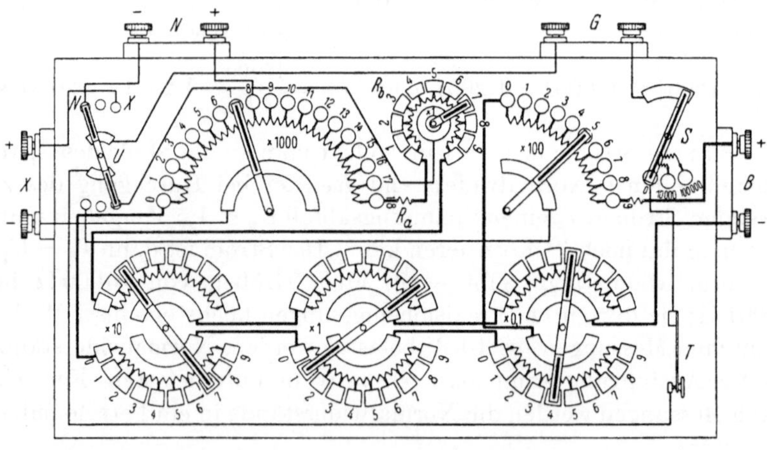

Abb. 34. Kompensator von FEUSSNER.

gestrichelt gezeichnete Schutzleitung an, die an die Füße aller Isolatoren angeschlossen wird und an einen Punkt der Meßleitung führt, der gegen das Galvanometer nur die kleine Potentialdifferenz hat, die der zu kompensierenden Spannung entspricht. Tritt nun z. B. in der Leitung zum Spannungsteiler bei E ein Erdschluß auf, so kann kein Kriechstrom ins Galvanometer gelangen, weil er sich über die Schutzleitung mit dem anderen Pol der Leitung schließt.

Eine der bekanntesten Ausführungen ist der in Abb. 34 dargestellte Kompensationsapparat von FEUSSNER[1]. An X wird die zu messende Spannung gelegt, an N das Normalelement, an G das Galvanometer, an B die Hilfsbatterie. Vor das Normalelement wird zweckmäßig ein Schutzwiderstand (etwa 50000 Ω) geschaltet, der nach der Abgleichung durch eine Taste kurzgeschlossen wird (in der Abb. nicht gezeichnet). Außer dem links sichtbaren Umschalter U für N und X und dem rechts zu sehenden Einschalter S (mit Vorwiderständen 100000 und 10000 Ω) für das Galvanometer ist in der Abb. 34 noch ein Taster T vorgesehen, damit das Galvanometer nicht länger eingeschaltet bleibt, als der Beobachter zugegen ist. Der gesamte, auf 5 Dekaden verteilte Meßwiderstand beträgt nicht nur 14999,9 Ω, wie in Abb. 32, sondern 18999,9 Ω, so daß man bei einem Hilfsstrom von 0,1 mA Spannungen bis etwa 1,9 V kompensieren kann. Der Hilfsstrom fließt hintereinander durch den mit 100 bezeichneten Widerstand, dann durch die Kurbeln zu den unteren Teilen der mit 0,1, 1 und 10 bezeichneten Widerstände, durch den mit 1000 bezeichneten Widerstand und die mit ihm in Reihe geschalteten Widerstände R_a und R_b, dann durch die oberen Teile der mit 10, 1 und 0,1 bezeichneten Widerstände zur Batterie B zurück. Durch die doppelte Anordnung der drei mit 10, 1 und 0,1 bezeichneten Widerstände wird erreicht, daß bei jeder Kurbelstellung die oberen Teile sich zu den unteren Teilen ergänzen und somit der Gesamtwiderstand und der Hilfsstrom sich nicht ändern. Zur Kompensation dienen nur die unteren Teile der drei Widerstände und die mit 1000 und 100 bezeichneten. Letztere sind nicht doppelt ausgeführt, weil ihre Kurbeln keinen Strom führen und infolgedessen ihre Stellung den Hilfsstrom nicht beeinflußt. An die Klemmen N für das Normalelement sind bei entsprechender Stellung des Umschalters U $10 \times 1000\ \Omega$ des mit 1000 bezeichneten Widerstandes, der Widerstand $R_a = 180\ \Omega$ und der Kurbelwiderstand R_b in Reihe angeschlossen. Diese Widerstände dienen nur zur Einstellung des Hilfsstromes. Hat das Normalelement die Spannung $U_N = 1{,}0187$ V, so stellt man die Kurbel des Widerstandes R_b auf 7 ein, der Gesamtwiderstand an N ist dann 10187 Ω. Man ändert mit dem nicht

[1] Ausführliche Literaturangaben bei DIESSELHORST: Z. Instrumentenkde. 1906 S. 173, 1908 S. 1. — Außer dem Kompensationsapparat von FEUSSNER (Hersteller Otto Wolf, Berlin) sind noch andere Ausführungen bekannt, z. B. von RAPS (Siemens & Halske), RUD. FRANKE (Land- und Seekabelwerke), RUD. SCHMIDT (Hartmann & Braun), Kaskaden-Kompensator (Siemens & Halske) Arch. techn. Messen 1937 J 931—7.

gezeichneten Vorwiderstand R_1 (Abb. 32) den Strom so lange, bis das Galvanometer keinen Ausschlag zeigt; dann ist der Hilfsstrom 0,10000 mA. Diese Zusatzeinrichtung hat den Vorteil, daß man zwischen den einzelnen Messungen öfters den Meßstrom durch Umlegen des Umschalters U auf die Stellung N überprüfen kann, ohne die Kurbelstellungen des Meßwiderstandes ändern zu müssen. Alle Widerstände müssen sehr genau abgeglichen sein (es ist dies bis auf 0,01% möglich) und ihre Werte dürfen sich nicht mit der Zeit ändern. Da die Übergangswiderstände an den Kontakten des Kompensators in die Messung eingehen, müssen die Kontakte und Bürsten gut gepflegt werden.

Als Galvanometer genügt für normale Meßzwecke ein Drehspulgalvanometer mit einer Stromkonstante von 10^{-8} A für 1 mm Ausschlag des Lichtzeigers in 1 m Skalenabstand.

Als Normalelement empfiehlt sich die Ausführung nach v. KRUKOWSKI, bei der das Normalelement in eine Thermosflasche eingesetzt ist, die den Wechsel der Außentemperatur vom Element fernhält; dadurch ist eine sehr große Konstanz seiner Spannung gewährleistet.

β) Wechselstrom-Gleichstrom-Komparator. Solange man an die Meßgeräte für Wechselstrom, insbesondere an die dynamometrischen Leistungsmesser, keine besonders hohen meßtechnischen Anforderungen stellte, begnügte man sich damit, daß man sie mit Hilfe des Kompensators mit Gleichstrom prüfte und annahm, daß sie bei Wechselstrom die gleichen Fehler zeigen. Da aber vor allem bei Phasenverschiebung zwischen Strom und Spannung nicht unerhebliche zusätzliche Fehler bei Wechselstrom auftreten können, ist eine Prüfung mit dem Wechselstrom-Gleichstromkomparator vorzuziehen. Mit ihm kann man die Wechselstrommessung auf die Gleichstrommessung mit dem Kompensator zurückführen[1]. In Abb. 35, die die grundsätzliche Schaltung für die Prüfung von Leistungsmessern darstellt, ist links der eigentliche Komparator zu sehen. Er besteht aus einem eisenlosen elektrodynamischen und einem Drehspulmeßwerk, deren bewegliche Spulen auf einer gemeinsamen Achse sitzen, die an einen Spanndraht aufgehängt ist. Beide Spulen des elektrodynamischen Meßwerks, sowohl die feststehende, als auch die bewegliche, sind dünndrähtig gewickelt. Parallel zum Kraftfluß des permanenten Magnets des Drehspulmeßwerks ist ein einstellbarer magnetischer Nebenschluß angeordnet. Das ganze Gerät ist gegen äußere Felder abgeschirmt. Rechts in Abb. 35 ist eine Akkumulatorenbatterie, ein Einstellwiderstand und ein Normalwiderstand zu sehen, an dessen Klemmen der Gleichstromkompensator

[1] SHOTTER, G. F. u. HAWKES, H. D.: Journal J. E. E., London, Vol. 93, Part II, No. 34, August 1946.

angeschlossen ist. Die Konstante des Komparators wird auf folgende Weise bestimmt:

Man schaltet die feststehende und die bewegliche Spule des elektrodynamischen Meßwerks mit der Drehspule des Drehspulmeßwerks hintereinander. Dann schickt man durch alle 3 Spulen den gleichen, mit dem Kompensator gemessenen Gleichstrom in solcher Richtung, daß das Drehmoment des elektrodynamischen dem des Drehspulmeßwerks entgegenwirkt. An dem magnetischen Nebenschluß des Drehspulmeßwerks stellt man so lange, bis beide Drehmomente im Gleichgewicht sind. Die Nullstellung kann sehr genau beobachtet werden, da der Komparator einen Lichtmarkenzeiger hat.

Man kann Spannungs-, Strom- und Leistungsmesser mit dem Komparator prüfen. Abb. 35 zeigt die Schaltung für die Prüfung eines an eine Wechselstromquelle angeschlossenen elektrodynamischen Leistungsmessers. Die dünndrähtigen feststehenden Spulen des Komparators sind über einen Normalwandler T an den Hauptstromkreis angeschlossen, die bewegliche Spule über einen Vorwiderstand R an die Spannung. Das Drehmoment des Drehspulmeßwerks wird durch Einstellen des Gleichstroms auf einen solchen Wert gebracht, daß es das Drehmoment des elektrodynamischen Meßwerks ausgleicht. Der Gleichstrom wird mit dem Kompensator gemessen und mit der Konstante multipliziert. Die Empfindlichkeit des Komparators bei Leistungsmessungen wird mit 0,01% angegeben, der absolute Fehler mit 0,05% der Nennvoltampere bei einem Leistungsfaktor von 1 bis 0. Die Dämpfung ist etwas geringer als aperiodisch, die Schwingungszeit ist 4 s. Damit der Zeiger des Komparators während der Messung ruhig steht, wird man die Spannung der Stromquelle für den Wechselstrom meist mit einer Konstanthaltungseinrichtung konstant halten.

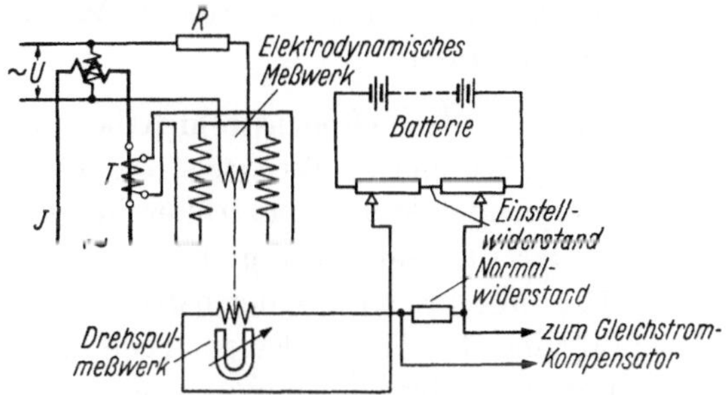

Abb. 35. Wechselstrom-Gleichstrom-Komparator, grundsätzliche Schaltung.

Bei einer neueren Ausführung des Komparators[1] wird der Strom des Drehspulmeßwerks nicht von Hand mit dem Einstellwiderstand, sondern selbsttätig verstellt, bis das Gleichgewicht mit dem Drehmoment des

[1] Sorge, J.: VDE Fachberichte, 17. Bd., 1953, Teil I, S. 27. Der Apparat wird von der Siemens & Halske AG ausgeführt.

elektrodynamischen Meßwerks erreicht ist. Eine Lichtquelle sendet einen Lichtstrahl auf einen Spiegel, der auf der Drehachse der Meßwerke angebracht ist. Zwei Selenzellen in Spannungsteilerschaltung liegen im Strompfad einer Batterie, die die Gitterspannung für eine Elektronenröhre liefert. Im Anodenstrompfad der Röhre liegt das Drehspulmeßwerk. Bei Abweichung von der Nullage wird entweder die eine oder die andere Selenzelle beleuchtet und der Anodenstrom verstärkt oder geschwächt, bis das Gleichgewicht der Drehmomente der beiden Meßwerke erreicht ist. Im übrigen ist die Anordnung und Wirkungsweise die gleiche wie bei dem oben beschriebenen Komparator, nur sind die feststehenden Spulen des elektrodynamischen Meßwerkes für 5 A, die bewegliche für 9 mA gewickelt. Der Normalwiderstand ist 100 Ω, um den Kompensator bis 0,9 V auszunützen. Die Einstellgeschwindigkeit ist 0,1 bis 0,2 s. Der Meßfehler wird mit 0,05% angegeben. Eine Konstanthaltungseinrichtung für die Wechselstromquelle ist natürlich auch hier erwünscht.

γ) Wechselstrom-Gleichstrom-Arbeitswaage[1]. Normalzähler oder Gleichlastprüfzähler für Wechselstrom, die man beim Normalzählerverfahren verwendet, stellte man früher mit elektrodynamischen Leistungsmessern der Präzisionstype und Uhr nach dem Zeitleistungsverfahren ein. Die Wechselstrom-Gleichstrom-Arbeitswaage ermöglicht die Rückführung der Wechselstromarbeit auf die Gleichstromarbeit, die man mit dem Gleichstromkompensator und einem Zeitmesser feststellt. Der Gleichstromkompensator hat einen kleineren Fehler als 0,01% und die Zeitmessung, wenn man die Meßzeit genügend lang wählt, ist so gut wie fehlerlos. Da man die Arbeitswaage so bauen kann, daß ihr Eigenfehler unter 0,02% liegt, so ist der Gesamtfehler der Messung kleiner als 0,03%. In Abb. 36 ist die Grundschaltung der Arbeitswaage für die Prüfung eines Normalzählers NZ für Wechselstrom dargestellt. Die Arbeitswaage besteht aus zwei gleichen elektrodynamischen Meßwerken I und II, deren feststehende Spulen für 5 A und deren Drehspulen für 50 mA gewickelt sind. Die Drehspulen beider Meßwerke sind auf einer Achse befestigt, die oben und unten in Luftpolstern gelagert ist, so daß die Reibung verschwindend klein ist. Auf der Achse sitzt ein Zeiger, der über einer Spiegelskala spielen kann. Auf jeder Drehspule sind zwei nicht eingezeichnete Hilfsspulen angeordnet, deren Ebenen senkrecht zu der der Drehspule stehen; die eine Hilfsspule ist an die Spannung angeschlossen, ihr Strom kann durch einen Widerstand eingestellt werden, die zweite Hilfsspule ist über einen einstellbaren Widerstand in sich geschlossen. Die erste Hilfsspule dient

[1] NÜTZELBERGER, H.: Ein neues Arbeitsmengen-Meßverfahren zur Prüfung und Justierung von Wechsel- und Drehstromzählern. ETZ 1952, H. 24, S. 771.

dazu, den durch die Abweichung der räumlichen Stellungen beider Drehspulen voneinander entstehenden Fehler auszugleichen, die zweite zur Beseitigung der Gegeninduktivität zwischen den feststehenden und den beweglichen Spulen. Alle Spulen sind mit richtkraftfreien Silberfedern an die außen liegenden Klemmen der Arbeitswaage angeschlossen. Richtkraftfedern sind nicht vorhanden, so daß sich die Achse mit den Drehspulen und Hilfsspulen frei drehen kann. Der Drehwinkel ist durch Anschläge auf etwa $\pm$ 30° begrenzt. Bei 5 A in den festen und 50 mA in den Drehspulen ist das Drehmoment jedes elektrodynamischen Meßwerks etwa 15 cmg. Für die Einstellung der Arbeitswaage sind zwei Abgleichungen notwendig:

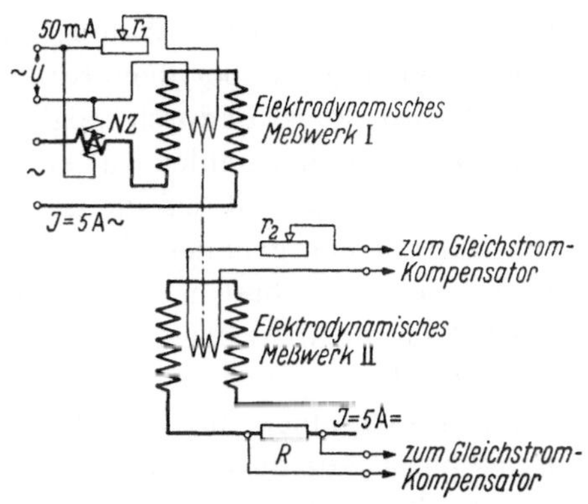

Abb. 36. Wechselstrom-Gleichstrom-Arbeitswaage, grundsätzliche Schaltung.

Abgleichung mit Gleichstrom. Die feststehenden Spulen der elektrodynamischen Meßwerke werden hintereinander geschaltet und mit 5 A beschickt, ihre Drehspulen werden an Spannung gelegt, so daß sie von einem Strom von 50 mA durchflossen werden. Die Spulen sind so geschaltet, daß die Drehmomente der beiden Meßwerke gegeneinander wirken. Dann werden die Widerstände r_1 und r_2 in den Spannungspfaden so eingestellt, daß der Zeiger der Waage still steht. Der Strom in den Hilfsspulen, die zum Ausgleich der räumlichen Verschiebung der Drehspulen bestimmt sind, wird in verschiedenen Stellungen der Drehspulen so eingestellt, daß der Zeiger in allen Lagen still steht. Damit ist die Arbeitswaage schon fast genau abgeglichen.

Abgleichung mit Wechselstrom. Zunächst wird nur durch die Stromspulen des Meßwerks I ein Wechselstrom von etwa 5 A geschickt. Die Spannungsspule wird nicht angeschlossen, ihr Strompfad ist aber durch die nicht eingezeichnete Schaltung für die Temperaturkompensation geschlossen. Die Gegeninduktivität zwischen den Stromspulen und der Spannungsspule verursacht einen Ausschlag. Dieser wird durch Einstellen des vor die Hilfsspule für die Gegeninduktivität geschalteten Widerstandes beseitigt. Damit ist die Abgleichung beendet. Damit man die Meßwerke I und II vertauschen kann, macht man die gleiche Abgleichung am Meßwerk II. Zur Kontrolle beschickt man noch beide Meßwerke mit Wechselstrom, wobei die Spulen wie bei der Abgleichung mit Gleichstrom geschaltet werden. Der Zeiger muß dann still stehen.

Bei der Prüfung eines Normalzählers oder Gleichlastzählers schaltet man zunächst nach Abb. 36. Das Meßwerk II wird an Gleichstrom angeschlossen, Strom und Spannung werden mit dem Gleichstromkompensator konstant gehalten. Das obere Meßwerk wird an Wechselstrom angeschlossen. Die Wechselstromquelle braucht nur mit einer einfachen Konstanthaltungseinrichtung versehen zu sein, damit die Leistung nicht gar zu sehr schwankt. Beim Beginn der Zeitmessung wird der Zeiger der Arbeitswaage eine bestimmte Stellung einnehmen, die man feststellen muß. Meistens wählt man dafür den Nullpunkt der Zeigerstellung auf der Skala. Während der Meßzeit kann der Zeiger der Arbeitswaage hin- und herwandern, am Schluß der Meßzeit muß er aber wieder in seiner Anfangslage stehen. Es ist ein Vorteil der Arbeitswaage gegenüber dem Komparator, daß nur diese Bedingung gestellt wird. Es ist dadurch möglich, die Messung auf lange Zeit auszudehnen und den Fehler auf ein sehr kleines Maß herabzudrücken. Die Gleichstromarbeit ist gleich dem Produkt aus der Meßzeit, die man durch einen genauen Zeitmesser feststellen muß und der durch den Kompensator bestimmten Gleichstromleistung. Die so bestimmte Gleichstromarbeit ist der am Normalzähler abgelesenen Wechselstromarbeit gleich.

Mit dieser einen Messung hat man aber noch nicht die Fehler ausgeschaltet, die durch äußere Streufelder und das Erdfeld auftreten können. Zu diesem Zweck muß man eine zweite Messung machen, die der ersten genau entspricht, bei der aber die beiden Meßwerke der Arbeitswaage vertauscht werden; d. h. das Meßwerk I wird mit Gleichstrom beschickt, wobei Spannung und Strom umgepolt werden müssen, das Meßwerk II mit Wechselstrom, wobei ebenfalls wegen der Eliminierung von äußeren Wechselfeldern Strom- und Spannungspfad umgepolt werden müssen. Der Normalzähler wird mit dem Meßwerk II zusammengeschaltet.

Der arithmetische Mittelwert beider Arbeitsmessungen ist dann der richtige Wert, der frei von allen äußeren Einflüssen ist. Natürlich muß man auch am Prüfling NZ den Mittelwert beider Messungen errechnen, wenn man ihn mit dem der Arbeitswaage vergleichen will.

Durch eine besondere Schaltung ist es möglich, Normalzähler auch bei Phasenverschiebung mit der gleichen Genauigkeit zu prüfen, wie bei $\cos \varphi = 1$, weil dabei die Arbeitswaage selbst immer bei $\cos \varphi = 1$ arbeitet, so daß sie keinen Fehlwinkel durch die Eigeninduktivität des Spannungspfades hat[1].

δ) Kompensator für Wechselstrom. Die große Genauigkeit, mit der man mit dem Gleichstromkompensator messen kann, beruht auf dem

---

[1] Siehe NÜTZELBERGER, H.: S. 60.

Normalelement, dessen Spannung bis auf 0,001% konstant ist. Für Wechselstrom gibt es kein entsprechendes Element. Man könnte höchstens mit einer der beschriebenen Konstanthaltungseinrichtungen für Wechselstrom eine konstante Wechselspannung erzeugen. Bei den üblichen Wechselstromkompensatoren stellt man den Kompensationsstrom mit einem Zeigerinstrument ein, so daß der Fehler dieses Instruments den Fehler des Kompensators bestimmt; er wird also in der Größenordnung von 0,1% liegen.

Von den vielen Vorschlägen und Ausführungen für Wechselstromkompensatoren[1] soll hier nur der erwähnt werden, der auf dem gleichen Prinzip beruht wie der Gleichstromkompensator[2]. Abb. 37 zeigt die Grundschaltung. An eine Drehstromquelle *D*, deren Spannung und Frequenz konstant sein soll, ist über einen Phasenschieber *Ph* und einen Isoliertransformator *T* der Meßwiderstand *R* und ein kleiner Einstellwiderstand R_1 angeschlossen. An den Klemmen des Meßwiderstandes *R* liegt der Präzisionsspannungsmesser *V*. Die Klemmen U_x für den Anschluß der zu bestimmenden Spannung liegen mit dem Vibrationsgalvanometer *VG* in Reihe in der Kompensationsleitung. Beim Beginn der Messung stellt man zunächst am Voltmeter *V* eine Spannung von 15 V ein. Für den Meßwiderstand *R* sind zwei Größen, 1500 und 15000 Ω vorgesehen; man kann also mit einem Kompensationsstrom *I* von 10 oder 1 mA arbeiten. Im ersten Fall kann man Spannungen bis 1,5 V kompensieren. Zur Messung der Spannung muß man nun nicht nur die Gleitkontakte (Kurbeln) am Widerstand *R* verschieben, sondern muß auch durch Drehen am Phasenschieber *Ph* die Phase des Hilfsstroms einstellen. Man muß diese beiden Einstellungen wechselweise machen, bis das Vibrationsgalvanometer seinen kleinsten Ausschlag zeigt. Bei einiger Übung geht dies verhältnismäßig rasch.

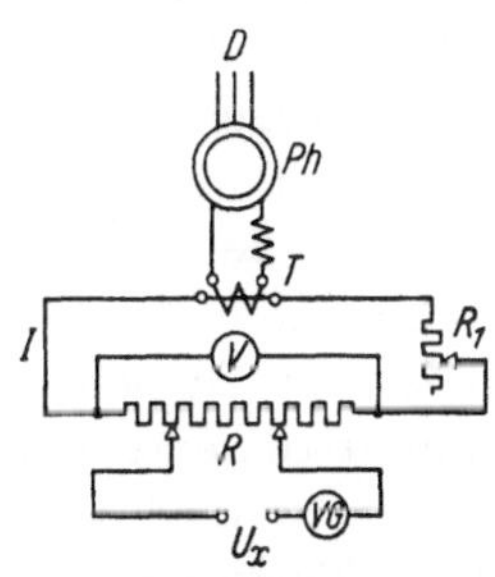

Abb. 37. Wechselstrom-Kompensator nach v. KRUKOWSKI, grundsätzliche Schaltung.

Wenn die Kurvenform der Spannungen sinusförmig ist, kann man den Kleinstwert des Ausschlags des Vibrationsgalvanometers sehr scharf einstellen, bei anderen Kurvenformen bleibt ein mehr oder weniger breites Lichtband stehen.

---

[1] GEYGER, W.: Wechselstromkompensatoren. Arch. Techn. Messen 1932—38 J 94—1 bis J 94—14.

[2] v. KRUKOWSKI, W.: Vorgänge in der Scheibe eines Induktionszählers und der Wechselstromkompensator als Hilfsmittel zu deren Erforschung. Berlin: Springer 1920.

Man benutzt den Wechselstromkompensator vorzugsweise zur Messung kleiner Wechselspannungen, z. B. zur Messung des Eigenverbrauchs und des Spannungsabfalls an der Hauptstromspule von Wechselstromzählern, zur Messung der Spannung an Meßspulen für die Bestimmung der Wechselfelder, zur Messung der Strömung in der Scheibe mit Hilfe von kleinen Meßwandlern (s. S. 226).

b) Präzisionsmeßgeräte.

α) Drehspulmeßgeräte für Gleichstrom. Die Drehspulmeßgeräte bestehen aus einer Drehspule, deren Achse drehbar in dem homogenen Feld eines permanenten Magnets gelagert ist und von einer oder zwei Spiralfedern in der Nullage gehalten wird, wenn sie stromlos ist. Die Federn dienen gleichzeitig als Stromzuführungen zur Drehspule. Auf der Achse der Drehspule sitzt ein Messerzeiger, der sich über einer Skala mit Spiegelablesung bewegen kann. Fließt ein Strom in der Drehspule, dann stellt sich der Zeiger auf den Winkel ein, bei dem das Drehmoment der Spule und der Spiralfedern gleich groß sind. Da das Drehmoment der Spiralfedern dem Ausschlagwinkel proportional ist, so ist der Ausschlag des Zeigers proportional dem Strom. Die Drehspulinstrumente haben also eine lineare Skala. Die Schwingung der Drehspule wird zu einem Teil durch den Strom gedämpft, der bei ihrer Bewegung in ihrer durch den äußeren Stromkreis geschlossenen Wicklung im Feld des permanenten Magnets induziert wird, zum anderen Teil durch den Strom, der in dem Rahmen aus Kupfer oder Aluminium induziert wird, auf den sie gewickelt ist. Die Drehspule ist aus sehr dünnem Draht gewickelt. Bei Spannungsmessern wird sie vom vollen Meßstrom durchflossen, bei Strommessern von einem Teilstrom, der von einem Nebenwiderstand abgezweigt wird.

Spannungsmesser werden für Spannungen von einigen Millivolt bis zu beliebig hohen Spannungen durch Vorschalten von Vorwiderständen innerhalb oder außerhalb des Meßgeräts ausgeführt. Da die Vorwiderstände sehr genau abgeglichen werden können (auf etwa $\pm$ 0,05%) und aus temperaturunabhängigem Material hergestellt werden, haben die Spannungsmesser für große Spannungen ebenso kleine Fehler bei Temperaturänderungen wie die für niedere Spannungen.

Strommesser werden für Ströme von einigen Mikroampere ohne Nebenwiderstand und bis zu beliebig großen Strömen durch Anschluß an Nebenwiderstände gebaut. Die Nebenwiderstände können sehr genau abgeglichen werden und werden aus temperaturunabhängigem Material hergestellt. Der Temperaturfehler ist beim Strommesser nicht mehr zu vernachlässigen. Man kann ihn vermindern, wenn man vor die Drehspule einen temperaturunabhängigen Widerstand schaltet oder andere Kompensationsmittel vorsieht.

Nach den Regeln für Meßgeräte[1] ist für Drehspulmeßgeräte ein Höchstfehler von ± 0,2% bezogen auf den Endwert des Meßbereichs und für die getrennten Vor- und Nebenwiderstände ein Höchstfehler von ± 0,1% zugelassen. Bei Präzisionsmeßgeräten mit Spiegelskala und Messerzeiger kann man aber mit einem Höchstfehler von ± 0,1% rechnen, wenn das Meßgerät mit dem Kompensator geprüft und seine Skalenkorrektionen festgestellt sind. Man sollte nur in dem oberen Drittel der Skala messen und die Meßbereiche entsprechend wählen.

Da die Drehspulmeßgeräte von äußeren Gleichfeldern beeinflußt werden, muß man vor der Messung dafür sorgen, daß sie in einer Lage stehen, wo sie am unempfindlichsten dagegen sind. Wenn man das Meßgerät um 180° in der Ebene dreht, darf sich sein Ausschlag gegenüber der Normallage nicht ändern. Bei der Messung mit mehreren Geräten muß man darauf achten, daß sie so weit voneinander entfernt stehen, daß ihre Magnetfelder nicht ineinander streuen.

Wenn man alle diese Vorsichtsmaßnahmen beachtet, so kann man mit Drehspulmeßgeräten sehr genaue Messungen an Gleichstromzählern ausführen. Sie sind allen anderen Gleichstrommeßgeräten überlegen.

β) Elektrodynamische Spannungs- und Strommesser. Eisenlose elektrodynamische *Spannungsmesser* haben eine auf einer Achse mit Zeiger drehbar gelagerte Drehspule, die ohne Rahmen oder auf einem nicht leitenden Rahmen gewickelt ist. Sie wird durch zwei Torsionsfedern, die gleichzeitig zur Stromzuführung dienen, in ihrer Nullage gehalten. Eine oder zwei feststehende Spulen sind so angeordnet, daß ihre Windungsebene senkrecht zu der der Drehspule ist, wenn diese in der Nullage steht. Alle Spulen sind dünndrähtig gewickelt und hintereinander geschaltet. Die Bewegung der Drehspule wird durch einen in einer Luftkammer beweglichen Flügel aperiodisch gedämpft. Fließt ein Strom durch die Spulen, so stellt sich der Zeiger auf einen Ausschlag ein, der proportional dem Quadrat des Stromes ist, weil das Drehmoment dem Quadrat des Stroms, das Gegendrehmoment der Federn dem Ausschlagwinkel proportional ist. Die quadratische Skala ist also charakteristisch für dieses Meßgerät. Man soll es deshalb nur im obersten Drittel des Meßbereiches benutzen. Zur Beseitigung der Temperatur- und Frequenzabhängigkeit sind temperaturunabhängige Widerstände den Spulen vorgeschaltet. Die Spannungsmesser werden schon für einen Anzeigebereich von 15 V gebaut, am meisten werden solche mit zwei Anzeigebereichen von 150 und 300 V verwendet. Für höhere Anzeigebereiche kann man Vorwiderstände vorschalten, meist schließt man den Spannungsmesser dann aber über Spannungswandler an. Der

[1] VDE 0410/1. 53.

Fehler ist etwa 0,2% vom Endwert des Meßbereichs, bei Meßgeräten mit besonders guter Skalenablesung kann er sogar kleiner sein. Der Fremdfeldeinfluß kann bei Wechselstrommessungen dadurch berücksichtigt werden, daß man hintereinander eine Messung in normaler Lage und eine zweite nach Drehung des Meßgeräts um 180° in der Ebene macht und den arithmetischen Mittelwert der beiden Messungen bildet.

Will man Gleichspannungen messen, so muß man hintereinander zwei Messungen mit verschiedener Stromrichtung machen und den arithmetischen Mittelwert beider Ausschläge bilden. Auf diese Weise prüft man die Meßgeräte auch mit dem Gleichstromkompensator.

Die elektrodynamischen *Strommesser* sind genau so aufgebaut wie die Spannungsmesser. Der Skalenverlauf ist ebenso wie beim Spannungsmesser quadratisch. Die Strommesser werden für direkten Anschluß zweckmäßig nur bis 5 A gebaut, für die Messung höherer Stromstärken werden sie an Stromwandler angeschlossen. Ihre Fehler und ihre Temperaturabhängigkeit sind etwas größer als bei Spannungsmessern. Im übrigen sind bei der Messung die gleichen Maßnahmen zu beachten, wie bei den Spannungsmessern.

γ) Elektrodynamische Leistungsmesser. Auch die eisenlosen elektrodynamischen Leistungsmesser haben den gleichen Aufbau, nur die Schaltung ist anders. Die Drehspule wird über einen temperaturunabhängigen Widerstand an die Spannung angeschlossen, die festen Spulen liegen im Strompfad. Das Drehmoment ist der Leistung proportional, der Leistungsmesser hat also eine lineare Skala. Die Leistungsmesser werden meist für zwei Spannungs- und zwei Strommeßbereiche gebaut. Früher führte man die Stromspulen bis zu 50 oder 100 A aus. Heute benutzt man überwiegend Geräte für 5 A und 150 V und schließt diese bei höheren Strömen und Spannungen an Strom- und Spannungswandler an. Störende äußere Felder muß man vermeiden oder zwei Messungen in zwei Lagen machen, die um 180° voneinander abweichen. Der arithmetische Mittelwert beider Messungen ist dann der richtige Wert. Die Temperaturabhängigkeit ist durch entsprechende Kompensationsschaltungen fast ganz beseitigt. Der durch Eigen- und Gegeninduktivität der Spulen auftretende Fehlwinkel muß bei älteren Geräten beachtet werden, bei neueren Geräten ist er so gering, daß er nur bei sehr großer Phasenverschiebung zwischen Strom und Spannung stört. Es empfiehlt sich deshalb, die Leistungsmesser nicht mit dem Kompensator mit Gleichstrom zu prüfen, sondern mit Hilfe des Komparators oder der Arbeitswaage mit Wechselstrom. Wenn die Leistungsmesser sorgfältig geprüft sind und ihre Korrektionen bekannt sind, kann man damit rechnen, daß ihr Fehler 0,1% vom Endwert des Meßbereichs nicht überschreitet. Sie werden deshalb ausschließlich für die Präzisionsmessung der Wechselstromleistung verwendet.

Will man Gleichstromleistungen messen, so muß man zwei Messungen mit entgegengesetzten Stromrichtungen im Spannungs- und Strompfad machen und den arithmetischen Mittelwert aus beiden Messungen bilden. Auf diese Weise prüft man auch die Leistungsmesser mit dem Gleichstromkompensator.

Astatische elektrodynamische Leistungsmesser haben zwei übereinander angeordnete gleiche Meßwerke, deren Spulen in entgegengesetzter Richtung von den Strömen des Spannungs- und des Strompfades durchflossen werden. Sie sind von äußeren homogenen Störfeldern unabhängig.

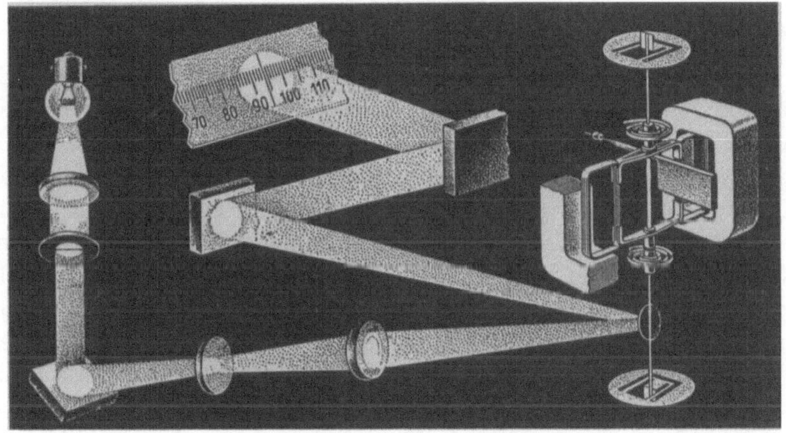

Abb. 38. Astatischer Lichtmarken-Leistungsmesser.

Zwei hochempfindliche Geräte dieser Bauart sollen noch erwähnt werden: der astatische Torsionsleistungsmesser mit Fadenaufhängung[1] der Drehspulen und der astatische Lichtmarken-Leistungsmesser. Abb. 38 zeigt ein schematisches Bild des Lichtmarken-Leistungsmessers. Er hat nur ein Meßwerk mit zwei in einer Ebene liegenden gegeneinander geschalteten Drehspulen besonderer Abmessung; sie sind an einem Spanndraht aufgehängt. Das Gegendrehmoment wird von zwei Federn aus Phosphorbronze ausgeübt, die wie bei den früher beschriebenen Geräten als Stromzuführungen zu den Drehspulen dienen. Die Bewegung der Drehspule wird, wie üblich, durch einen Flügel in einer Luftkammer aperiodisch gedämpft. Alle Teile für den mechanischen Aufbau sind aus keramischem Werkstoff oder Preßstoff angefertigt, nur die aktiven Teile bestehen aus Metall. Der Strahlengang des Lichtmarkenzeigers ist deutlich in Abb. 38 zu sehen. Die

[1] Arch. techn. Messen J 741—8. Nov. 1933.

mehrfache Umlenkung des Lichtstrahles ist gleichbedeutend mit einer Verlängerung des Zeigers auf 300 mm. Schon bei einem Drehwinkel der Drehspule von 15° wird daher ihr Vollausschlag erreicht. Dadurch wird der Einfluß der Gegeninduktivität zwischen den Drehspulen und den feststehenden Spulen auf ein Mindestmaß zurückgeführt. Außerdem wird die Eigeninduktivität der Drehspulen durch eine Kondensatorschaltung vermindert, wodurch der Einfluß von Frequenzschwankungen in einem weiten Frequenzbereich beseitigt wird. Die Fehlergrenzen entsprechen denen der oben beschriebenen Präzisionsleistungsmesser. Fremdfelder beeinflussen die Angaben um höchstens ± 0,1%, der Temperaturfehler ist nur 0,05% je 10° C, der Eigenverbrauch ist sehr klein. Der für Zählerprüfungen geeignete Leistungsmesser wird für 5 A und 150 V ausgeführt.

δ) Elektrodynamische Blindleistungsmesser. Das Meßwerk der elektrodynamischen Blindleistungsmesser ist genau so aufgebaut wie das der Wirkleistungsmesser, jedoch ist durch eine Kunstschaltung im Spannungspfad der Strom nicht in Phase mit der Spannung, sondern eilt ihr um 90° nach[1]. Die Abgleichung ist nur für eine Frequenz gültig; der Frequenzfehler wird um so größer, je größer die Phasenverschiebung zwischen Strom und Spannung ist. Vor Beginn der Messung muß der Spannungskreis so lange eingeschaltet sein, bis seine Endtemperatur erreicht ist. Der Temperaturfehler durch die Änderung der Außentemperatur kann kompensiert werden. Das Gerät kann nur als Präzisionsmeßgerät angesprochen werden, wenn man es bei der Frequenz benutzt, für die es geprüft ist. Man wird es nur in Sonderfällen verwenden, wo man die Blindleistung nicht durch Wirkleistungsmesser in besonderer Schaltung bestimmen kann.

ε) Eisengeschlosssene elektrodynamische Leistungsmesser. Der Fremdfeldeinfluß bei den eisenlosen elektrodynamischen Leistungsmessern kann z. T. durch magnetische Abschirmung beseitigt werden. Eine vollständig befriedigende Lösung wird aber dadurch nicht erreicht. Dies ist erst durch die eisengeschlossenen elektrodynamischen Leistungsmesser möglich geworden. Ihr Aufbau ist grundsätzlich der gleiche wie der der eisenlosen Geräte. Der magnetische Kreis der Hauptstromspulen ist aber bis auf einen Luftspalt, in dem sich die Drehspule drehen kann, ganz mit Eisen gefüllt. Dieser Eisenkern ist aus gegeneinander isolierten Blechen besonderer magnetischer Eigenschaft aufgebaut. Gegen äußere, auch inhomogene Felder, ist das Gerät fast vollkommen geschützt. Bei Messung der Wechselstromleistung kann der Einfluß der magnetischen Eigenschaften des Eisens, der Wirbelströme und der

---

[1] ZWIERINA, O.: ETZ 1929, S. 1844.

Gegeninduktivität zwischen der Drehspule und dem Feld der festen Spulen nicht ganz beseitigt werden. Bei Messung der Gleichstromleistung muß der Remanenzfehler in Rechnung gestellt werden. Die Geräte können also nur beschränkt als Präzisionsleistungsmesser angesprochen werden. Bei guten Ausführungen kann man einen Fehler von etwa $\pm$ 0,5% vom Endwert des Meßbereichs erreichen.

c) Spannungs- und Strommesser zur annähernden Einstellung des Belastungszustandes.

α) Gleichrichter-Meßgeräte für Wechselstrom. Es gibt viele Ausführungen von Gleichrichtermeßgeräten. Für Spannungsmesser werden meist vier Kupferoxydul- oder Selengleichrichter in Graetzschaltung zusammengebaut, an die die Wechselspannung angeschlossen wird. In der Diagonale der Brücke liegt ein hochempfindliches Drehspulmeßgerät, das den gleichgerichteten Wechselstrom anzeigt. Da man die Drehspulmeßgeräte für die Anzeige sehr kleiner Spannungen bauen kann, kann man mit dem Gleichrichtermeßgerät schon Wechselspannungen von 0,1 V messen. Für die Messung höherer Spannungen werden Vorwiderstände vorgeschaltet.

Äußere Felder beeinflussen nur das Drehspulmeßgerät. Die Temperaturabhängigkeit ist verhältnismäßig groß (etwa 1,5% je 10° C), die Kurvenform darf von der Sinusform nur wenig abweichen. Die Frequenz beeinflußt die Angaben in dem für Zählerprüfungen in Frage kommenden Gebiet nicht. Der Anzeigefehler liegt etwa bei 1% vom Endwert des Meßbereichs.

Für Strommesser wählt man gegebenenfalls eine andere Schaltung der Gleichrichter. Man kann schon Wechselströme von wenigen mA messen. Zur Messung größerer Ströme schließt man das Meßgerät an Nebenwiderstände an.

β) Thermoumformer zur Messung kleiner Wechselströme[1]. Der Thermoumformer besteht aus einem Thermoelement, das entweder direkt durch den Wechselstrom oder indirekt durch eine Heizwicklung erwärmt wird. Im Strompfad des Thermoelements liegt ein hochempfindliches Drehspulmeßgerät. Der Thermoumformer wird meist in ein luftleeres Gefäß eingeschlossen. Da die Thermokraft proportional dem Quadrat des Heizstromes wächst, ist der Zeigerausschlag proportional dem Quadrat des Stromes. Einen annähernd linearen Skalenverlauf im oberen Teil des Anzeigebereichs kann man durch besondere

---

[1] SCHERING: Z. Instrumentenkunde 1912, S. 69 u. 101. — GOSSEN: ETZ 1910, S. 143. — J. W. L. KOHLER: Arch. techn. Messen, 1938 J 712—4. — HOHLE u. RUMP: Phys. Z. 1938, S. 169. — H. WECHSUNG: Arch. techn. Messen, J 712—5, Jan. 1954.

Formgebung der Polflächen des Drehspulinstruments erreichen. Man kann schon Ströme von einigen mA messen. Fremdfelder beeinflussen nur das Drehspulinstrument. Der Temperaturfehler kann durch besondere Bauart des Thermoumformers sehr klein gehalten werden. Von der Frequenz ist das Gerät in dem für Zählermessungen gebrauchten Bereich unabhängig. Bei Überlastung brennen die Thermoumformer durch. Der Fehler liegt etwa bei 1% vom Endwert des Meßbereichs.

Will man mit dem Gerät Gleichströme messen, so muß man den arithmetischen Mittelwert aus zwei Messungen mit verschiedener Stromrichtung bilden, um den Einfluß des Peltiereffektes und des Spannungsabfalls an der Lötstelle zu eliminieren.

γ) Dreheisenmeßgeräte für Gleich- und Wechselstrom. Es gibt zwei Bauarten von Dreheisenmeßgeräten. Bei der einen Bauart ist das Dreheisen auf einer Achse angeordnet, die vor einer Flachspule drehbar gelagert ist. Fließt Strom durch die Spule, so wird das Dreheisen in sie hineingezogen. Die andere Bauart hat eine Rundspule, in der ein Eisenblättchen fest angeordnet ist. Auf der Drehachse, die konaxial mit der Spulenachse ist, sitzt das Dreheisen parallel zur Spulenachse. Fließt ein Strom durch die Spule, so wird das Dreheisen von dem festen Eisen abgestoßen, weil beide gleichsinnig magnetisiert werden. Bei beiden Geräten ist die Drehachse mit einer Torsionsfeder verbunden, die das Gegendrehmoment liefert. Die Bewegung der Drehachse wird durch einen Flügel, der sich in einer Luftkammer bewegen kann, aperiodisch gedämpft. Der Skalenverlauf kann durch entsprechende Gestaltung der festen und der Dreheisen und durch die Wahl der Eisensorte sehr verschieden gestaltet werden. Es gibt Dreheisenmeßgeräte mit fast linearer Skala. Dreheisengeräte werden sowohl als Spannungsmesser als auch als Strommesser gebaut.

Bei *Wechselstrom* kann man einen kleinsten Fehler von $\pm$ 0,2% vom Endwert des Meßbereiches erreichen, die normalen Geräte haben aber eine größere Fehlergrenze. Der Einfluß äußerer Wechselfelder ist nicht zu vernachlässigen. Meist sieht man zum Schutz dagegen Abschirmungen vor oder man führt die Geräte in astatischer Bauart aus. Der Einfluß der Kurvenform des Wechselstroms stört nur bei starken Abweichungen von der Sinusform. Frequenzen bis 100 Hz sind bei guten Geräten ohne Einfluß auf die Angaben. Der Temperaturfehler ist bei Strommessern gering, weil die Spule ohne Anschluß an Nebenwiderstände direkt vom Meßstrom durchflossen wird, bei Spannungsmessern muß der Vorwiderstand groß sein im Verhältnis zur Kupferwicklung. Es bleibt also nur der Temperaturfehler der Torsionsfeder, der etwa 0,2% je 10° C ist.

Benutzt man die Dreheisenmeßgeräte für *Gleichstrom*messungen, so muß man beachten, daß Hysteresefehler und Remanenzfehler auftreten können, so daß sich bei ansteigendem Strom andere Werte ergeben als bei abnehmendem Strom und auch die Angaben bei verschiedenen Stromrichtungen voneinander abweichen.

δ) Thermische Meßgeräte (Hitzdraht-Meßgeräte) für Gleich- und Wechselstrom. Beim thermischen Meßgerät ist ein dünner Draht aus hitzebeständigem Material zwischen zwei festen Klötzen ausgespannt. Wird er von einem Strom durchflossen, so dehnt er sich aus. Die sehr geringe Längenänderung wird durch einen von einer Blattfeder gespannten Faden mit Hebelübersetzung auf eine Rolle übertragen, die auf der Zeigerachse sitzt. Die Bewegung der Zeigerachse wird durch eine kleine Wirbelstrombremse aperiodisch gedämpft. Der Skalenverlauf ist quadratisch, durch besondere Ausführung der Rolle kann er annähernd linear gemacht werden. Spannungsmesser werden von 3 V an bis zu beliebig hohen Spannungen durch Vorschalten von Widerständen, Strommesser von 30 mA bis 0,5 A mit direkter Stromzuführung ausgeführt. Für höhere Stromstärken bis zu einigen 100 A schaltet man mehrere Hitzdrähte parallel oder schließt den Hitzdraht an einen Nebenwiderstand an. Der Fehler kann mit etwa $\pm 1\%$ angenommen werden, es gibt aber auch Hitzdrahtmeßgeräte, die einen Fehler von nur $\pm 0{,}4\%$ vom Endwert des Meßbereichs haben. Von äußeren Feldern werden die Geräte nicht beeinflußt, ebenso sind sie von Frequenzänderungen unabhängig, so lange diese nicht sehr groß sind. Nur Geräte für sehr große Ströme sind wegen ihrer großen Eigenfelder frequenzabhängig. Gegen den Einfluß von Temperaturänderungen sind gute Bauarten mit Kompensationseinrichtungen versehen. Ein Nachteil der Hitzdrahtmeßgeräte ist, daß sie einen hohen Eigenverbrauch haben und daß sich durch die Nachwirkung der Erwärmung der Nullpunkt nach dem Ausschalten verschiebt. Neuere Geräte haben deshalb eine von außen zugängliche Nullstellung. Ein großer Vorzug der Hitzdrahtmeßgeräte ist, daß sie gleicherweise für Wechsel- und Gleichstrom verwendet werden können, daß man sie also auch mit Gleichstrom nachprüfen kann.

ε) Elektrostatische Spannungsmesser für Gleich- und Wechselstrom. Das Meßwerk des elektrostatischen Spannungsmessers besteht aus einer oder mehreren festen Platten, an die das eine Potential der zu messenden Spannung gelegt wird und einer oder mehreren auf einer Achse mit Zeiger angebrachten Platten, an die das andere Potential gelegt wird. Die in Richtung einer Kapazitätsvergrößerung wirkende Kraft dreht die beweglichen Platten auf die feststehenden Platten zu. Das Gegendrehmoment liefert eine Torsionsfeder oder ein Spanndraht. Durch besondere Gestaltung der Platten kann man erreichen, daß der Skalenverlauf annähernd linear wird. Die Bewegung der drehbaren Platten wird durch eine Wirbelstrom- oder Luftbremse gedämpft. Die Einstellzeit ist ziemlich lang. Elektrostatische Spannungsmesser werden schon für Meßbereiche von etwa 10 V gebaut, nach oben ist der Meßbereich durch die Überschlagspannung zwischen den Platten begrenzt. Der Fehler von normalen Geräten kann mit etwa $\pm$ 1% angenommen werden, es gibt aber auch Bauarten, mit denen man $\pm$ 0,2% vom Endwert des Meßbereichs erreichen kann. Äußere magnetische Felder beeinflussen die Angaben nicht, dagegen müssen die Geräte gegen elektrische Felder gut abgeschirmt werden. Frequenzänderungen sind ohne Einfluß auf die Angaben. Gegen Temperaturänderungen sind die Geräte sehr wenig empfindlich, weil nur das Drehmoment der Torsionsfedern davon betroffen wird. Die elektrostatischen Spannungsmesser haben den Vorteil, daß ihr Eigenverbrauch so klein ist, daß er bei technischen Messungen meist vernachlässigt werden kann; bei Vollausschlag braucht das Meßwerk nur 10^{-6} A oder weniger. Da die Meßwerke sehr empfindlich sind, müssen sie bei Platzwechsel arretiert werden.

Als Quadrantenelektrometer gebaute elektrostatische Meßgeräte können auch zur Leistungsmessung benutzt werden. Dabei kommt ihre Eigenart, daß sie keinen Eigenverbrauch haben, besonders vorteilhaft zur Geltung.

d) Frequenzmesser.

α) Zungenfrequenzmesser. Der gebräuchlichste Frequenzmesser für Zählerprüfungen ist der Zungenfrequenzmesser. Eine Reihe auf verschiedene Frequenzen abgestimmter Stahlzungen ist auf einem Träger befestigt. Ein Elektromagnet ist so angeordnet, daß sein Fluß die Stahlzungen beeinflußt. Wird der Elektromagnet von einem Wechselstrom erregt, so kommt nur die Stahlzunge in Schwingung, die auf die Frequenz des Wechselstroms abgestimmt ist. Da der Apparat nach dem Resonanzprinzip arbeitet, kann man mit ihm die Frequenz sehr genau messen; die Zungen können auf $\pm$ 0,2% abgestimmt werden. Die Frequenzmesser können für verschiedene Spannungen umschaltbar gemacht werden. Zur Erweiterung des Meßbereichs auf die doppelte Frequenz sind Umschaltvorrichtungen eingebaut. Normalerweise sind die Zungen in Stufen von 0,5 Hz abgestimmt, sie können aber auch für kleinere Stufen unterteilt werden. Äußere Felder beeinflussen die Angaben so gut wie gar nicht, der Temperaturfehler ist gering, er ist etwa 0,15% je 10° C.

β) Zeigerfrequenzmesser. Als Zeigerfrequenzmesser werden meist Kreuzspul-, Induktions- oder Dreheisenmeßgeräte verwendet, die mit OHMschen und induktiven Widerständen oder Kondensatoren so zusammengeschaltet werden, daß ihr Ausschlagwinkel fast ausschließlich von der Frequenz abhängt. Für genauere Messungen kann man sie nicht verwenden.

γ) Frequenzmesser mit Differentialgetriebe[1]. An die Sonnenräder eines Differentialgetriebes sind über Zahnradgetriebe kleine Synchronmotoren angeschlossen. Am Planetenrad ist ein Zeiger angebracht, der über einer Skala spielen kann. Der eine Synchronmotor wird an einen Geber für eine Normalfrequenz angeschlossen (z. B. an einen Quarzsender), der andere an die zu messende Frequenz. Durch Übersetzungsräder wird die Drehzahl des von der Normalfrequenz angetriebenen Sonnenrades der Sollfrequenz, die Drehzahl des anderen der Istfrequenz proportional gemacht. Ist die Istfrequenz der Sollfrequenz gleich, so steht das Planetenrad still. Man muß die Istfrequenz also so lange ändern, bis dieser Zustand erreicht ist, d. h. bis der Zeiger still steht. Da der Apparat alle Perioden über die Meßzeit integriert, kann der Zeiger während der Meßzeit nach links oder rechts auswandern, er muß nur am Ende der Meßzeit wieder in seiner Anfangslage, die er zu Beginn der Meßzeit hatte, stehen. Man kann also auch Abweichungen von der Sollfrequenz innerhalb der Meßzeit ausgleichen; bei Zungen- und Zeigerfrequenzmessern ist dies nicht möglich. An einem ausgeführten Apparat wandert der am Planetenrad angebrachte Zeiger um $^1/_4$ U/min, wenn die Frequenz um 0,1% vom Sollwert abweicht.

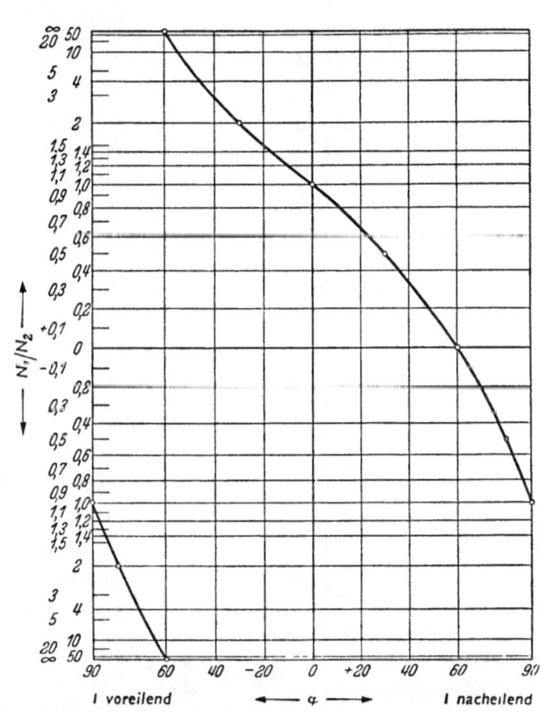

Abb. 39. Phasenwinkel aus dem Verhältnis der Angaben der beiden Leistungsmesser bei Zweileistungsmesserschaltung.

e) Phasenmesser.

Hat man sinusförmigen Verlauf des Wechselstromes, so kann man die Phasenlage aus dem Leistungsfaktor ohne weiteres bestimmen,

[1] Franck, Siegfried: DRP angem. 1. 6. 43.

den man aus dem Verhältnis der Angaben des Leistungsmessers und dem Produkt der Angaben des Strom- und Spannungsmessers errechnet. Dies ist das übliche Verfahren. Bei Drehstrommessungen mit zwei Leistungsmessern (s. S. 136), deren Angaben N_1 und N_2 sind, entnimmt man den Wert des Phasenwinkels den Kurven der Abb. 39, deren Werte nach der bekannten Gleichung $\operatorname{tg} \varphi = \frac{N_2 - N_1}{N_1 + N_2} \cdot \sqrt{3}$ berechnet sind. Die Gleichung gilt nur für gleiche Belastung aller drei Phasen. Liegen die Stromspulen der zwei Leistungsmesser in den Phasen R und T, während ihre Spannungsspulen an R—S und T—S angeschlossen sind, so zeigt ein dritter Leistungsmesser mit der Stromspule in Phase S einem dem Leistungsfaktor proportionalen Ausschlag, wenn man seine Spannungsspule an S—O anschließt. Die in Abb. 39 dargestellte Kurve kann man auch durch eine Skala nach Abb. 40, an der man den Leistungsfaktor ablesen kann, oder durch eine Fluchtlinientafel[1] ersetzen.

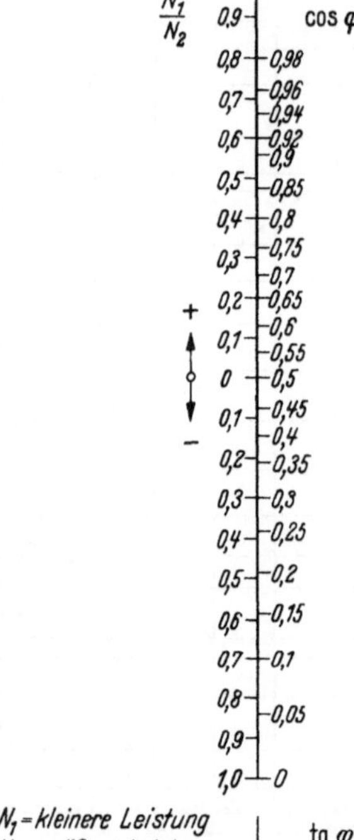

Abb. 40. Leistungsfaktor aus dem Verhältnis der Angaben der beiden Leistungsmesser bei Zweileistungsmesserschaltung.

Bequemer ist es, den Leistungsfaktor direkt mit einem sogenannten Phasenmesser zu bestimmen. Die Phasenmesser bestehen meist aus mehreren auf einer Achse befestigten Drehspulen, denen Widerstände und Selbstinduktionen vorgeschaltet sind[2]. Die Skala derartiger Phasenmesser ist nicht ganz proportional und ist natürlich nur dann richtig, wenn man Wechselstrom von derselben Kurvenform mißt, mit dem der Phasenmesser vorher geprüft wurde.

f) Vorwiderstände, Nebenwiderstände und Wandler zur Erweiterung der Meßbereiche.

Die Spannungs-, Strom- und Leistungsmesser werden für die gebräuchlichsten Spannungsmeßbereiche und alle Strommeßbereiche

---

[1] LANGREHR, H.: ETZ 1923, S. 178.

[2] Vgl. BRION-VIEWEG: Starkstrommeßtechnik, S. 105.

geprüft und ihre Korrektionen bestimmt. Will man Messungen in durch bekannte Vor- und Nebenwiderstände erweiterten Meßbereichen machen, so müssen die genauen Werte dieser Widerstände bekannt sein. Dann kann man die von der Prüfung in einem Meßbereich her bekannten Korrektionen auf den neuen Widerstand umrechnen.

α) Vorwiderstände. Bei einem Spannungsmesser sei für einen bestimmten Meßbereich die Konstante gegeben durch die Gleichung

$$c \cdot \alpha_{\max} = U_{\max},$$

wobei $\alpha_{\max}$ der größte Zeigerausschlag und $U_{\max}$ der Sollwert der größten Spannung für den betrachteten Meßbereich ist. Für diesen Meßbereich habe der Spannungsmesser den Widerstand r_1. Dann gilt für einen beliebigen Ausschlag

$$U = c \cdot (\alpha + k) = i \cdot r_1.$$

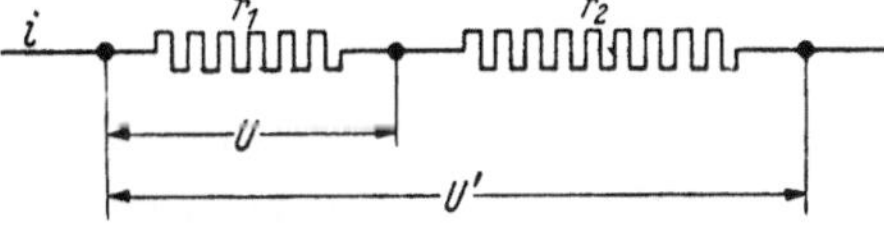

Abb. 41. Verwendung der Vorwiderstände.

i ist der durch den Widerstand r_1 fließende Strom, k die Skalenkorrektion[1].

Der Meßbereich wird nun dadurch vergrößert, daß man nach Abb. 41 einen Vorwiderstand r_2 zu r_1 zufügt. Für den gleichen Ausschlag α fließt der gleiche Strom i durch $r_1 + r_2$. Es ist

$$U' = c' (\alpha + k) = i \cdot (r_1 + r_2).$$

Es folgt

$$U' = c (\alpha + k) \cdot \frac{r_1 + r_2}{r_1}.$$

Für den neuen Meßbereich muß man also die Ablesung α erst mit der vom ersten Meßbereich bekannten Skalenkorrektion k korrigieren und dann mit der neuen Konstanten

$$c' = c \cdot \frac{r_1 + r_2}{r_1}$$

multiplizieren.

Führt man die Sollwerte R_1, R_2 für die Widerstände ein, so kann man die Sollkonstante für den neuen Meßbereich schreiben

$$c_s = c \cdot \frac{R_1 + R_2}{R_1};$$

dies gibt normalerweise einen runden Wert. Die Gleichung für U' kann man dann auf die Form bringen

$$U' = c_s (\alpha + k) + \delta (\alpha + k).$$

δ ist die relative Abweichung vom Sollwert für den neuen Meßbereich; sie berechnet sich aus δ_1 und δ_2, den relativen Abweichungen vom

[1] Man könnte natürlich auch den Skalenfehler $F = -k$ benutzen, wir wollen uns aber der Gepflogenheit der Meßtechnik anschließen und die Korrektion k benutzen.

Sollwert der Widerstände R_1 und R_2, wenn man δ_1 und δ_2 folgendermaßen definiert:

$$r_1 = R_1(1 + \delta_1), \qquad r_2 = R_2(1 + \delta_2).$$

$$\delta = c \cdot \frac{R_2}{R_1} \cdot \frac{\delta_2 - \delta_1}{1 + \delta_1}$$

$1 + \delta_1$ kann man oft $= 1$ setzen.

Zahlenbeispiel:

$r_1 = 1002\,\Omega$, $R_1 = 1000\,\Omega$, $\delta_1 = 0{,}2\%$,
$r_2 = 4006\,\Omega$, $R_2 = 4000\,\Omega$, $\delta_2 = 0{,}15\%$,
$c = 0{,}2$ für den ersten Meßbereich,

$$c_s = c \cdot \frac{R_1 + R_2}{R_1} = 1{,}0$$

$$\delta = c \cdot \frac{R_2}{R_1} \cdot \frac{\delta_2 - \delta_1}{1 + \delta_1} = 0{,}2 \cdot 4 \cdot \frac{-0{,}05\%}{1{,}002}$$

$= -0{,}04\%$ für den erweiterten Meßbereich.

Bei einer Ablesung $\alpha = 122{,}3$ Teilstrichen sei die Skalenkorrektion

$k = +0{,}3$ Teilstriche. Es ist

$\alpha + k = 122{,}6$

$$U' = 1{,}0 \cdot 122{,}6 - \frac{0{,}04}{100} \cdot 122{,}6.$$

$$= 122{,}6 - 0{,}05\ \text{V}.$$

Will man die Skalenkorrektion k' für den neuen Meßbereich erhalten, so kann man die Gleichung für U' auch auf die Form bringen:

$$U' = c_s(\alpha + k').$$

Die Skalenkorrektion kann man dann schreiben:

$$k' = k + \frac{R_2}{R_1 + R_2}(\delta_2 - \delta_1) \cdot (\alpha + k).$$[1]

Für Leistungsmesser gilt das gleiche wie für Spannungsmesser; denn für jeden Strommeßbereich muß man bei ihnen eine gesonderte Prüfung vornehmen, so daß also nur für die verschiedenen Spannungsmeßbereiche eine Erweiterung durch Vorwiderstände in Frage kommt.

β) Nebenwiderstände. Umständlicher werden die Korrektionen für die Erweiterung des Meßbereichs eines Meßgeräts durch Nebenwiderstände. Die Überlegungen brauchen nur für Strommesser für Gleichstrom gemacht zu werden, da man bei Wechselstrommeßgeräten keine Nebenschlüsse anwendet. Abb. 42a zeigt das Schaltbild für einen Meßbereich, Abb. 42b dasjenige für eine Erweiterung des Meßbereiches

---

[1] Vgl. ORLICH: Helios, Lpz. 1909 S. 373.

durch Ersatz des Widerstandes r_1 durch den Widerstand r_1'. Es sei wieder die Konstante definiert durch die Gleichung

$$c \cdot \alpha_{\max} = I_{\max}.$$

Dies gilt für den Meßbereich, für den die Skalenkorrektion k durch Prüfung bestimmt wurde.

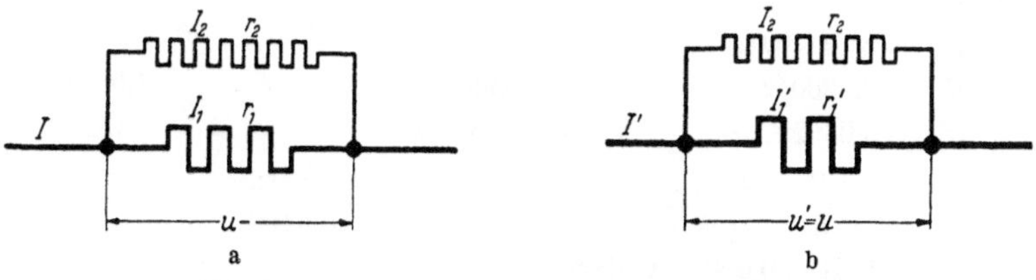

Abb. 42a und b. Verwendung der Nebenwiderstände.

Für ein und denselben Ausschlag α gelten in den beiden durch die Abb. 42a und b gekennzeichneten Meßbereichen die Gleichungen

$$c \cdot (\alpha + k) = I = u \cdot \frac{r_1 + r_2}{r_1 \cdot r_2},$$

$$c' \cdot (\alpha + k) = I' = u \cdot \frac{r_1' + r_2}{r_1' \cdot r_2}.$$

$I_2 = u/r_2$, also auch u, ist in beiden Fällen gleich. Es folgt

$$I' = c \cdot (\alpha + k) \cdot \frac{r_1}{r_1'} \cdot \frac{r_1' + r_2}{r_1 + r_2}.$$

Bringt man die Gleichung auf die Form

$$I' = c_s (\alpha + k) + \delta (\alpha + k),$$

so ist darin

$$c_s = c \cdot \frac{R_1}{R_1'} \cdot \frac{R_1' + r_2}{R_1 + r_2},$$

wobei R_1, R_1' die Sollwerte der Widerstände bedeuten; der Sollwert R_2 ist mit r_2 identisch.

Definiert man δ_1 und δ_1' aus den Gleichungen

$$r_1 = R_1 (1 + \delta_1),$$

$$r_1' = R_1' (1 + \delta_1'),$$

so erhält man, wenn man $\delta_1 \cdot \delta_1'$ gegenüber δ vernachlässigt,

$$\delta = c \cdot \left(\delta_1 \frac{R_1' + r_2}{R_1 + r_2} - \delta_1'\right) : \left[(1 + \delta_1') \left(1 + \delta_1 + \frac{r_2}{R_1}\right) \cdot \frac{R_1'}{r_2}\right].$$

Kann man $1 + \delta_1'$ und $1 + \delta_1 = 1$ setzen und ist r_2 groß im Verhältnis zu R_1 und R_1', so vereinfacht sich die Gleichung in

$$\delta = c \cdot \frac{r_2 \cdot R_1}{R_1' (R_1 + r_2)} (\delta_1 - \delta_1').$$

Um die Skalenkorrektion k' für das neue Meßbereich zu erhalten, kann man die Gleichung für I' wieder auf die Form bringen

$$I' = c_s(\alpha + k').$$

Es ist dann

$$k' = k + \left[\left(\delta_1 - \delta_1' \frac{R_1 + r_2}{R_1' + r_2}\right) \cdot (\alpha + k)\right] : \left[(1 + \delta_1')\left(1 + \delta_1 + \frac{r_2}{R_1}\right)\frac{R_1}{r_2}\right].$$

Zahlenbeispiel:

$R_2 = r_2 = 10{,}02\,\Omega$ $\quad c = 0{,}01$

$R_1 = 0{,}5260\,\Omega$ $\quad r_1 = 0{,}5360\,\Omega$ $\quad \delta_1 = +1{,}901\%$

$R_1' = 0{,}050227\,\Omega$ $\quad r_1' = 0{,}05000\,\Omega$ $\quad \delta_1' = -0{,}452\%$

$$c_s = c \cdot \frac{R_1}{R_1'} \cdot \frac{R_1' + r_2}{R_1 + r_2} = 0{,}01 \cdot \frac{0{,}5260}{0{,}050227} \cdot \frac{10{,}07023}{10{,}5460}$$

$$= 0{,}01 \cdot 10{,}000 = 0{,}1000,$$

$$\delta = 0{,}01 \cdot \frac{1{,}901 \cdot 0{,}955 + 0{,}452}{0{,}9955 \cdot (1{,}01901 + 19{,}049) \cdot 0{,}005013}\,\%$$

$$= +\,0{,}01 \cdot 22{,}6 = +\,0{,}226\% \text{ für den erweiterten Meßbereich.}$$

Bei einer Ablesung von $\alpha = 142{,}4$ Teilstrichen sei die Skalenkorrektion

$k = -\,0{,}3$ Teilstriche.

$\alpha + k = 142{,}1$

$$I' = 0{,}100 \cdot 142{,}1 + \frac{0{,}226}{100} \cdot 142{,}1 = 14{,}21 + 0{,}32 = 14{,}53 \text{ A}$$

und

$$k' = k + \frac{\delta}{c_s}(\alpha + k) = -0{,}3 + \frac{2{,}26}{100} \cdot 142{,}1 = -0{,}3 + 3{,}21 = +\,2{,}91 \text{ Teilstriche.}$$

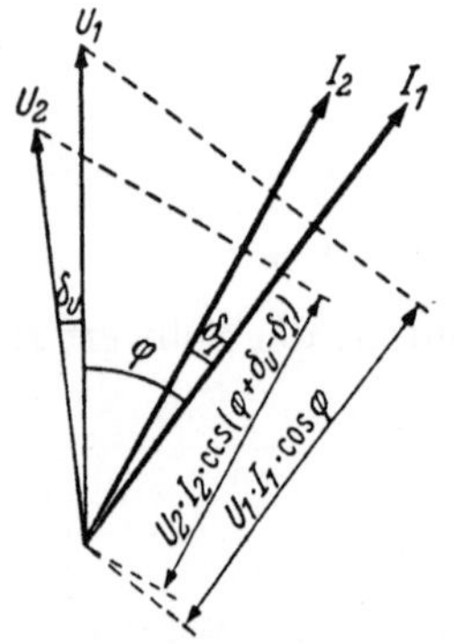

Abb. 43. Phasenlage der Ströme und Spannungen bei den Wandlern.

γ) Strom- und Spannungswandler. Bei Verwendung von Strom- und Spannungswandlern müssen sowohl die Strom- und Spannungsfehler als auch die Fehlwinkel berücksichtigt werden. Sind in Abb. 43 U_1 die Primärspannung, U_2 die Sekundärspannung des Spannungswandlers, I_1 der Primärstrom, I_2 der Sekundärstrom des Stromwandlers, δ_U und δ_I die Fehlwinkel des Spannungs- und Stromwandlers, so ist bei einer Phasenverschiebung φ zwischen den Größen U_1 und I_1 die zu messende Leistung

$$N_1 = U_1 \cdot I_1 \cdot \cos\varphi.$$

Der an die Sekundärwicklungen der Wandler angeschlossene Leistungsmesser zeigt

$$N_2 = U_2 \cdot I_2 \cdot \cos(\varphi + \delta_U - \delta_I).$$

Bei der Definition des Spannungs- und Stromfehlers auf S. 14 sind die Sekundärspannung und der Sekundärstrom mit dem Nennwert des Übersetzungsverhältnisses multipliziert; das bedeutet, daß die Fehler auf das Übersetzungsverhältnis 1 : 1 bezogen werden. Nimmt man dies an, so kann man auch den Gesamtfehler der Leistung auf die Übersetzungsverhältnisse 1 : 1 beziehen und erhält dafür

$$F = \frac{N_2 - N_1}{N_1} = \frac{N_2}{N_1} - 1 = \frac{U_2}{U_1} \cdot \frac{I_2}{I_1} \cdot \frac{\cos(\varphi + \delta_U - \delta_I)}{\cos \varphi} - 1 .$$

Nun ist

$$\frac{U_2 - U_1}{U_1} = F_U = \text{Spannungsfehler, also } \frac{U_2}{U_1} = F_U + 1$$

und ebenso

$$\frac{I_2 - I_1}{I_1} = F_I = \text{Stromfehler, also } \frac{I_2}{I_1} = F_I + 1 ,$$

ferner erhält man

$$\frac{\cos(\varphi + \delta_U - \delta_I)}{\cos \varphi} = \cos(\delta_U - \delta_I) - \sin(\delta_U - \delta_I) \cdot \operatorname{tg} \varphi .$$

Setzt man bei der weiteren Ausrechnung $\cos(\delta_U - \delta_I) = 1$; $F_U \cdot F_I = 0$; $\frac{U_2}{U_1} \cdot \frac{I_2}{I_1} = 1 + F_U + F_I$ und $(F_U + F_I) \cdot \sin(\delta_U - \delta_I) \cdot \operatorname{tg} \varphi = 0$, so erhält man schließlich

$$F = F_U + F_I - \sin(\delta_U - \delta_I) \cdot \operatorname{tg} \varphi .$$

Nun ist

$$\sin(\delta_U - \delta_I) = \frac{\pi}{10800} \cdot (\delta_U - \delta_I) = 0{,}000291\,(\delta_U - \delta_I) ,$$

wenn man δ_U und δ_I in Minuten einsetzt.

So erhält man schließlich den Fehler in Prozent, wenn man auch F_U und F_I in Prozent einsetzt und, wie eben gesagt, δ_U und δ_I in Minuten:

$$F = F_U + F_I - 0{,}0291\,(\delta_U - \delta_I) \operatorname{tg} \varphi .$$

Wenn δ_I größer als δ_U ist, kann man auch, wie dies oft geschieht, schreiben:

$$F = F_U + F_I + 0{,}0291\,(\delta_I - \delta_U) \cdot \operatorname{tg} \varphi .$$

Um bequem arbeiten zu können, trägt man sich meist für jeden Meßbereich des Wandlers den Fehler und den Fehlwinkel in Abhängigkeit von den primären Größen auf. Man erhält so eine Kurvenschar für die verschiedenen Bürden der Wandler.

Zahlenbeispiel: $\cos \varphi = 0{,}5$, $\operatorname{tg} \varphi = 1{,}732$.

$$F_U = -0{,}33\%, \qquad \delta_U = +10 \text{ min},$$
$$F_I = +0{,}21\%, \qquad \delta_I = +6 \text{ min},$$
$$\begin{aligned} F &= -0{,}33 + 0{,}21 - 0{,}0291\,(10 - 6) \cdot 1{,}732 \\ &= -0{,}33 + 0{,}21 - 0{,}202 \\ &= -0{,}32\%. \end{aligned}$$

Man sieht daraus, daß sich die Fehler zum Teil gegeneinander aufheben. Dies ist natürlich nicht immer der Fall, sondern hängt von den jeweiligen Eigenschaften der Wandler ab.

g) Hilfseinrichtungen zur Bestimmung der Stromrichtung und der Phasenlage.

α) Drehspul-Meßgerät. Bei Gleichstrom ist man oft im ungewissen, ob man den positiven oder den negativen Leiter vor sich hat. Hat man ein Drehspul-Meßgerät zur Hand, auf dem die Klemmen mit + und — bezeichnet sind, so kann man daran, daß der Ausschlag des Instrumentes positiv oder negativ wird, sehen, ob man die richtige oder falsche Leitung gefaßt hat.

β) Polreagenzpapier. Immer in der Tasche kann man sogenanntes Polreagenzpapier bei sich tragen, das streifenweise geschnittenes, mit Lackmus getränktes Fließpapier ist. Feuchtet man dieses Papier etwas an und bringt man beide Pole der Stromquelle auf seine Oberfläche, so färbt sich infolge der chemischen Zersetzung der Lackmuslösung die Stelle, auf die der positive Pol kommt, rot, diejenige, auf die der negative Pol kommt, blau.

γ) Induktivität, Kapazität oder Widerstand zur Bestimmung der Phasenlage bei Wechselstrom. Zur Bestimmung der Vor- oder Nacheilung eines Wechselstroms gegenüber einem anderen ist die Schaltung nach Abb. 44 sehr einfach herzustellen. Die Stromspule eines Leistungsmessers N wird vom Strom I durchflossen, die Spannungsspule von Strom i. Außer dem Vorwiderstand r schaltet man der Spannungsspule noch eine Spule S mit hoher Windungszahl vor, deren Eigeninduktivität man durch Einschieben eines Eisenkerns vergrößern kann. Durch Einschalten des Schalters k kann man die Spule kurzschließen und die normalen Verhältnisse beim Messen wiederherstellen. Eilt nun der Strom i in der Spannungsspule dem Strom I in der Hauptstromspule vor, wie in Abb. 45a gezeichnet, so wird beim Einschieben des Eisenkerns in die Spule der Strom i nach i' wandern und die angezeigte Leistung wird von N auf N' zunehmen. Es darf dabei natürlich die Größe des Stromes i nicht wesentlich abnehmen. Ist dies zu befürchten, so muß man nicht die Spannung U, sondern den Strom i durch Nachstellen konstant halten. Den Fall, daß die Spannung U und damit der Spannungsstrom i dem Hauptstrom I nacheilt, veranschaulicht Abb. 45b. Hier wird sich der Ausschlag des Leistungsmessers verkleinern, wenn man den Eisenkern in die Spule einschiebt. Je größer die Vor- oder Nacheilung ist, desto deutlicher wird die Änderung des Ausschlages werden.

Verwendet man Leistungsmesser mit getrenntem Vorwiderstand, so kann man einen kleinen Telephonkondensator parallel zur Spannungsspule des Leistungsmessers legen. Wie man sich leicht klarmachen kann, wird beim Parallelschalten des Kondensators der Ausschlag des Leistungsmessers kleiner bei Nacheilung, größer bei Voreilung des Hauptstromes gegenüber der Spannung.

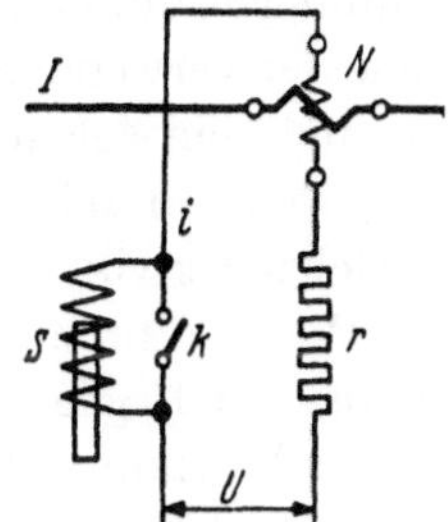

Abb. 44. Eigeninduktivität zur Prüfung der Phasenlage.

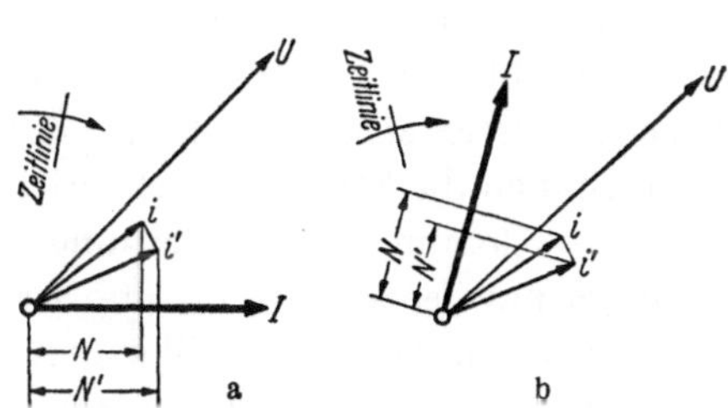

Abb. 45. Diagramme zur Schaltung Abb. 44. *a* induktive Belastung, *b* kapazitive Belastung.

Schließlich soll noch eine Methode erwähnt werden, die jedoch nur dann anwendbar ist, wenn man die Phasenverschiebung zwischen Spannung und Strom durch Phasenschieber oder andere Mittel beliebig einstellen kann. Man verschiebt die Spannung U gegen den Strom I so

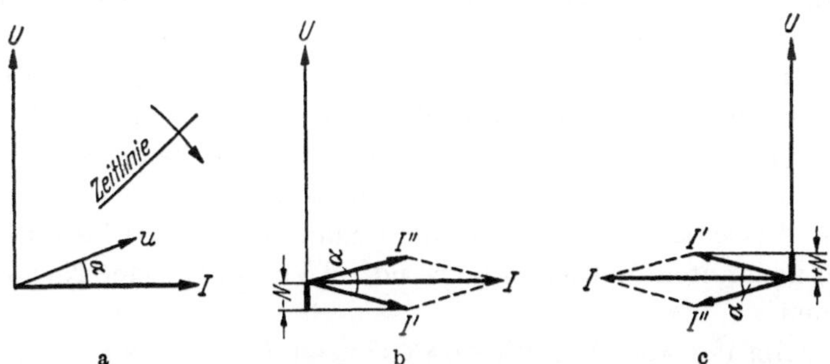

Abb. 46a, b, c. Diagramme fur Nebenwiderstand zur Stromspule.

lange, bis der Leistungsmesser Null zeigt, Abb. 46a. Die Spannung u an der Stromspule eile dem Strom I um α vor. Schaltet man nun einen kleinen Widerstand (z. B. einen Draht) parallel zur Stromspule, so teilt sich der Strom I, dessen Phase erhalten bleibt, in den Strom I' in der Stromspule und den Strom I'' im Widerstand auf. Der Winkel zwischen I' und I'' ist gleich α, weil I'' in Phase mit der Spannung u an der Stromspule sein muß, wie in Abb. 46b dargestellt. Der Leistungsmesser zeigt in unserem Beispiel, wo die Spannung U dem Strom I voreilt (induktive Belastung), einen kleinen negativen Ausschlag. Würde der Strom I der Spannung U voreilen (kapazitive Belastung), so würde der

Leistungsmesser beim Parallelschalten des Widerstandes zur Stromspule einen kleinen positiven Ausschlag zeigen, Abb. 46c.

δ) Polprüfer oder Vektormesser für Wechselstrom. Bei Wechselstrom muß man oft für richtige Ausführung der Schaltungen nicht nur die Phase, sondern auch den Richtungssinn von Strömen oder Spannungen im Vergleich zu anderen feststellen. Besonders häufig kommt dies vor, wenn man die Zähler über Strom- und Spannungswandler an das Netz anschließt. Man kann dazu einen Leistungsmesser verwenden, dessen Anschlußklemmen mit + und — bezeichnet sind; ein solcher Leistungsmesser zeigt nur dann positive Ausschläge, wenn in seinen beiden Spulen die Ströme gleichgerichtet sind und gleichzeitig von der +- zur —-Klemme fließen oder umgekehrt. Auf diese Weise kann man allerdings nur feststellen, ob die Ströme um mehr als $\pm 90^\circ$ gegeneinander verschoben sind. Will man noch wissen, ob die zu bestimmende Spannung gegenüber der Grundspannung vor- oder nacheilt, so muß man noch eine der unter γ) beschriebenen Methoden anwenden.

Da man aber meist den Richtungssinn zweier *Spannungen* gegeneinander feststellen will, so hat man Meßgeräte gebaut, bei denen nicht nur die bewegliche, sondern auch die feste Spule als dünndrähtige Spannungsspule ausgeführt ist, so daß man an beide Spulen die beiden zu vergleichenden Spannungen anschließen kann. Die Weston-Instrument-Co. hat ein Meßgerät entwickelt, das $U_1 \cdot U_2 \cdot \sin\varphi$ anzeigt[1] und als sogenanntes „Synchroskop" für das Parallelschalten von Wechselstromgeneratoren dienen soll. Es läßt sich auch als Polprüfer verwenden. Sind die zu vergleichenden Spannungen gleich- oder gegenphasig, so zeigt das Meßgerät Null an. Sind beide Spannungen in der Phase gegeneinander verschoben, so erhält man positive oder negative Ausschläge. Auch hier kann man nur mit Hilfe einer der unter γ) genannten Methoden einwandfrei Voreilung oder Nacheilung bestimmen.

Der Polprüfer von A. Brückmann[2] zeigt $U_1 \cdot U_2 \cdot \cos\varphi$ an, ist also ein Leistungsmesser mit zwei dünndrähtigen Spulen. Man kann den Richtungssinn deshalb genau so messen, wie mit dem normalen Leistungsmesser. Um aber mit dem Meßgerät ohne Zuhilfenahme einer veränderlichen Induktivität die Phase genau feststellen zu können, ist die feste Spule in zwei Spulen zerlegt; an diese Spulen legt man zwei um 90° gegeneinander versetzte Spannungen U_{1r} und U_{1L}, die man durch Zerlegung der Grundspannung U_1 mittels einer besonderen Schaltung erhält, Abb. 47. Die Spannung U_2, deren Phase zu bestimmen ist, gibt dann nach dem folgenden Schema in den ver-

---

[1] Heinrich, R. O.: ETZ 1912, S. 1147.

[2] ETZ 1916, S. 219.

schiedenen Quadranten positive oder negative Werte, je nachdem man sie mit der Spannung U_{1r} oder U_{1L} zusammenwirken läßt; aus ihnen kann man die gesuchte Lage der Spannung U_2 zur Grundspannung

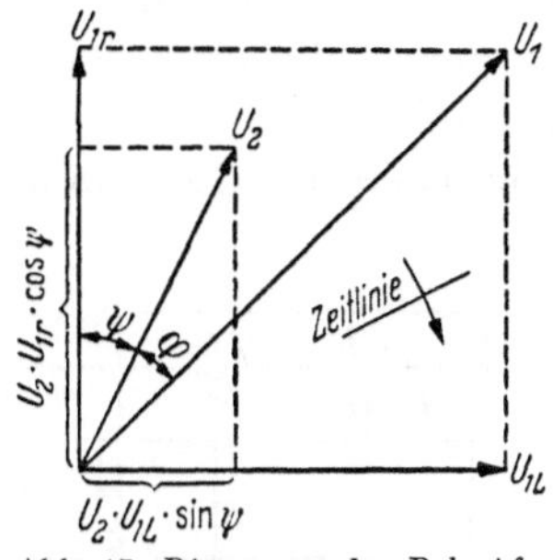

Abb. 47. Diagramm des Polprüfers nach BRUCKMANN.

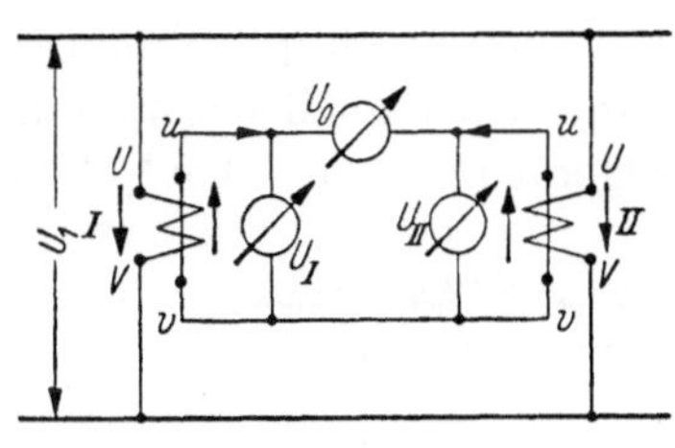

Abb. 48. Prüfschaltung mit Vergleichswandler fur die Anschlüsse eines Spannungswandlers.

U_1 in das Diagramm hineinzeichnen.

	Mit U_{1r}	Mit U_{1L}
1. Quadrant	+	+
2. „	+	—
3. „	—	—
4. „	—	+

ε) Prüfschaltungen für den richtigen Anschluß von Spannungs- und Stromwandlern. Um beim Zusammenschalten von Zählern und Wandlern keine Fehler zu machen, muß man die Richtigkeit der auf den Spannungswandlern angegebenen Bezeichnungen *UV* und *uv* und ebenso bei den Stromwandlern die Bezeichnungen *KL* und *kl* prüfen können. Abb. 48 zeigt eine Schaltung, bei der zwei gleiche Spannungswandler *I* und *II* primär und sekundär parallel geschaltet sind. Einer der beiden Wandler, z. B. *I*, ist der Normalwandler, von dem man weiß, daß er richtig gepolt ist. Ist die Klemmenbezeichnung des zu prüfenden Wandlers *II* richtig, dann muß der Spannungsmesser U_0 Null zeigen. Die Spannungsmesser U_I und U_{II} sind nicht unbedingt erforderlich.

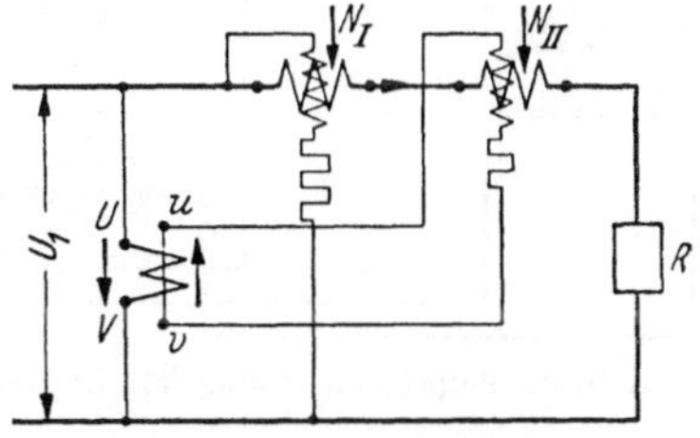

Abb. 49. Prüfschaltung mit Leistungsmesser für die Anschlüsse eines Spannungswandlers.

Hat man keinen Vergleichswandler zur Verfügung, so kann man die richtige Polung durch die in Abb. 49 dargestellte Schaltung mitteis zweier gleicher Leistungsmesser N_I und N_{II} feststellen. Die Stromspulen der Leistungsmesser sind hintereinander geschaltet, die Spannungen sind unter Voraussetzung der richtigen Klemmenspannung gleichsinnig angeschlossen. Dann müssen beide Leistungsmesser positiv anzeigen. Das Verfahren ist nur für Spannungswandler mit kleinen Primärspannungen anwendbar.

Die Abb. 50 und 51 zeigen die entsprechenden Schaltungen für die Prüfung der richtigen Polung von Stromwandlern, die nach dem Vorhergesagten keiner weiteren Erläuterung bedürfen.

Sehr einfach ist auch ein Verfahren, für das SCHERING ein handliches Meßgerät angegeben hat[1], Abb. 52:

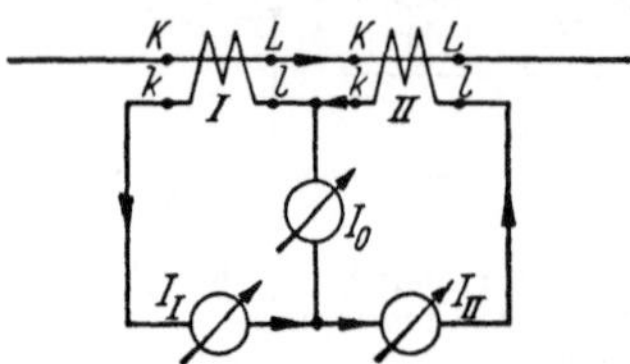

Abb. 50. Prüfschaltung mit Vergleichswandler für die Anschlüsse eines Stromwandlers.

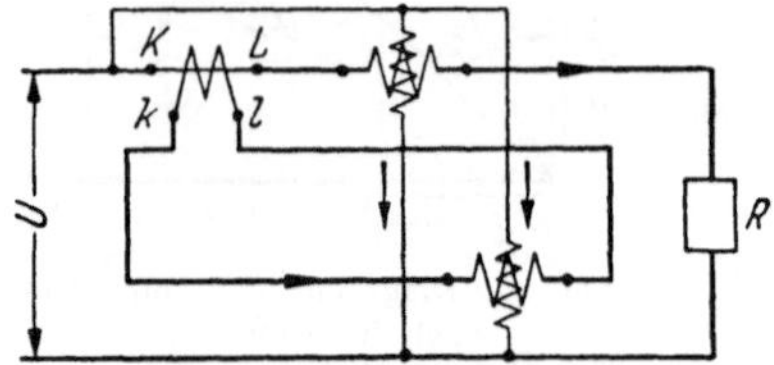

Abb. 51. Prüfschaltung mit Leistungsmesser für die Anschlüsse eines Stromwandlers.

Durch die Niederspannungswicklung u, v eines Spannungswandlers schickt man mit Hilfe einer kleinen Gleichstrombatterie B (Trockenelement) und eines Tasters T einen kurzen Stromstoß, an die Primärwicklung U, V hat man ein Drehspulmeßgerät D angeschlossen; ist der positive Pol der Batterie an u, der positive Pol des Meßgerätes an U angeschlossen, so muß das Instrument einen positiven Ausschlag zeigen. Beim Stromwandler wird man meist die Batterie an die Primärwicklung legen und das Meßgerät an die Sekundärwicklung anschließen.

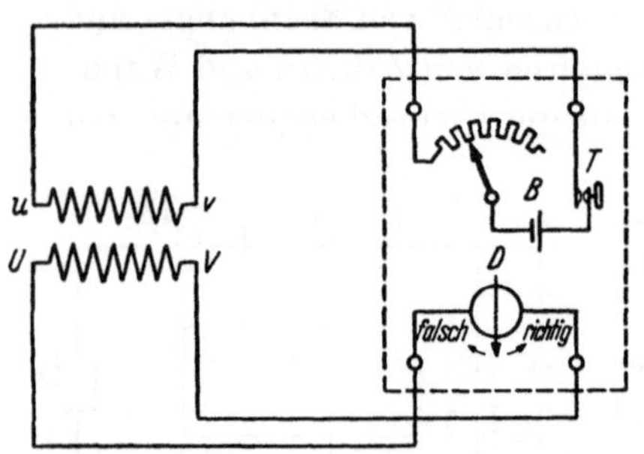

Abb. 52. Polprüfeinrichtung mit Batterie.

ζ) Prüfgerät zum Prüfen des richtigen Anschlusses von Dreileiter-Drehstromzählern über Spannungs- und Stromwandler am Einbauort. Ist ein Vierleiter-Drehstromzähler über Spannungs- und Stromwandler in ein Vierleiternetz eingebaut, so ist es leicht, eine falsche Schaltung am Einbauort festzustellen, weil man die einzelnen Meßwerke getrennt einschalten kann. Beim Anschluß von Dreileiter-Drehstromzählern nach der Zweileistungsmesserschaltung können dagegen bekanntlich viele Fehlschaltungen vorkommen, die man nicht so einfach nachweisen

[1] Elektrotechn. u. Masch.-Bau 1928, S. 218. — Arch. techn. Messen 1931 Z 224—1.

kann[1]. Das in Abb. 53 abgebildete Prüfgerät[2] erleichtert die Auffindung der Fehlschaltungen und ihre Beseitigung, ohne daß man die Zuleitungen am Zähler oder an den Wandlern zu lösen braucht. Man muß nur das Gerät mit den beigegebenen Kabeln an die Zählerklemmen anschließen. Mit den beiden Gleichrichtermeßgeräten *A* und *B* mißt man die Spannung an den Spannungsklemmen und den Spannungsabfall an den Hauptstromklemmen in bestimmter Folge, die man mit den unter den Meßgeräten angebrachten Schaltern einstellt.

Abb 53. Prüfgerät für den Anschluß von Dreileiter-Drehstromzählern an Wandler.

Bei richtigem Anschluß müssen die Meßwerte die in einer dem Gerät beiliegenden Tabelle angegebenen Sollgrößen haben. In der Tabelle sind ferner die Meßwerte eingeschrieben, die man erhält, wenn bestimmte Fehlschaltungen vorliegen. So kann man also aus den Meßwerten erkennen, welche Fehlschaltung vorliegt und kann sie beseitigen. Das Gerät ist für eine Gebrauchsfrequenz, normalerweise für 50 Hz, und für Zähler für eine Nennstromstärke von 5 A und eine Nennspannung bis 200 V geeignet. Man kann aber mit ihm auch Zweileistungsmesserschaltungen bei anderen Nennwerten prüfen.

η) Drehfeldzeiger. Bei Drehstrom kommt außer der Richtung noch der Drehsinn zur eindeutigen Bestimmung für die Anschlüsse in

---

[1] ZIEMENDORFF, H.: ETZ 1924, S. 952.

[2] POLEK, H.: Siemens-Z. Bd. 19 (1939) H. 6, S. 264.

Frage. Ein einfacher Apparat ist der in Abb. 54 abgebildete[1]. Drei Eisenkerne tragen Wicklungen, die an die Spannungen U_R, U_S, U_T des zu messenden Drehstroms angeschlossen werden. Über den drei Eisenkernen kann sich eine Eisen-, Kupfer- oder Aluminiumscheibe, die mit einer Spitze auf einem Steinlager gelagert ist, leicht drehen. Werden die drei Wicklungen erregt, so dreht sich die Scheibe langsam in derselben Richtung, in der die Phasen der Spannungen U_R, U_S, U_T zeitlich aufeinander folgen. Der Drehfeldzeiger ist für Spannungen von 100 bis 500 V bei Frequenzen von 50 bis 500 Hz verwendbar.

Abb. 55 zeigt einen Drehfeldzeiger, der keine drehenden Teile hat[2]; auf seiner Vorderseite sind nur zwei Glimmlampen zu sehen. Die mit

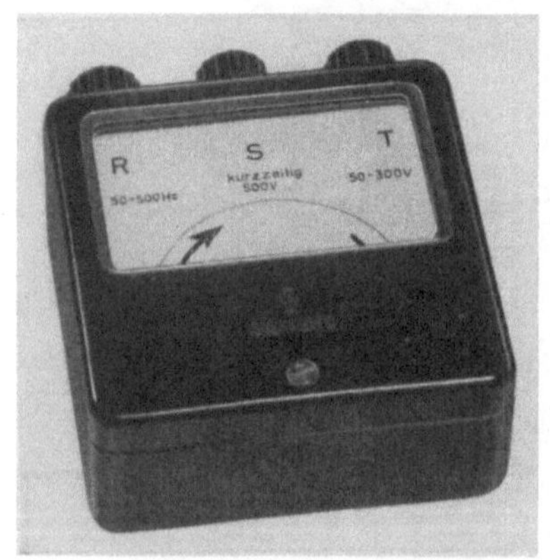

Abb. 54. Drehfeldzeiger als Drehfeldmotor.

Abb. 55. Drehfeldzeiger ohne drehende Teile.

RST bezeichneten Klemmen werden an die drei Leiter des Drehstromnetzes angeschlossen. Ist der Drehsinn richtig, dann leuchtet die eine Lampe auf; ist der Drehsinn verkehrt, die zweite. Abb. 56 zeigt die Innenschaltung; es sind zwei Systeme aus Widerständen und Kondensatoren vorgesehen, von denen eines in Abb. 57 herausgezeichnet ist. Aus dem Diagramm Abb. 58 ergibt sich folgendes: Ist der Vektordrehsinn richtig, also entgegen dem Uhrzeigersinn, so setzt sich die Spannung $U_{RS} = U_R - U_S$ aus den Spannungen $I \cdot R_2$ und $I \cdot \sqrt{R_1^2 + \frac{1}{\omega^2 C_1^2}}$

[1] Frühere Ausführung s. MÖLLINGER: ETZ 1900, S. 601.

[2] HAUFFE, G.: ETZ 1938, S. 1367. — H. RÜBSAAT: ETZ 1938, S. 334. — W. BRAUER: AEG-Mitt., August 1938, H. 8, S. 445. — Ältere Ausführungen: R. SCHMIDT: Elektrotechn. Umschau 1921, H. 12, S. 186. — KARTAK: Electr. Wld., Lond. Bd. 77 (1921) S. 928. — G. W. STUBBINGS: Electr. Rev., Lond. 1928, S. 13. — P. HOCHHÄUSLER: Elektrotechn. u. Masch.-Bau, Wien 1936, S. 605. — ETZ 1937, S. 539.

zusammen. Da $I \cdot \frac{1}{\omega C_1}$ dem Strom I nacheilt, so ergibt sich die gezeichnete Lage für den Punkt K_3. Ebenso setzt sich die Spannung $U_{ST} = U_S - U_T$ aus den Spannungen $I' \cdot R_4$ und $I' \cdot \sqrt{R_3^2 + \frac{1}{\omega^2 C_3^2}}$

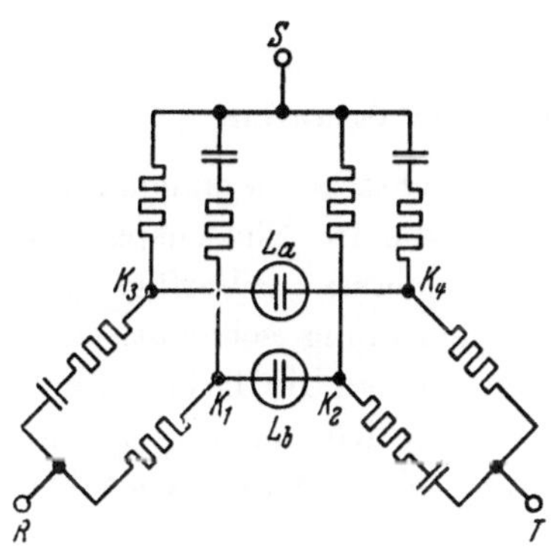

Abb. 56. Innenschaltung des Drehfeldzeigers Abb. 55.

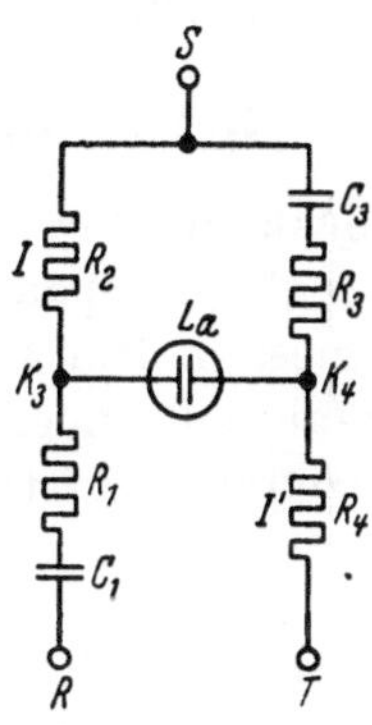

Abb. 57. Äußeres System der Schaltung nach Abb. 56.

zusammen. $I' \cdot \frac{1}{\omega C_3}$ eilt wieder dem Strom I nach, also kommt K_4 in die gezeichnete Lage. Man wählt nun die Größen von R_1, R_2 und C_1 so, daß bei Nennfrequenz die Winkel zwischen U_{RS} und den Teilspannungen $I R_2$ und $I \cdot \sqrt{R_1^2 + \frac{1}{\omega^2 C_1^2}}$, gleich 30° sind, auch macht man $R_3 = R_1$, $R_4 = R_2$, $C_3 = C_1$. Dann fallen bei richtigem Drehsinn die Punkte K_3 und K_4

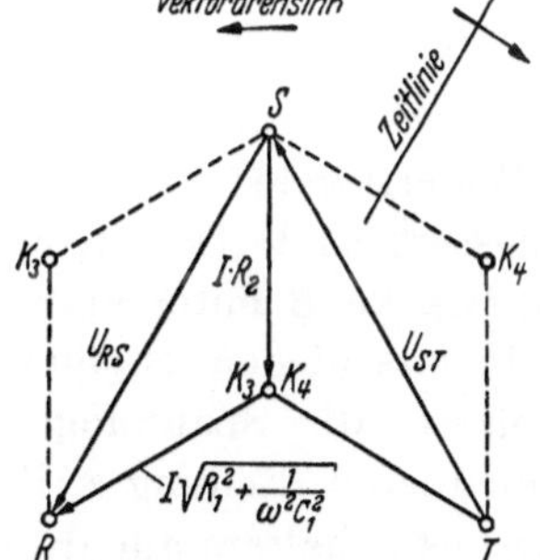

Abb. 58 a. Diagramm für das äußere System Abb. 57.

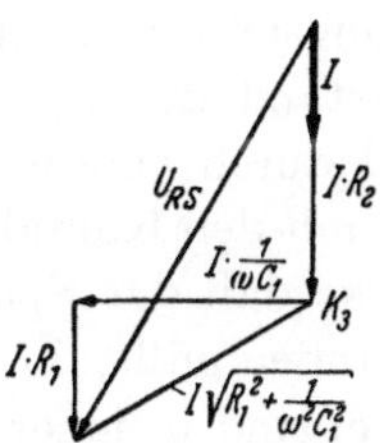

Abb. 58 b. Spannungen U_{RS} und U_{ST} und ihre Teilspannungen.

im Diagramm Abb. 58a zusammen, d. h. zwischen den Punkten K_3 und K_4 in der Schaltung Abb. 57 herrscht keine Spannungsdifferenz die Lampe L_a bleibt dunkel.

Kehrt man nun den Drehsinn um, so wird $I \cdot \frac{1}{\omega C_1}$ um 180° verschoben, die Teilspannungen von U_{RS} und U_{ST} kommen dann in die im Diagramm Abb. 58a durch gestrichelte Linien gekennzeichnete Lage, und zwischen K_3 und K_4 herrscht eine Spannung, die so groß ist wie die Dreieckspannung, die Lampe L_a leuchtet dann hell auf.

Genau umgekehrt liegen die Verhältnisse beim zweiten System. Bei richtigem Drehsinn leuchtet die Lampe L_b auf, bei falschem Drehsinn bleibt sie dunkel.

h) Hilfsschalter zum Sparen von Meßgeräten.

α) Spannungsmesser-Ersatzschalter. Bei Drehstrommessungen muß man drei gleiche Spannungsmesser haben, um die drei Phasenspannungen zu messen. Hat man nur einen Spannungsmesser zur Verfügung, so kann man mit einem Schalter, dessen Anordnung schematisch in Abb. 59 dargestellt ist, die drei Spannungen messen. Die drei Leitungen werden an die Klemmen *a*, *b*, *c* angeschlossen, die mit den Kontakten

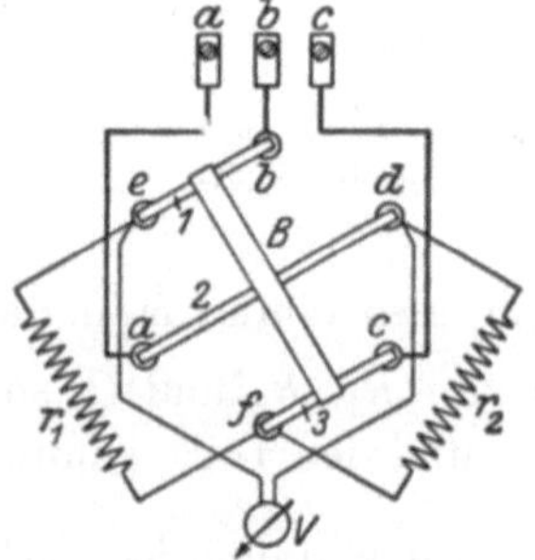

Abb. 59. Spannungsmesser-Ersatzschalter.

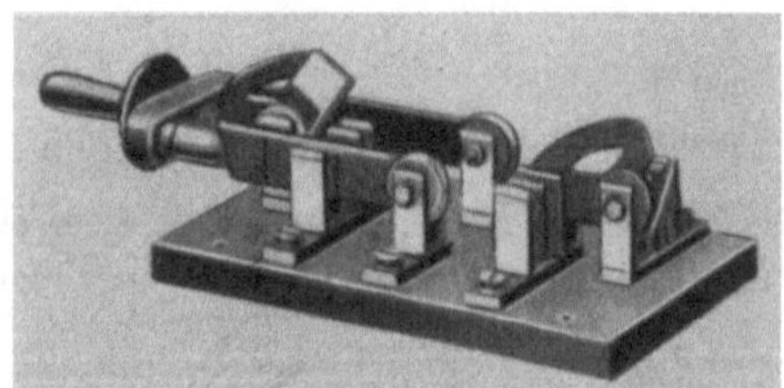

Abb. 60. Leistungsmesser-Umschalter.

a, *b*, *c* verbunden sind. An die Kontakte *d*, *e*, *f* legt man in Dreieckschaltung den Spannungsmesser *V* und die Widerstände r_1 und r_2, die gleich dem Widerstand des Spannungsmessers sind. Drei Kontaktfedern 1, 2, 3 sind durch eine isolierende Brücke *B* miteinander verbunden; diese kann mit den Kontaktfedern in verschiedene Stellungen gebracht werden, so daß der Spannungsmesser die Spannungen *ab*, *bc* und *ca* nacheinander mißt, in der gezeichneten Stellung z. B. die Spannung *ab*. Dabei sind in jeder Stellung des Schalters alle drei Phasen gleich belastet.

β) Leistungsmesser-Umschalter für Messung von Drehstromleistungen nach der Zweileistungsmessermethode. Bei Drehstrommessungen nach der Zweileistungsmesserschaltung (S. 136) kann man mit einem Leistungsmesser auskommen, wenn man den Leistungsmesserumschalter nach Abb. 60 benutzt. An die Schaltmesser legt man die Hauptstromspule des Leistungsmessers, die linken Kontaktfedern schaltet man in die eine Phase, die rechten in die andere ein. In der

Mittelstellung der Schaltmesser sind sowohl die linken als auch die rechten Kontaktfedern durch Kurzschließer geschlossen, die sich erst dann aus den Kontakten entfernen, wenn die Schaltmesser in diese eingreifen und die Hauptstromspule in die entsprechende Leitung einschalten. Ebenso schließt sich der Kurzschließer automatisch, bevor sich die Schaltmesser aus ihren Kontakten entfernen. Beim Umschalten des Leistungsmessers von einer Phase in die andere werden also die Leitungen nicht unterbrochen; auch kann man den Leistungsmesser ohne Störung des Betriebes auswechseln, wenn der Schalter in der Mittellage steht. Bei direkter Belastung durch das Netz kann man die Spannungsspule an das eine Schaltmesser legen und mit der Hauptstromspule umschalten, solange $\cos\varphi < 0{,}5$ ist; bei $\cos\varphi > 0{,}5$ und bei indirekter Belastung (Sparschaltung) muß man einen besonderen Spannungsumschalter vorsehen [1].

2. Geräte zur Bestimmung der Meßzeit.

Die Meßzeit muß bei den Zeit-Leistungs-Verfahren außer der Leistung festgestellt werden, um den Sollwert der Arbeit zu ermitteln. Auch für die Prüfung von Normalzählern mit der Wechselstrom-Gleichstrom-Arbeitswaage braucht man eine genaue Zeitmessung.

a) Normale für die Meßzeit.

Wie man für die Leistungsmessung das Normalelement als Bezugsgröße großer Genauigkeit zur Verfügung haben muß, so braucht man auch für die Meßzeit ein Normal. Einige solcher Normale für die Zeitmessung sind im folgenden angegeben.

α) Astronomische Pendeluhr. Es gibt astronomische Pendeluhren [2], die im Verlauf eines Tages einen Fehler von nur 0,05 s machen, das ist $0{,}58 \cdot 10^{-6}$ oder $0{,}58 \cdot 10^{-4}\%$. Sie haben meist ein Sekundenpendel, dessen Schläge mit einer optisch-elektrischen Einrichtung (Lichtquelle-Spiegel am Pendel-Selenzelle) auf ein Relais übertragen werden, das jede Sekunde einen Kontakt betätigt. Die Temperaturabhängigkeit dieser Uhren ist verschwindend klein, sie müssen nur an einem ruhigen Platz aufgehängt werden.

β) Zeitzeichen des Rundfunks. Das Zeitzeichen des Rundfunks kann mit ziemlicher Sicherheit auf 0,1 s abgehört werden. Die Zeitspanne zwischen zwei Zeitzeichen zu verschiedenen Tageszeiten kann man als Normal für die Meßzeit benutzen.

---

[1] Vgl. auch E. Blamberg: Bull. schweiz. elektrotechn. Verein 1950, S. 452.

[2] z. B. von Riefler, Nesselwang.

γ) Normalfrequenz des Rundfunks. Zu bestimmten Zeiten senden manche Rundfunksender eine Normalfrequenz, beispielsweise 1 kHz. Diese kann man mit einem Oszillographen aufnehmen und damit die Frequenz der später beschriebenen Meßsender, die man mit den gleichen Oszillographen aufnimmt, vergleichen.

b) Stoppuhren.

Grundsätzlich kann man jede Uhr, die man mit Hilfe eines Normales geprüft hat, zur Bestimmung der Meßzeit bei Zählerprüfungen verwenden. Es sollen nur die Stoppuhren beschrieben werden, die sich im Laufe der Zeit bewährt haben.

α) Stoppuhr in Taschenuhrengröße. In der Stoppuhr mit von $^2/_{10}$ zu $^2/_{10}$ Sekunden springendem Zeiger und Nullstellung hat man ein sehr brauchbares Mittel zur Zeitbestimmung mit direkter Ablesung. Oft werden gegen die subjektiven Fehler, die beim Abstoppen sehr leicht vorkommen, Einwände gemacht. Da aber der subjektive Fehler beim Einschalten dem beim Abschalten (Arretieren) gleichen wird, so braucht man nur mit einem Meßfehler von $\pm$ 0,2 Sekunden zu rechnen, wenn mehrere geübte Beobachter die gleiche Messung machen. Da man von der Güte der Uhr sehr abhängig ist, soll man sich nur erstklassige Fabrikate anschaffen. Man muß u. a. darauf achten, daß der Zeiger nicht exzentrisch gelagert ist, da auch kleine Abweichungen von der zentrischen Lage erhebliche Fehler hervorrufen können[1]. Von Uhren mit zwei Arretierzeigern muß außer für Spezialfälle abgeraten werden, da diese immer zu Komplikationen Anlaß geben und oft Reparaturen notwendig machen. Stoppuhren mit drehbarem Zifferblatt sind sehr haltbar, weil bei ihnen die Nullstellvorrichtung für den Zeiger wegfällt. Auf eine genau zentrische Lage der Zeigerachse muß man bei diesen Uhren ebenso acht geben wie bei denen mit Nullstellvorrichtung.

Abb. 61. Präzisionsstoppuhr

Je länger die Meßzeit ist, um so kleiner wird der prozentuale Fehler. Bei einer Meßzeit von 1 min muß man mit einem Fehler von etwa 0,33%, bei 3 min Meßzeit mit 0,11% rechnen.

β) Präzisionsstoppuhr mit großem Zifferblatt. Eine Stoppuhr mit sehr großem Zifferblatt und drei Zeigern, einem Minuten-, einem Sekunden- und einem

[1] WALTER, B.: Z. Instrumentenkunde 1927. S. 583.

kleinen Zeiger, der von $^1/_{10}$ zu $^1/_{10}$ s springt, ist in Abb. 61 abgebildet[1]. Sie ist noch viel im Gebrauch, wird aber heute nicht mehr hergestellt. Die Uhr wird auf den Prüftisch gestellt, die Stoppvorrichtung durch den oben sichtbaren Druckknopf oder durch ein ferngesteuertes Relais betätigt. Der Fehler dieser Stoppuhr ist halb so groß wie der der obengenannten Stoppuhren.

γ) **Stoppuhr mit Synchronmotorantrieb.** Das Gangwerk einer Stoppuhr kann man anstatt mit einem Federmotor auch mit einem Synchronmotor antreiben. Da die Netzfrequenz auch bei sehr gut synchronisierten Netzen meist bis 0,5% schwankt, kann man den Synchronmotor nicht damit betreiben, wenn man genaue Zeitmessungen machen will. Man schließt ihn deshalb an eine Normalfrequenz an, wie im folgenden beschrieben.

c) Röhrensender mit Synchronuhr.

α) **Röhrensender mit Selbsterregung**[2]. Abb. 62 zeigt die grundsätzliche Schaltung eines Röhrensenders mit Synchronuhr. Der Schwingungskreis aus Selbstinduktion L, Kapazität C und Widerstand R liegt an der Anodenspannung der Röhre I. Die induktive Rückkopplung M soll möglichst lose sein. Der Kondensator C_s und der Widerstand R_s haben den Zweck, den Gitterstrom zu stabilisieren. Der

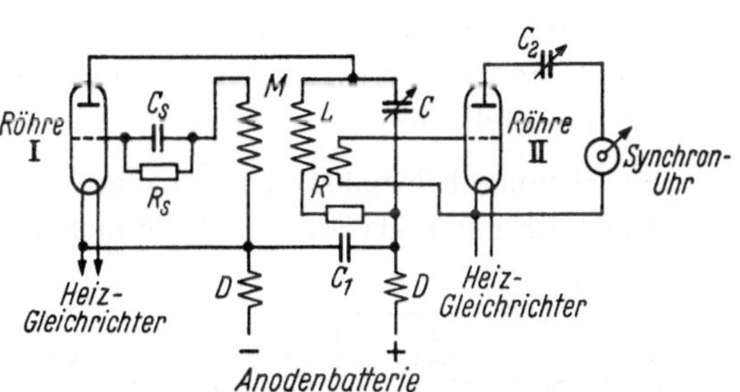

Abb. 62. Röhrensender mit Synchronuhr.

Kondensator C_1, dessen Wechselstromwiderstand klein gegenüber dem Widerstand der Zuleitungen zur Anodenbatterie sein muß, schützt diese gegen den Anodenwechselstrom. Die Drosseln D dienen dem gleichen Zweck durch Vergrößerung des Wechselstromwiderstands der Zuleitungen. Mit dem Schwingungskreis induktiv gekoppelt ist der Verstärkerkreis mit der Röhre II. Die Induktivität der Wicklung der angeschlossenen Synchronuhr (oder mehrerer Uhren) zusammen mit dem Drehkondensator C_2 bilden einen einstellbaren Resonanzkreis. Die Synchronuhr hat eine große Skala mit Zehntelsekundenteilung, der Zeiger macht in 10 Sekunden einen Umlauf. Zwei kleine Zeiger zeigen das 10- und 100fache an. Die Synchronuhr wird mit einem

[1] ATM 154—2, Nov. 1932, H & B-Stoppuhren.

[2] KOHLRAUSCH: Praktische Physik, Leipzig und Berlin: B. G. Teubner, 1944. Bd. II, S. 232ff. Dort auch Literaturangaben.

Druckknopfschalter ein- und ausgeschaltet; sie kann auch als Stoppuhr ausgebildet werden oder mit Hilfe eines ferngesteuerten Relais ein- und ausgeschaltet werden. Der Schwingungskreis ist für 50 Hz dimensioniert, er kann mit dem Drehkondensator C auf den Sollwert eingestellt werden. Alle Teile des Schwingungskreises müssen mechanisch fest und reichlich bemessen sein, damit die Frequenz genügend konstant bleibt. Den Temperatureinfluß kann man dadurch beseitigen, daß man für die Kapazität C einen temperaturabhängigen Kondensator mit einstellbarem Temperaturkoeffizienten (sogen. Trimmer) verwendet. Am besten ist es, den ganzen Sender in einen Thermostaten einzubauen. Gut ausgeführte Sender geben eine sehr konstante Frequenz. Die Abweichung vom Sollwert wird 0,005% nicht überschreiten, sie ist also $^1/_{20}$ der gewöhnlichen Stoppuhr, wenn man mit dieser 3 min lang mißt. Um auf einfache Weise zu jeder Zeit die Konstanz des Senders nachzuprüfen, ist es zweckmäßig, eine Kontrolluhr mit 2 Zeigern aufzustellen. Den einen Zeiger betreibt man mit einem Synchronmotor, der an den Röhrensender angeschlossen ist, den zweiten mit den von einer astronomischen Pendeluhr abgegebenen Stromimpulsen. Bei Gleichlauf beider Zeiger hat man die Gewähr, daß der Sender in Ordnung ist, bei Abweichungen beider Zeigerstellungen stellt man den Sender nach, bis beide Zeiger gleich laufen.

β) Stimmgabelsender. Um größere Konstanz der Frequenz zu erreichen, kann man als Stabilisator eine Stimmgabel benutzen. Für einen solchen Stimmgabelsender kann man z. B. die Schaltung nach Abb. 63 wählen, in der natürlich nur die grundsätzlichen Teile angegeben sind[1]. Die Stimmgabel *St* wird von den beiden Elektromagneten I und II angeregt, wobei I als Steuerglied und II als Rückkopplungsglied arbeitet. C_K ist der Kopplungskondensator für den Anodenkreis der Röhre R. Der Kondensator C_1 sperrt den Gleichstrom von den Magneten I und II ab, um eine zusätzliche Dämpfung der Stimmgabelschwingungen zu vermeiden. Mit der Induktivität L ist der Nutzkreis für die Synchronuhr gekoppelt. Da die Stimmgabel sehr genau abgestimmt werden kann und ihre Schwingungszeit bei Verwendung von geeignetem Material (z. B. Elinvar) von Temperaturänderungen

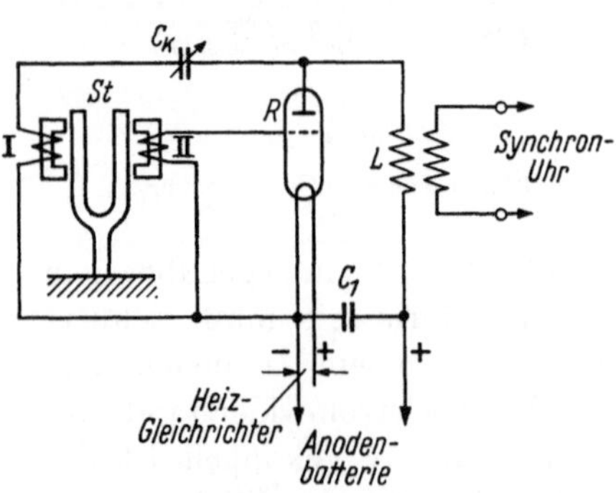

Abb. 63. Stimmgabelsender, induktive Kopplung, mit Synchronuhr.

[1] GRAFFUNDER, W.: Arch. Techn. Messen Z 42—12, 1938.

kaum beeinflußt wird, kann der Frequenzfehler bis auf $2 \cdot 10^{-5}\%$ herabgesetzt werden. Allerdings muß die Stimmgabel auf einer möglichst schweren Basis sicher befestigt sein, sie muß zur Vermeidung der Luftdämpfung in ein luftleeres Gefäß eingeschlossen werden und die Kopplung mit den Magneten muß sehr lose sein, damit die Amplitude der Schwingungen klein bleibt. Durch Verstärker kann man die Leistung auf den Betrag erhöhen, den man zum Betrieb mehrerer Synchronuhren braucht.

Anstatt der Steuerung nach Abb. 63 kann man die Stimmgabel einen Kontakt öffnen und schließen lassen und damit die Gitterspannung der Röhre steuern[1]. Eine solche Schaltung zeigt in grundsätzlicher Art die Abb. 64. Im Anodenkreis der Röhre R liegt der Erregermagnet I, der die eine Zinke der Stimmgabel steuert, während die andere Zinke

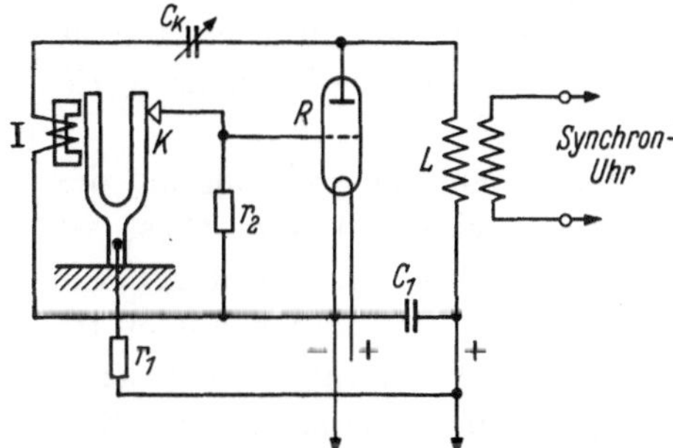

Abb. 64. Stimmgabelsender, Kontaktsteuerung, mit Synchronuhr.

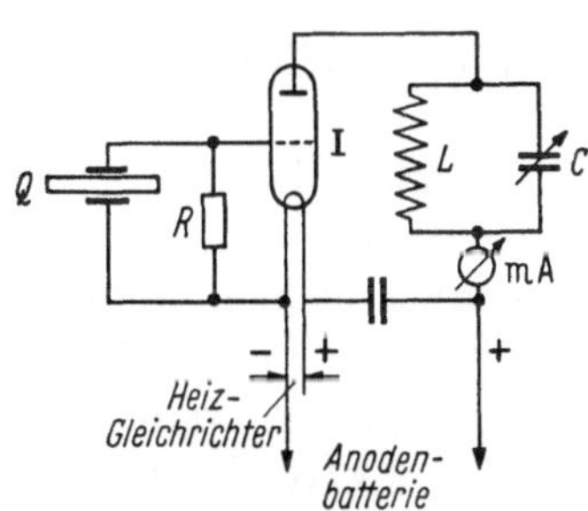

Abb. 65. Quarzgesteuerter Sender mit Synchronuhr.

den Kontakt K öffnet und schließt, wodurch das Gitter abwechselnd positives oder negatives Potential erhält. Die hochohmigen Widerstände r_1 und r_2 dienen zur Strombegrenzung in den entsprechenden Strompfaden. Im übrigen gilt das gleiche wie für den Sender nach Abb. 63. Der kleinste erreichbare Frequenzfehler wird mit $2 \cdot 10^{-4}\%$ angegeben. Eine häufige Nachprüfung wird aber notwendig sein, weil der Kontakt immer gut öffnen und schließen muß, was bei den kleinen Amplituden der Stimmgabel eine große Präzision der Ausführung verlangt.

γ) Quarzgesteuerter Sender[2]. Für sehr genaue Zeitmessungen hat sich in neuerer Zeit der quarzgesteuerte Sender eingeführt. Die Eigenschaft des Piezoquarzes, durch ein Wechselfeld zu elastischen Schwingungen angeregt zu werden, die eine besonders hohe Konstanz zeigen

---

[1] TRITSCHLER, E.: ETZ 1939, S. 1133.

[2] PFLIER, P.: Elektrische Messung mechanischer Größen, Berlin/Göttingen, Heidelberg: Springer 1948, S. 179. — Beschreibung der Kleinquarzuhr von Rohde & Schwarz, München. — W. GRAFFUNDER: s. S. 92.

und von der Temperatur nur sehr wenig beeinflußt werden, machen ihn besonders geeignet zur Steuerung eines Röhrensenders hoher Eigenfrequenz. Die grundsätzliche Schaltung des Senders zeigt Abb. 65. Der Steuerquarz Q liegt zwischen Kathode und Gitter einer Verstärkerröhre I. Der Widerstand R dient dazu, eine zu hohe negative Gitterspannung zu verhüten. Im Anodenkreis der Röhre liegt der Schwingungskreis L, C. Mit dem Strommesser mA beobachtet man nach dem Einschalten die Abnahme des Anodenstromes beim Einregeln des Schwingungskreises mit dem Drehkondensator C. Die Kapazität C soll erheblich unter dem Resonanzwert liegen, damit man im stabilen Gebiet bleibt. Der Quarz wird meist in einen Thermostaten eingebaut, dessen Temperatur auf 50° C konstant gehalten wird, um die größte Frequenzstabilität zu erreichen. Durch einen zum Quarz parallel geschalteten Trimmer (temperaturabhängiger Drehkondensator) kann die Frequenz des Quarzes in gewissen Grenzen verändert werden, um sie auf den Sollwert durch Vergleich mit einer Normalfrequenz abzugleichen.

Der Sender liefert entsprechend der hohen Eigenschwingung des Piezoquarzes eine Frequenz von beispielsweise 100 kHz. Diese ist natürlich nicht für den Betrieb von Synchronuhren zu gebrauchen. Sie muß durch Frequenzteiler in mehreren, z. B. fünf Stufen auf 50 Hz heruntergeteilt werden. Es entstehen so z. B. Teilerstufen für 20 kHz, 5 kHz, 1 kHz, 200 Hz und 50 Hz. An die letzte Teilerstufe wird über einen Verstärker die Synchronuhr angeschlossen. Sie hat drei Zifferblätter mit Sekunden-, Minuten- und Stundenzeiger. Außerdem kann ein Kontakt betätigt werden, der jede Sekunde einmal für eine Dauer von 0,1 s geschlossen wird.

Die Frequenzschwankung eines solchen quarzgesteuerten Senders innerhalb 24 Stunden ist höchstens $1 \cdot 10^{-6}$ oder $1 \cdot 10^{-4}$%. Sein Fehler ist also ebenso klein wie der einer astronomischen Pendeluhr. Da der quarzgesteuerte Sender eine gewisse Anlaufzeit braucht, bis der Thermostat die Temperatur eingeregelt hat, ist es nicht zweckmäßig, den Sender oft ein- und auszuschalten. Man läßt ihn am besten dauernd laufen und vergleicht jeden Tag seine Frequenz mit einer Normalfrequenz des Rundfunks mit Hilfe eines Oszillographen.

3. Prüf- oder Eichzähler.

Wie wir im Kapitel II sahen, kann man den Sollwert der Arbeit anstatt durch Messung der Leistung und der Meßzeit auch mit einem Normalzähler bestimmen. Als Normalzähler kann man grundsätzlich jeden Zähler verwenden, der genau justiert ist und auf dessen Konstanz man sich verlassen kann. Da aber ein solcher Zähler nur einen

Meßbereich hat, kann man ihn praktisch nur zur Prüfung von Zählern gleichen Meßbereichs brauchen. Es sind deshalb Zähler entwickelt worden, die mehrere Meßbereiche haben. Abb. 66 zeigt eine Ausführung

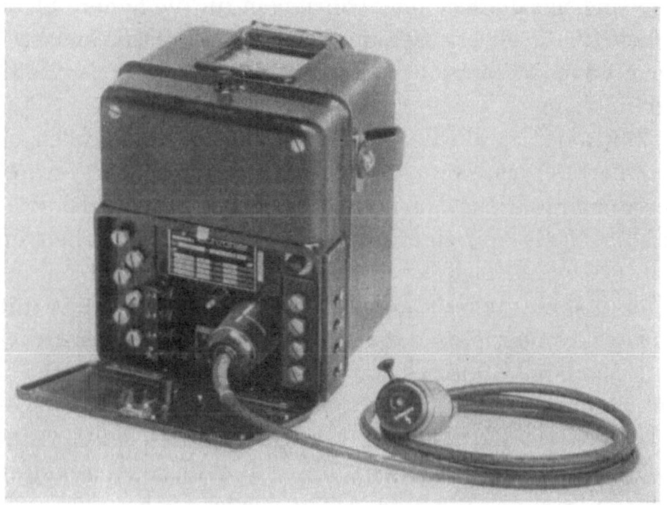

Abb. 66. Universalprüfzähler.

eines solchen Universalprüfzählers. Der Zähler kann sowohl als Drehstromzähler nach Abb. 67 als auch als Einphasenzähler nach Abb. 68 geschaltet werden. Es sind zwei Spannungs- und zwei Strommeß-

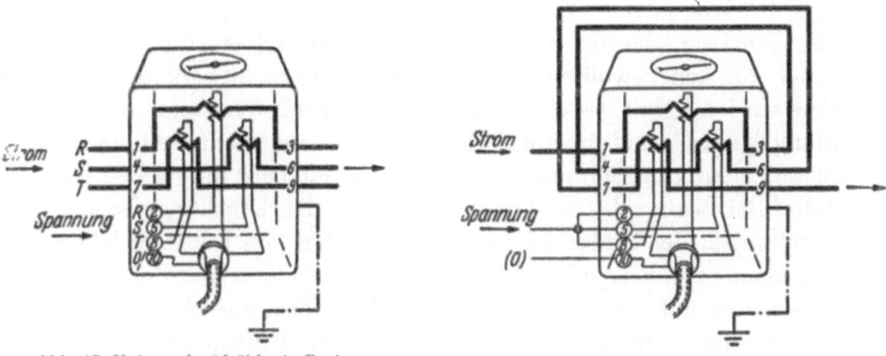

Abb. 67. Universalprüfzähler in Drehstromschaltung.

Abb. 68. Universalprüfzähler in Einphasenschaltung.

bereiche vorgesehen. Die beiden Spannungsmeßbereiche, z. B. 220 oder 380 V, können durch einen Umschalter gewählt werden. Der Hauptstromkreis ist in zwei Meßbereiche, die im Verhältnis 1:2 stehen, geteilt, und zwar für 2,5 und 5 A bis zu 25 und 50 A. Für Anschluß an Meßwandler ist eine Sonderausführung mit 1 und 5 A vorgesehen. Als Wähler für die Hauptstrommeßbereiche ist an der linken Seite des Zählers ein Schieber mit drei Löchern angebracht. Steht der Schieber oben, so sind nur die Klemmenbohrungen für die niedrige, steht er unten, so sind nur die Klemmenbohrungen für die höhere Stromstärke freigegeben. Bei größeren Spannungen und Stromstärken als den genannten, muß man Präzisionswandler zur Erweiterung der Meßbereiche verwenden.

Das Zählwerk ist ein Zeigerzählwerk mit einem großen und zwei kleinen Zifferblättern, deren Angaben in dekadischem Verhältnis zueinander stehen und auf denen man die Umdrehungen des Prüfzählers ablesen kann. Es ist mit einer Nullstellvorrichtung versehen, die durch den oben am Gehäuse sichtbaren Druckknopf von Hand betätigt werden kann. Der Spannungskreis des Zählers wird durch einen mit einem Mehrfachstecker über eine lange Schnur angeschlossenen Druckknopfschalter besonderer Konstruktion ein- und ausgeschaltet. Der Schalter hat vier Stellungen: 0, 1, 2, 3. Stellung 0 ist: Zähler ausgeschaltet und Anker festgestellt; Stellung 1: Zähler ausgeschaltet, Anker frei; Stellung 2: Zähler eingeschaltet; Stellung 3: Zähler ausgeschaltet, Anker noch frei. Bei Stellung 0 ist der Anker wieder festgestellt.

Wenn der in der Abb. 66 unten sichtbare Deckel geschlossen ist, ist der Anker des Zählers festgestellt, so daß während des Transportes keine Beschädigung der Lager möglich ist. Um den Drehsinn des Anschlusses feststellen zu können, ist ein kleiner Drehfeldzeiger eingebaut, der kurzzeitig durch einen Druckknopf eingeschaltet wird und der von oben neben dem Zifferblatt beobachtet werden kann.

Die Prüfung geht so vor sich: Man stellt die Leistung durch einen Leistungsmesser oder durch die Belastung oder durch einen Belastungswandler auf den gewollten Wert ein. Das Zeigerzählwerk des Prüfzählers wird auf Null gestellt. Der Druckknopfschalter steht noch auf Stellung 0, man bringt ihn auf Stellung 1, die Bereitschaftstellung. Die abzuzählenden Umdrehungen des Prüflings hat man inzwischen festgestellt. Bei Beginn des Zählens schaltet man den Druckknopfschalter auf Stellung 2, der Prüfzähler fängt an zu laufen; am Ende der letzten abzuzählenden Ankerumdrehung des Prüflings schaltet man den Druckknopfschalter auf Stellung 3, der Prüfzähler ist ausgeschaltet. Nach einigen Sekunden, die genügen, um den Anker des Prüfzählers auslaufen zu lassen, stellt man den Schalter wieder auf die Ruhestellung 0.

Hat man mit einem Drehstrom-Prüfzähler nach Abb. 66 einen Drehstrom-Dreileiter- oder -Vierleiterzähler geprüft, so berechnet sich dessen Fehler folgendermaßen: Die Angaben A in kWh des Prüflings sind $u_p : C_p$ wenn u_p die gezählten Umdrehungen, C_p die Umdrehungen je kWh sind; der Sollwert S, den der Prüfzähler angibt, ist entsprechend $u_n : C_n$, der Fehler des zu prüfenden Zählers ist F in Prozent $= \frac{A - S}{S} \cdot 100 + F_n$, wenn F_n der Fehler des Prüfzählers in Prozent ist. Also ergibt sich F in Prozent $= \frac{u_p \cdot C_n - u_n \cdot C_p}{u_n \cdot C_p} \cdot 100 + F_n$. Die Fehler F_n des Prüfzählers für verschiedene Belastungen und Meßbereiche muß man in einer Tabelle zusammenstellen, wie man dies auch bei Leistungsmessern tut.

Ein großer Vorzug der Messung mit dem Prüfzähler ist es, daß die Belastung während der Prüfung nicht konstant gehalten werden muß, sondern daß es genügt, den gewollten Wert der Belastung bei Beginn der Prüfung annähernd einzustellen. Für die Messung genügt also ein Beobachter. Da das Meßergebnis unabhängig von Belastungsschwankungen ist, wenn sie sich in den Grenzen der normalen Schwankungen der Netzspannung bewegen, so kann man mit dem Prüfzähler auch Zähler an Ort und Stelle prüfen. Meist benutzt man dabei den Prüfzähler zusammen mit einem Belastungstransformator (s. S. 37) und kann dann den zu prüfenden Zähler bei allen gebräuchlichen Belastungspunkten durchmessen, ohne das Netz selbst als Belastung benutzen zu müssen. Die Genauigkeit der Prüfung mit dem Prüfzähler ist abhängig von dem Meßfehler des Prüfzählers selbst, der mit 0,2 bis 0,3% angenommen werden kann, und von dem subjektiven Fehler, den der Ableser beim Zählen der Umdrehungen des zu prüfenden Zählers macht.

4. Gleichlastprüfzähler und zugehörige Geräte[1].

a) Gleichlastprüfzähler.

Die Prüfung mit Normalzählern hat den Nachteil, daß man bei kleinen Belastungen mit verhältnismäßig großen Fehlern rechnen muß, weil auch bei bester Justierung der Normalzähler die Angaben im unteren Zählbereich nicht so sicher sind wie bei Vollast. Bei dem von HOMMEL[2] angegebenen Gleichlastverfahren wird diese Unsicherheit dadurch beseitigt, daß man den Normalzähler immer mit gleicher Last, und zwar mit seiner Nennlast laufen läßt. Führt man einen solchen „Gleichlastprüfzähler" mit größter Präzision aus und macht man seine Angaben durch eine besondere Schaltung von der Temperatur unabhängig, so kann man den Sollwert der Arbeit mit einer Genauigkeit feststellen, die sehr hohen Anforderungen genügt. Das Verfahren hat sich in der Hauptsache für die Prüfung von Einphasen- und Drehstromzählern eingeführt und bewährt.

---

[1] Ausführliche Beschreibung und Tabellen gibt die Herstellerfirma heraus.
[2] ATM Z 733—4 (früher J 0740—2) Juni 1933.

Die grundsätzliche Schaltung für das Gleichlastverfahren zeigt Abb. 69. Der Prüfling *P* ist in der üblichen Weise an die Strom- und Spannungsquelle in Sparschaltung angeschlossen. Der Strompfad des Gleichlastzählers *N* wird an einen vielstufigen Stromwandler *StrW* angeschlossen, so daß die Stromspulen bei allen vorgesehenen Belastungsstufen immer 5 A führen. Der mehrstufige Spannungswandler *SpW* übersetzt die Spannung des Prüflings auf 120 V für den Spannungspfad des Gleichlastzählers. Der Gleichlastzähler läuft also bei induktionsloser Last immer mit seinem Nennlastdrehmoment und seiner Nenndrehzahl, während der Prüfling bei verschiedenen Belastungen und Drehzahlen läuft. Abb. 70 zeigt eine Ausführung des Gleichlastprüfzählers. Rechts sieht man die Klemmen für den Anschluß des Spannungs- und Stromkreises an die Wandler. Links oben ist der Knopf für die Nullstellung, darunter der für die Arretierung des Ankers. Das in der Mitte sichtbare Zeigerzählwerk hat nur *einen* 45 mm langen Zeiger. Seine Konstante ist $C_n = 600$ Zeigerumdrehungen je kWh. An der Teilung der Skala liest man nicht wie bei anderen Zählern kWh oder Wh ab, sondern direkt den Fehler in %. Es sind zwei Skalen vorgesehen: Die innere schwarze gilt für 6 Umläufe bei einer Meßzeit von 60 s bei Nennlast, man kann an ihr Fehler von -7% bis $+8\%$ ablesen; die äußere rote für 4 Umläufe bei einer Meßzeit von 40 s, man kann an ihr Fehler von -10% bis $+12\%$ ablesen. Bei $\cos\varphi = 0{,}5$ gelten dieselben Skalen, man muß aber doppelt so lange zählen. 0,1% Fehler entspricht bei der ersten Skala 1,3 mm, bei der zweiten Skala 0,9 mm, so daß man also 0,1% Fehler mit großer Sicherheit ablesen kann. Unter der Skala sind zwei Schalter mit Drehknöpfen angeordnet, die dazu dienen, die Konstante des Gleichlastzählers durch eine später zu beschreibende Schaltung den Konstanten der Prüflinge anzupassen. Halb links und halb rechts über diesen Drehknöpfen ist die Feineinstellung für die innere Phasenverschiebung und die Feineinstellung für die Drehzahl des Gleichlastprüfzählers nach Entfernung der plombierten Verschlüsse zugänglich. Zu dem Gleichlastzähler gehört noch ein nicht abgebildeter Handschalter mit Momentschaltung zum Ein- und Ausschalten seines Spannungspfades.

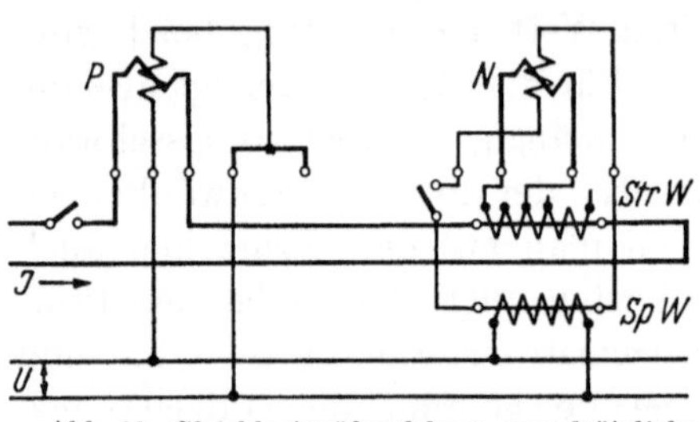

Abb. 69. Gleichlastprüfverfahren, grundsätzliche Schaltung.

Bei der Prüfung mit dem Gleichlastzähler muß man zwei Bedingungen erfüllen: Einmal soll die Zahl der Umdrehungen des Zeigers des Gleichlastzählers 6 oder 4 sein, damit man, wie oben angeführt, die

Prozentskalen benützen kann, weiterhin sollen die Umdrehungen des Prüflings eine ganze Zahl sein, die durch 20 teilbar ist, damit sich bei 5% seiner Nennlast noch eine ganze Zahl von Umdrehungen ergibt. Diese beiden Bedingungen kann man leicht erfüllen, wenn der Prüfling ebenso wie der Gleichlastprüfzähler für 5 A und 120 V ausgeführt ist und z. B. die Konstante 6000 hat. Wählt man für den Prüfling 40 Umdrehungen, so muß der Gleichlastzähler, dessen Konstante 600 ist,

$40 \cdot \frac{600}{6000} = 4$ Umdrehungen

machen. Man kann also die äußere Skala zur Fehlerablesung benutzen.

Abb. 70. Gleichlastprüfzähler.

Nun will man aber mit dem Gleichlastzähler auch Prüflinge mit allen möglichen anderen Konstanten prüfen. Dann muß man die geeigneten Umdrehungszahlen ausrechnen. Wie wir in Kapitel II gesehen haben, gilt für die Umdrehungszahl u_p des Prüflings bei einer bestimmten Belastung $N_p = U_p \cdot J_p \cdot \cos\varphi$:

$$u_p = \frac{1}{3600 \cdot 1000} \cdot C_p \cdot U_p \cdot J_p \cdot \cos\varphi .$$

Dabei sind U_p und J_p die Spannung in V und der Strom in A, $\cos\varphi$ der Leistungsfaktor der Last, C_p die Konstante des Prüflings. Für den Gleichlastprüfzähler gilt entsprechend

$$u_n = \frac{1}{3600 \cdot 1000} \cdot C_n \cdot U_n \cdot J_n \cdot \cos\varphi .$$

Aus beiden Gleichungen folgt $u_p = u_n \cdot \frac{C_p \cdot U_p \cdot J_p}{C_n \cdot U_n \cdot J_n}$

Da beim Gleichlastzähler immer $U_n = 120$ V und $J_n = 5$ A, so kann man auch schreiben:

$$u_p = u_n \cdot \frac{C_p}{C_n} \cdot \frac{U_p \cdot J_p}{600} . \qquad 1)$$

Als Beispiel wollen wir annehmen, daß der Prüfling für $U_p = 240$ V und $J_p = 15$ A, $C_p = 750$ U/kWh gebaut ist. Es wird also

$$u_p = u_n \cdot 7{,}5 .$$

Da $u_n = 6$ oder 4 sein soll, würde man $u_p = 45$ oder 30 wählen müssen.

Beide Zahlen entsprechen aber nicht der Bedingung, daß sie durch 20 teilbar sein sollen. Diese Bedingung kann man nur dadurch erfüllen, daß man die Konstante des Gleichlastzählers ändert. Wählt man z. B. $u_p' = 40$ und $u_n = 6$, so muß die Konstante des Gleichlastzählers C_n' der Gleichung $\frac{u_p}{u_p'} = \frac{C_n'}{C_n}$ entsprechen. Mit $C_n' = \frac{u_p}{u_p'} \cdot C_n = \frac{45}{40} \cdot 600 = 675$ kann man beide obengenannten Bedingungen erfüllen.

Im Gleichlastzähler ist zu diesem Zweck ein Anzapfwandler nach Abb. 71 eingebaut. Der Anzapfwandler liegt an 120 V, an seinen Anzapfungen kann man verschiedene, den neuen Konstanten C_n' entsprechende Spannungen mit einem Schalter für Grobeinstellung und einem für Feineinstellung abnehmen und dem Spannungskreis des Zählers zuleiten.

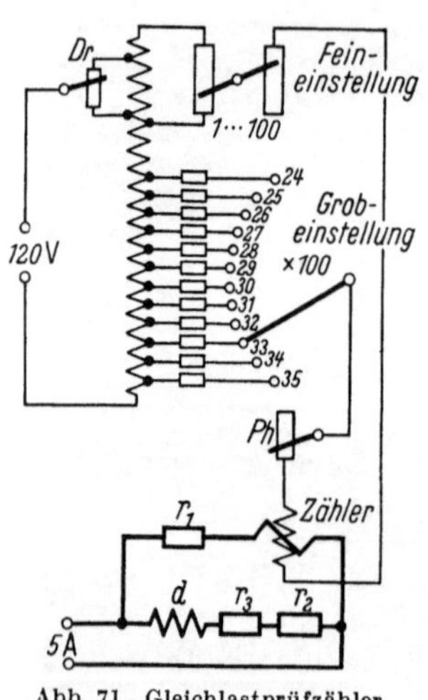

Abb. 71. Gleichlastprüfzähler, innere Schaltung

Auf der Abb. ist weiterhin der Widerstand Dr zur Feineinstellung der Drehzahl und der Widerstand Ph zur Feineinstellung der Phasenverschiebung zu sehen. Ferner sind die Widerstände r_1, r_2, r_3 und die Drossel d im Hauptstromkreis eingezeichnet, die zur Temperaturkompensation des Gleichlastprüfzählers dienen. An den Skalen der Schalter für die Grob- und Feineinstellung, die in Abb. 70 unter dem Zifferblatt zu sehen sind, sind die Einstellwerte D angeschrieben, die dem Fünffachen der Konstanten gleich sind. Sind die Schalter z. B. auf den Wert $D = 3000$ eingestellt, so ist die Konstante des Gleichlastzählers $C_n = 600$; für unser obiges Beispiel, wo $C_n' = 675$ sein soll, muß auf den Wert $D' = 3375$ eingestellt werden. Der linke Schalter für die Grobeinstellung wird auf die Zahl 33, der rechte für die Feineinstellung auf die Zahl 75 gestellt. Allgemein gilt nach der obigen Gleichung 1) für den Einstellwert:

$$D' = \frac{C_p}{120} \cdot \frac{u_n}{u_p'} \cdot U_p \cdot J_p. \quad 2)$$

Um die Rechenarbeit zu sparen, sind dem Gleichlastzähler Tabellen beigegeben, aus denen man D' und u_p' für alle gebräuchlichen Nennspannungen, Nennströme und Konstanten entnehmen kann.

Die Messung selbst ist sehr einfach. Man stellt D' nach den Tabellen mit den beiden Schaltern ein, schaltet den Stromwandler des Gleichlastzählers (*StrW* in Abb. 69) auf den gewollten Belastungswert und legt 120 V an die Spannungsklemmen (*SpW* in Abb. 69). Nach entsprechender Vorwärmung stellt man mit Hilfe der Meßgeräte die gewollte Belastung ein und läßt den Prüfling laufen. Den Spannungskreis des Gleichlastzählers schaltet man zunächst aus und stellt seinen Zeiger auf Null. Mit Hilfe des Handmomentschalters schaltet man den Spannungspfad des Gleichlastzählers beim Nulldurchgang der Scheibe des Prüflings ein und nach den vorher bestimmten Umdrehungen u_p' des Prüflings wieder aus. Dann kann man an der Skala des Gleichlastzählers den Fehler des Prüflings direkt ablesen. Da der Fehler des Gleichlastzählers höchstens $\pm 0,1\%$ ist, kann man den Fehler des Prüflings mit der gleichen Toleranz bestimmen. Durch das Ein- und Ausschalten von Hand kann noch ein persönlicher Fehler hinzukommen. Dieser kann, wie wir später sehen werden, durch Anwendung von selbsttätigen Zähleinrichtungen vermieden werden.

Bei der Justierung von Prüflingen pflegt man ebenso vorzugehen, wie bei der Prüfung. Man muß dann nach der Ablesung des Fehlers an der Fehlerskala des Gleichlastzählers die Einstellmittel des Prüflings verstellen, wieder prüfen usw., bis der Gleichlastzähler den gewünschten Fehler, den der Prüfling entsprechend seiner Fehlerkurve haben soll, anzeigt. Es kann aber auch eine Zusatzeinrichtung zum Gleichlastzähler verwendet werden, die ihm den Fehler gibt, den der Prüfling haben soll. Sie besteht aus einem Anzapfwandler, den man vor den Spannungspfad des Gleichlastzählers schaltet. An einer Skala, die an dem Drehknopf des Schalters für die Anzapfungen angebracht ist, kann man den gewünschten Fehler einstellen. Beim Justieren muß der Prüfling dann so lange neu eingestellt werden, bis der Zeiger der Fehlerskala des Gleichlastzählers den Fehler Null zeigt.

Der Gleichlastprüfzähler kann nur mit der auf Seite 60 beschriebenen Wechselstrom-Gleichstrom-Arbeitswaage mit genügender Sicherheit justiert werden. Alle anderen Methoden sind zu ungenau.

Es sei noch bemerkt, daß man das Gleichlastverfahren auch auf das Zeit-Leistungs-Verfahren mit Leistungsmesser und Stoppuhr bei Gleichlastschaltung des Leistungsmessers anwenden kann. Die Nachteile sind dabei, daß man den Ausschlag des Leistungsmessers konstant halten muß und daß bei größeren Phasenverschiebungen erhebliche Fehler auftreten können.

Für die Prüfung von Gleichstromzählern wendet man das Gleichlastverfahren nicht an, weil man keinen Gleichstrom-Gleichlastzähler bauen kann, sondern für jeden Belastungspunkt einen Normalzähler brauchen würde, der bei seiner Nennlast läuft. Für sehr genaue Gleichstromprüfungen wird man meistens die Leistung mit dem Gleichstromkompensator messen und das Zeit-Leistungs-Verfahren anwenden.

b) Drehstrom-Arbeitswaage.

Drehstromwirkverbrauchszähler können bei gleichseitiger Belastung weder mit dem Zeit-Leistungs- noch mit dem Normalzählerverfahren mit zufriedenstellender Genauigkeit geprüft werden. Beim Zeit-Leistungs-Verfahren muß man die Anzeigen von drei oder zwei Leistungsmessern während der Prüfung konstant halten; man braucht daher umfangreiche Drehstrom-Konstanthaltungseinrichtungen. Beim Normalzählerverfahren mit Drehstrom-Normalzählern sind zwar keine Konstanthaltungseinrichtungen notwendig, aber man braucht ebenso viele Normalzähler wie die zu prüfenden verschiedenartigen Zähler und muß diese Normalzähler oft neu justieren. Es liegt also nahe, an Stelle der Normalzähler Gleichlastzähler zu verwenden, z. B. könnte man mit drei Gleichlastzählern prüfen. Bei ungleicher Belastung muß man aber auch hier umständliche Rechnungen machen oder eine Drehstromkonstanthaltungseinrichtung vorsehen.

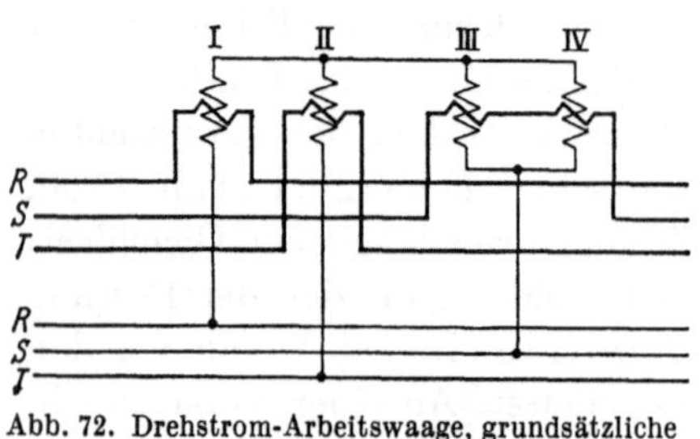

Abb. 72. Drehstrom-Arbeitswaage, grundsätzliche Schaltung.

In der Drehstrom-Arbeitswaage ist nun ein integrierendes Gerät geschaffen worden[1], mit dem man feststellen kann, ob während der Meßzeit die Drehstromarbeit gleich dem Dreifachen der Arbeit ist, die man mit dem Gleichlastzähler in einer Phase zählt. Die Drehstrom-Arbeitswaage hat eine Achse mit zwei übereinander angeordneten Scheiben, die wie eine Zählerachse gelagert ist und sich ohne Dämpfung frei drehen kann. Die Achse trägt einen Zeiger, an dem man von außen ihre Bewegung beobachten kann. Vier gleiche Induktionstriebwerke sind nach dem Schaltplan Abb. 72 so angeordnet, daß die an die Phasen R und T angeschlossenen Triebwerke I und II mit der oberen Scheibe, die an die Phase S angeschlossenen Triebwerke III und IV mit der unteren Scheibe zusammenarbeiten. Die Triebwerke I und II suchen die Achse gegen den Uhrzeigersinn zu drehen, die Triebwerke III und IV im Sinn des Uhrzeigers. Da die Drehmomente den Leistungen N proportional sind, gilt bei Stillstand des auf der Achse sitzenden Zeigers die Beziehung: $2\,N_s - N_R - N_T = 0$. Wenn die Stillstandsbedingung nicht erfüllt ist, bewegt sich der Zeiger im Uhrzeigersinn oder dagegen, und die Drehstrom-Arbeitswaage würde in der Zeit t_1 einen Ausschlag zeigen, der proportional der Arbeit

[1] NÜTZELBERGER, H.: ETZ Bd. 61 (1940), S. 486. — H. NÜTZELBERGER u. G. TAUBER: Siemens-Z. 1954, S. 31.

$$A_z = \int_0^{t_1} N_z dt = \int_0^{t_1} (2N_s - N_R - N_T) \cdot dt$$

wäre. In der gleichen Zeit ist die Drehstromarbeit

$$A = \int_0^{t_1} N \cdot dt = \int_0^{t_1} (N_R + N_s + N_T) \cdot dt.$$

Wenn sich der Zeiger im Uhrzeigersinn bewegt, ergibt sich aus beiden Gleichungen

$$A + A_z = \int_0^{t_1} N \cdot dt + \int_0^{t_1} N_z \cdot dt = 3 \cdot \int_0^{t_1} N_s \cdot dt.$$

Das bedeutet: Wenn man während der Meßzeit t_1 die Abweichung des Zeigers von seiner Anfangslage durch Ändern der Leistungswerte so steuert, daß der Zeiger am Ende der Meßzeit wieder in seine Anfangslage zurückkehrt, wenn man also $\int_0^{t_1} N_z \cdot dt =$ Null macht, so ist die Drehstromarbeit gleich dem dreifachen Betrag der Phasenarbeit $\int_0^{t_1} N_s \cdot dt$. Schließt man den Gleichlastprüfzähler an die Phase S an, so daß er die Arbeit $\int_0^{t_1} N_s \cdot dt$ zählt, so braucht man seine Angaben nur mit 3 zu multiplizieren, um die Drehstromarbeit zu erhalten. Bedingung ist nur, daß am Ende der Meßzeit der Zeiger der Drehstrom-Arbeitswaage nach dem oben Gesagten genau in seine Anfangsstellung zurückgekehrt ist.

Es hätte keinen Sinn, die Arbeit $\int_0^{t_1} N_z \cdot dt$ zu zählen und als Korrekturglied zu gebrauchen, denn dann würde man die Prozentskala der Gleichlastzählers nicht benutzen können.

Da der Ausschlag der Drehstrom-Arbeitswaage, wie wir oben sahen, dem dreifachen Wert der Phasenarbeit entspricht, so ist die Einstellung des Zeigers mit großer Sicherheit zu beobachten. Im Gegensatz zu der Messung mit anzeigenden Meßgeräten, bei denen eingetretene Abweichungen vom Sollwert nicht mehr korrigiert werden können, korrigiert die integrierende Drehstrom-Arbeitswaage alle Abweichungen vom Sollwert gleichsam selbsttätig.

Die Arbeitswaage wird mit drei Gleichlastprüfzählern justiert und geprüft, deren relative Fehler zueinander vorher bestimmt sein müssen.

c) Spannungssymmetrieanzeiger.

Wir haben gesehen, daß man mit nur einem Gleichlastprüfzähler und der Drehstrom-Arbeitswaage Drehstrom-Wirkverbrauchszähler sehr genau prüfen kann. Es ist nun auch wünschenswert, Drehstrom-Blindverbrauchszähler gleichseitig mit dem Gleichlastzähler zu prüfen. Wie wir im Kapitel VIII sehen werden, muß man aber bei der Prüfung von Drehstrom-Blindverbrauchszählern zwei Bedingungen erfüllen. Erstens müssen die Dreieckspannungen gleich groß sein und zweitens müssen bei Verwendung der Sternspannungen die Belastungen der Spannungspfade gegen Null so symmetrisch sein, daß sich der Nullpunkt nicht verschiebt. Die zweite Bedingung kann man durch die Schaltung selbst erfüllen, die erste annähernd durch Messung der Dreieckspannungen mit drei Präzisionsspannungsmessern oder genauer durch komplizierte Konstanthaltungseinrichtungen.

Der Spannungssymmetrieanzeiger[1] vergleicht nun die drei Spannungen miteinander und zeigt Unsymmetrien des Spannungsdreiecks unmittelbar an. Er ist ein integrierendes Gerät und hat daher wie die Drehstromarbeitswaage den Vorteil gegenüber anzeigenden Geräten, daß man während der Meßzeit Unsymmetrien ausgleichen kann, ohne das Meßergebnis zu fälschen.

In dem Gerät, dessen Schaltplan in Abb. 73 gezeichnet ist, sind zwei Systeme A und B nebeneinander angeordnet. Jedes System hat eine in Lagern laufende Achse mit Scheibenanker und einen Zeiger, den man von außen beobachten kann. Von den vier gleichen U^2-Triebwerken I, II, III, IV arbeiten I und II auf die Scheibe des Systems A und III und IV auf die Scheibe des Systems B. Die Bewegung der Scheiben ist nicht gedämpft, so daß sich die Zeiger frei einstellen können. Die Drehmomente der Triebwerke sind folgenden Spannungsprodukten proportional:

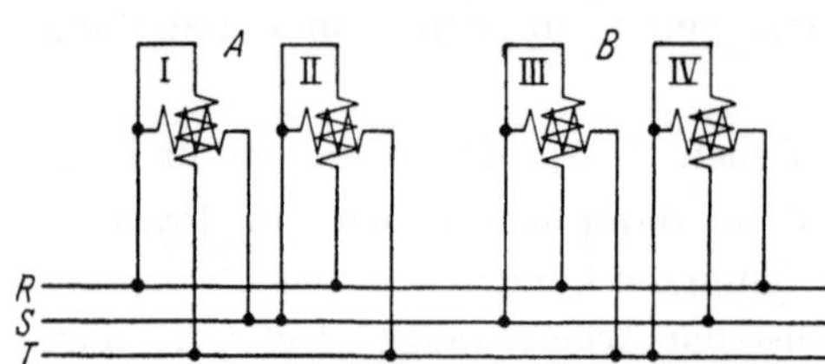

Abb. 73. Spannungs-Symmetrieanzeiger, grundsätzliche Schaltung.

Triebwerk I : $D_1 \sim U_{SR} \cdot U_{TR}$

Triebwerk II : $D_2 \sim U_{ST} \cdot U_{SR}$

Triebwerk III: $D_3 \sim U_{TS} \cdot U_{RS}$

Triebwerk IV : $D_4 \sim U_{TR} \cdot U_{TS}$

Das Drehmoment des Triebwerkes I wirkt gegen II und das des Triebwerkes III gegen IV. Sind die Dreieckspannungen unsymmetrisch, so legt der Zeiger des Systems A während der Zeit t_1 einen Weg zurück proportional

$$s_A \sim \int_0^{t_1} (U_{SR} \cdot U_{TR} - U_{ST} \cdot U_{SR}) \cdot dt = \int_0^{t_1} U_{SR} (U_{TR} - U_{ST}) \cdot dt$$

und der Zeiger des Systems B einen Weg proportional

$$s_B \sim \int_0^{t_1} (U_{TS} \cdot U_{RS} - U_{TR} \cdot U_{TS}) \cdot dt = \int_0^{t_1} U_{TS} (U_{RS} - U_{TR}) \cdot dt.$$

Da $U_{SR} = U_{TR} + U_{ST}$ und $U_{TS} = U_{RS} + U_{TR}$, kann man auch schreiben $s_A \sim \int_0^{t_1} (U_{TR}^2 - U_{ST}^2) \cdot dt$ und $s_B \sim \int_0^{t_1} (U_{RS}^2 - U_{TR}^2) \cdot dt$.

[1] NÜTZELBERGER, H.: ATM J 752—11, Sept. 1943. Dort ist die ältere Ausführung beschrieben.

Wenn beide Zeiger stillstehen, wird $s_A = s_B = 0$. Dann muß $U_{TR} = U_{ST}$ und $U_{RS} = U_{TR}$ sein. Daraus folgt:

$$U_{RS} = U_{ST} = U_{TR}.$$

Da der Spannungssymmetrieanzeiger die *Integrale* der Spannungsquadrate anzeigt, brauchen die Zeiger während der Meßzeit nicht stillzustehen, sondern können nach beiden Drehrichtungen auswandern, nur müssen sie am Anfang und am Ende der Meßzeit an den gleichen Stellen stehen. Die Zeiger setzen sich schon bei Unterschieden von weniger als 0,1% der Spannungen in Bewegung, so daß man das Spannungsdreieck sehr genau konstant halten kann.

Der Spannungssymmetrieanzeiger kann mit drei Gleichlastprüfzählern in U^2-Schaltung justiert und geprüft werden.

VI. Bestimmung des Istwerts der Angaben.

Den Istwert der Angaben liefert der Zähler selbst; in Kapitel II ist ausführlich angegeben, wie der Beobachter die Angaben des Zählers bestimmt. Es ist auch dort darauf hingewiesen, daß insbesondere beim Zählen der Umdrehungen Unsicherheiten durch die persönlichen Eigenschaften des Beobachters auftreten und daß die subjektiven Fehler nur behoben werden können, wenn der Beobachter durch selbsttätige Einrichtungen ersetzt wird. Um zu überblicken, welche Anforderungen an solche Einrichtungen gestellt werden, wollen wir eine Zusammenstellung darüber geben, welche Aufgaben der Beobachter bei den verschiedenen Methoden der Fehlerbestimmung zu erfüllen hat. Wir wollen diese Zusammenstellung aufteilen in Prüfung, d. h. Feststellen des Fehlers des Prüflings, und Justierung, d. h. Einstellen des Fehlers des Prüflings auf einen gewünschten Wert.

1. Prüfung.

a) Bei Langprüfungen (s. S. 16) liest der Beobachter am Anfang und Ende der Messung das Zählwerk des Prüflings zur Bestimmung des Istwerts ab und schaltet beim Beginn der Messung den Normalzähler (z. B. Universalprüfzähler nach S. 95) zur Bestimmung des Sollwertes ein und am Ende der Messung aus.

b) Bei der Kurzprüfung nach dem Zeit-Leistungs-Verfahren (s. S. 18) zählt der Beobachter die Umdrehungen des Prüflings und mißt den Istwert t der während dieser Umdrehungen abgelaufenen Zeit. t braucht man bei der Fehlerbestimmung nach Art 1 zur Berechnung der Sollumdrehungen u_s aus Zählerkonstante, Leistung und Zeit t, bei Art 2 zur Berechnung des Fehlers aus Sollzeit t_s und Istzeit t.

c) Bei Kurzprüfung nach dem Normalzählerverfahren mit dem Gleichlastprüfzähler (s. S. 100) zählt der Beobachter am Prüfling die vorher ausgerechneten Istumdrehungen. Beim Beginn des Zählens schaltet er den Gleichlastzähler ein, beim Ende wieder aus. Die Fehlerskala des Gleichlastzählers zeigt den Fehler direkt an.

d) Bei Kurzprüfungen nach den stroboskopischen Verfahren (s. S. 23) versieht man die Scheibe des Prüflings mit einer Anzahl Marken und der Beobachter bestimmt die Wanderungsgeschwindigkeit der Marken durch Abzählen und Zeitmessung.

2. Justierung.

a) Die Langprüfung benutzt man allgemein nicht zur Justierung, sondern nur zur Prüfung.

b) Beim Zeit-Leistungs-Verfahren mißt der Beobachter genau wie unter 1 b gesagt. Je nach der Größe des festgestellten Fehlers verstellt er die Einstellmittel des Prüflings und wiederholt dies so lange, bis der Prüfling den gewünschten Fehler hat.

c) Benutzt man beim Normalzählerverfahren einen Normalzähler gleicher Type und gleichen Meßbereichs wie der Prüfling, so stellt der Beobachter die Abweichung des Istwerts der Umdrehungen vom Sollwert fest, stellt den Prüfling nach und wiederholt die Messung so lange, bis Normalzähler- und Prüflingsumdrehungen übereinstimmen.

Wird ein Gleichlastprüfzähler als Normalzähler benutzt, so muß der Beobachter den Prüfling so lange einstellen, bis der Gleichlastzähler den gewünschten Fehler anzeigt. Hat der Gleichlastzähler eine Einrichtung, mit der man ihm den gewünschten Fehler geben kann (s. S. 101), so stellt man diesen Wert ein und der Beobachter stellt den Prüfling so lange neu ein, bis der Fehler des Gleichlastzählers Null ist.

d) Bei den stroboskopischen Verfahren müssen dem Beobachter die Marken auf der Scheibe des Prüflings still zu stehen scheinen, wenn Synchronismus zwischen Lichtblitzfrequenz und Markenfrequenz besteht. Die Lichtblitzfrequenz muß dem gewünschten Fehler des Prüflings entsprechen.

Wir sehen aus der Zusammenstellung, daß selbsttätige Vorrichtungen folgende Funktionen haben müssen: Bei den integrierenden Verfahren müssen die Umdrehungen entweder des Prüflings oder des Normalzählers gezählt werden, und am Anfang und Ende der Zählung muß eine Uhr oder ein oder mehrere Zähler ein- und ausgeschaltet werden. Bei den stroboskopischen Verfahren muß ein Impulsgeber vorhanden sein, der auf hohe Impulsfrequenzen eingestellt werden kann; auch ist es wünschenswert, die optische Ablesevorrichtung so zu gestalten, daß der Beobachter den Fehler des Prüflings leicht bestimmen kann. Wir wollen im folgenden Kapitel einige der bekanntesten Einrichtungen beschreiben.

VII. Selbsttätige Einrichtungen zur Bestimmung des Ist- oder Sollwerts der Angaben.

1. Integrierende Verfahren.

Zu einer selbsttätigen Zähleinrichtung für integrierende Verfahren gehört ein Geber, d. h. eine Vorrichtung am Zähler, mit der bei jeder Umdrehung ein Stromimpuls oder viele Stromimpulse ausgelöst werden, ein Verstärker geeigneter Art zur Verstärkung dieser Impulse und ein Empfänger, der die Stromimpulse zählt und die gestellte Aufgabe, z. B. das Ein- und Ausschalten der Uhr oder eines Zählers oder mehrerer Zähler, ausführt.

Es gibt auch Einrichtungen, die die Umdrehungen des Prüflings und die des Normalzählers miteinander vergleichen. Dann müssen beide Zähler als Geber ausgebildet werden.

a) Geber am Zähler.

Früher brachte man an der Achse des Zählers einen Arm an, der bei jeder Umdrehung mechanisch einen Kontakt betätigte. Der Kontakt war z. B. als Öffnungskontakt in einen Stromkreis eingeschaltet[1]. Da der Kontakt nur während eines Bruchteils einer Ankerumdrehung betätigt wird, ist der zusätzliche Reibungsfehler sehr klein. Bei einer anderen Einrichtung war ein Schließungskontakt vorgesehen, der durch einen Nocken am Scheibenrand bei jedem Umlauf auf kurze Zeit geschlossen wurde. Der Strompfad verlief über die Achse zum Scheibenrand unter dem Bremsmagnet in solcher Richtung, daß für die Dauer des Kontakts ein Drehmoment zwecks Kompensation des Reibungsmoments beim Kontaktgeben erzeugt wurde[2]. Auch hat man am Scheibenrand eine Spitze und eine ebensolche am Zählerrahmen isoliert angebracht und beide Spitzen in den Strompfad eines kleinen Transformators für 3 bis 10000 V Sekundärspannung eingeschaltet[3]. Bei jeder Umdrehung wird der Sekundärkreis des Transformators für kurze Zeit durch Funkenüberschlag zwischen den Spitzen geschlossen. Die dabei auftretende Änderung des Primärstroms wird zum Schalten benutzt.

Alle diese Einrichtungen zur Impulsgabe verursachen nur sehr kleine zusätzliche Fehler von 0,1 bis 0,2%; sie haben aber den Nachteil, daß sie sehr gut eingestellt und gewartet werden müssen, wenn sie einwandfrei arbeiten sollen.

---

[1] CALLSEN, A.: Siemens-Z. 1927, S. 79.

[2] ESTEL, F.: ETZ 1920, S. 269.

[3] THOMPSON, G.: Electric World, Lond. 1913, S. 246. — FITCH and HUBER: Bull. Bur. Stand., Wash. 1913, S. 174.

Optisch-elektrische Kontaktgabevorrichtungen haben den Vorteil, daß sie völlig reibungslos arbeiten. Deshalb hat man schon frühzeitig versucht, sie anzuwenden[1]. Aber erst nach Durchbildung der Verstärkertechnik haben sie alle anderen Arten der Kontaktgabe verdrängt[2]. Abb. 74 zeigt die grundsätzliche Anordnung einer optisch-elektrischen Einrichtung, bei der die Helligkeitsänderung beim Vorbeigehen der auf dem Rande der Scheibe angebrachten Zählmarke dazu benutzt wird, einen Stromimpuls auszulösen. Man kann jeden Zähler alter oder neuer Bauart — denn alle haben eine Zählmarke am Scheibenrand — ohne Änderung als Impulsgeber verwenden.

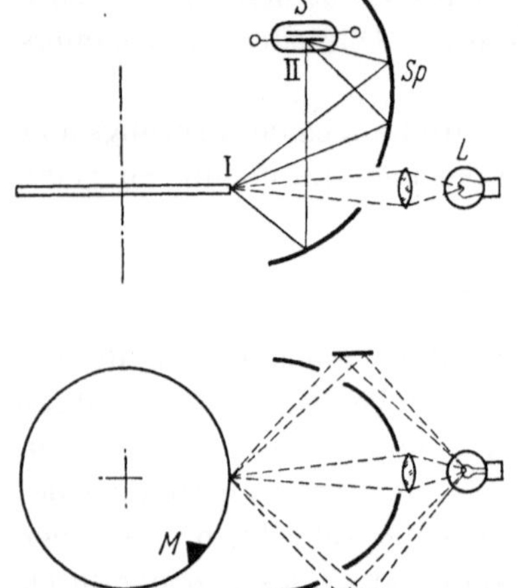

Abb. 74. Optisch-elektrischer Geber, grundsätzliche Anordnung.

Die Lichtquelle L ist hinter einem Ellipsenspiegel Sp angeordnet. Drei Strahlenbündel werden durch Öffnungen des Ellipsenspiegels in dessen einen Brennpunkt I zusammengeführt, das eine über eine Linse, zwei über Spiegel. Im anderen Brennpunkt II ist die Selenzelle S angebracht. Der Spiegel wird nun in die Stellung gebracht, wo der Brennpunkt I mit dem Scheibenrand zusammenfällt. Dies kann man leicht dadurch feststellen, daß die drei Strahlengänge auf dem Scheibenrand zusammenfallen. Nach dieser Einstellung kann die Messung beginnen. Bei jedem Vorbeigehen der Scheibenmarke M am Brennpunkt I wird die Bestrahlung der Selenzelle S geändert. Dabei ändert sich der Widerstand der Selenzelle und der Strom in dem Stromkreis, in den sie eingeschaltet ist. Diese kleine Stromänderung wird durch einen Röhrenverstärker auf den für die Betätigung des Schaltmechanismus notwendigen Wert gebracht.

Andere optisch-elektrische Geber sind bei den später zu beschreibenden stroboskopischen Einrichtungen schematisch angegeben, vor allem solche, die mehrere hundert Impulse je Umdrehung geben.

Als Geber für Stromimpulse kann man natürlich anstatt der Zähler Motoren verwenden, die mit einer konstanten einstellbaren Geschwindigkeit laufen, z. B. Synchronmotoren, die an einen Geber konstanter Frequenz angeschlossen sind.

---

[1] Gewecke und v. Krukowski: ETZ 1918, S. 356.

[2] Nölke, O. E.: Arch. techn. Messen, 1936, Z 733—3.

b) Verstärker.

Als Verstärker wurden früher oft polarisierte Relais, gegebenenfalls in Brückenschaltung verwendet. Heute wird man meistens Röhrenverstärker benutzen, die in vielen Ausführungen geliefert werden. Sie müssen den besonderen Verhältnissen angepaßt sein.

c) Empfänger.

α) Doppelzeitschreiber. Der klassische Empfänger für selbsttätige Zählvorrichtungen ist der Doppelzeitschreiber. Durch einen Feder- oder Elektromotor wird ein schmaler Papierstreifen mit gleichmäßiger Geschwindigkeit an zwei nebeneinander angeordneten Schreibstiften vorbeibewegt. Jeder Schreibstift wird von einem Elektromagnet gesteuert. Der Magnet für den einen Schreibstift liegt in einem Stromkreis in Reihe mit dem Kontakt des Sekundenpendels einer Normaluhr. Jede Sekunde wird der Stromkreis für kurze Zeit geschlossen, der Elektromagnet erregt und der Schreibstift gegen den Papierstreifen gedrückt, auf dem er eine Marke hinterläßt. Der zweite Schreibstift wird auf gleiche Weise durch den Geber des Zählers betätigt, so daß eine zweite Markenreihe neben der Markenreihe für den Sekundenkontakt entsteht. Man muß den Streifen auswerten, indem man die gewünschte Anzahl Umdrehungsmarken abzählt und die dazugehörige Meßzeit nach den Sekundenmarken mißt. Meist werden die Umdrehungsmarken nicht mit den Sekundenmarken zusammenfallen. Man muß dann den Zeitwert schätzen oder mit einer Skala ausmessen[1].

Neuere Doppelzeitschreiber[2] haben Schreibwerke, die mit der Bewegung fortlaufende Farbstriche auf den Papierstreifen schreiben. Beim Ansprechen der Elektromagnete, die wie oben beschrieben geschaltet sind, entstehen Zacken in den Farbstrichen. Die Ablesung ist dadurch sehr erleichtert, so daß man recht genaue Resultate erzielen kann. Da man aber nach Ablauf der Messung noch die Marken zählen und den Fehler ausrechnen muß, zieht man heute andere Geräte als Empfänger vor.

β) Zählrelaiskette. Die Telegraphentechnik hat in den Drehwählern und Relaisketten Einrichtungen geschaffen, die sich als Empfänger zum Zählen der Zählerumdrehungen verwenden lassen. Da Relaisketten fast geräuschlos arbeiten, verdienen sie für unseren Zweck den Vorzug vor den Drehwählern. Wir wollen zunächst das Prinzip der Zählrelaiskette angeben und dann eine praktische Ausführung schematisch darstellen. An eine solche Relaiskette wird man haupt-

---

[1] GEWECKE und v. KRUKOWSKI: s. S. 108.

[2] Arch. techn. Messen 1933, J 154—4.

sächlich zwei Forderungen stellen müssen: 1. Sie soll unabhängig von der Dauer des Zählerkontaktes arbeiten, damit sie bei schnell- und langsamlaufendem Zähler gleich sicher anspricht. 2. Der Einschaltimpuls für die Schaltrelais, die die Prüflinge oder die Uhr ein- und ausschalten, soll nicht über zwischengeschaltete Kontakte geleitet werden, sondern ohne Verzögerung durchgehen, um Fehler durch veränderte Kontaktzeiten zu vermeiden.

An sich wäre eine Zählrelaiskette nach dem Schaltplan Abb. 75[1] denkbar, bei der beispielsweise 60 Relais vorgesehen sind, wenn man bis zu 60 Umdrehungen zählen will. Der Zählerkontakt z gibt bei jeder Umdrehung des Zählers einen Stromimpuls. Damit der Zähler beim Beginn der Zählung schon seine richtige Geschwindigkeit hat, muß ein Vorkontakt i_v vor dem Einschaltkontakt i_0, mit dem die Zählung beginnt, angeordnet sein. Beim ersten durch z gegebenen Impuls wird das Relais J_v erregt und der Vorkontakt i_v geschlossen, mit dem sich das Relais selbst hält. Gleichzeitig wird der Umschaltkontakt i'_v umgelegt und der Strompfad für J_0 vorbereitet. Beim zweiten durch z gegebenen Impuls wird J_0 erregt, schließt seinen Kontakt i_0 und hält sich selbst, der Umschaltkontakt i'_0 bereitet den Strompfad für J_1 vor, der Kontakt i''_0 in der Klinkenreihe schaltet das Einschaltrelais E für die Prüflinge oder die Uhr ein. Nun läuft die Relaiskette in gleicher Weise bei jedem Schließen von z um eine Stufe weiter, bis sie zum Relais J_{44} kommt, dessen zugehörige Klinke 44 gestöpselt ist. Es schließen sich die Kontakte i_{44}, i'_{44} und i''_{44}, wodurch der Stromkreis des Ausschaltrelais A geschlossen wird, das nun die Prüflinge oder die Uhr ausschaltet. Dieser Ausschalter kann auch dazu dienen, die ganze Relaiskette abzuschalten.

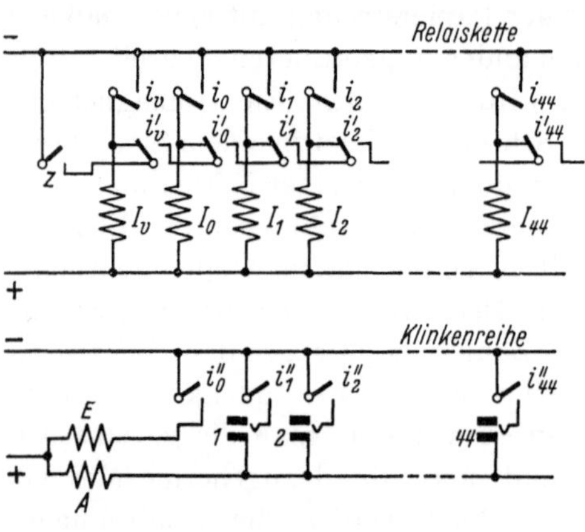

Abb. 75. Zählrelaiskette, grundsätzliche Schaltung.

[1] Der Schaltplan ist nach den Gepflogenheiten der Fernmeldetechnik gezeichnet. Dabei wird nicht auf die räumliche Zugehörigkeit der Kontakte zu ihren Relais Rücksicht genommen, sondern die Kontakte werden so eingezeichnet, wie sie im Schaltplan am günstigsten zu verfolgen sind, ohne daß sich die Linien für die Strompfade zu oft kreuzen. Die Relais werden mit großen Buchstaben, ihre zugehörigen Schalter mit den gleichen kleinen Buchstaben bezeichnet. Alle Schalter werden in der Stellung gezeichnet, die sie bei stromlosem Relais haben.

Eine solche gedachte Relaiskette kann nur dann arbeiten, wenn die Umschaltkontakte i'_v, i'_0, i'_1 ... mit Verzögerung schließen, so daß das Umschalten länger dauert, als die Kontaktdauer des Zählerkontakts z. Und auch dann wäre die Forderung 1, daß die Relais unabhängig von der Kontaktdauer von z arbeiten, nicht erfüllt. Auch die Forderung 2, daß die Impulse von z unverzögert zu den Schaltrelais E und A gelangen, ist nicht erreicht, weil diesen die Kontakte i''_0 und i''_{44} vorgeschaltet sind, deren Ansprechzeit verschieden sein kann.

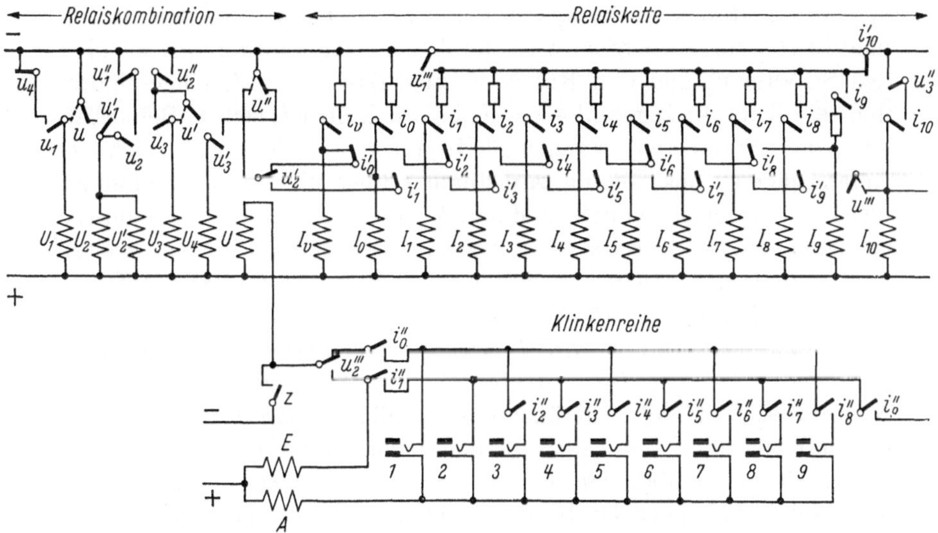

Abb. 76. Zählrelaiskette, Schaltung nach R. Resch.

Man muß also einen Kunstgriff anwenden, um die beiden Forderungen zu erfüllen. Eine entsprechende Schaltung[1] ist im Schaltplan der Abb. 76 dargestellt. Die Relais der Relaiskette werden in ungeradzahlige und geradzahlige aufgeteilt, die abwechselnd durch den Umschalter u'_2 in den Impulsstromkreis gelegt werden. Dadurch können die ungeradzahligen Relais mit ihren entsprechenden Kontakten die Strompfade der geradzahligen für den nächsten Stromimpuls vorbereiten und umgekehrt. Die Stromimpulse können daher verschieden lang sein, ohne daß die Gefahr besteht, daß ein falsches Relais anspricht. Natürlich muß die Impulsdauer mindestens so lang sein wie die Ansprechzeit der Relais. Durch die Schaltung wird auch die zweite Forderung erfüllt, daß jeder Impuls ohne Verzögerung zu jedem Relais kommt.

Um den Umschalter u'_2 in der richtigen Folge zu betätigen, ist nun eine Relaiskombination vorgesehen, die aus den fünf Relais U, U_1, U_2,

[1] Resch, R.: DRP 847984 vom 28. 8. 52.

U_3, U_4 mit ihren Kontakten besteht; sie arbeiten folgenderweise: Das Relais U spricht auf jeden durch den Zählerkontakt z gegebenen Impuls an und fällt nach Verschwinden des Impulses ab. Seine Umschalt- und Einschaltkontakte u, u', u'', u''' gehen also bei jedem Impuls in die gestrichelte Lage und kehren nach Verschwinden des Impulses in die stark gezeichnete Lage zurück. Dieses Spiel wiederholt sich bei jeder Umdrehung des Zählers.

Beim ersten Impuls durch U wird über den Umschaltkontakt u das Relais U_1 erregt, alle Kontakte u_1 werden geschaltet. U_1 hält sich über u_1 und den Ruhekontakt u_4 selbst und bereitet durch u_1' den Strompfad für U_2 vor. Außerdem wird durch den Umschaltkontakt u'' über den Schalter u_2' und den Ruhekontakt i_0' das Relais J_v eingeschaltet und sein Kontakt i_v geschlossen; J_v hält sich über i_v selbst. Beim Aufhören des ersten Impulses gehen alle Kontakte u in die stark gezeichnete Anfangslage zurück. Damit wird durch u über u_1', der ja geschlossen bleibt, U_2 erregt, u_2 schließt und hält U_2 über u_1'', der auch geschlossen geblieben ist. u_2'' bereitet den Strompfad für U_3 für den zweiten Stromimpuls vor. Auch u_2' schaltet um und bereitet über den Ruhekontakt i_1' den Strompfad für J_0 vor, ebenso u_2''' den für E.

Beim zweiten Impuls wird U wieder erregt und alle u gehen in die gestrichelte Stellung, U_3 wird über u_2'' und u' erregt, schließt seinen Kontakt u_3 und hält sich über diesen selbst. Außerdem schließt es seinen Kontakt u_3', mit dem es den Strompfad für U_4 vorbereitet. Gleichzeitig geht über den nun unten liegenden Umschaltkontakt u_2' der Stromimpuls über den Ruhekontakt i_1' zu J_0, das seinen Kontakt i_0 schließt und sich selbst hält. Außerdem geht der durch den Zählerkontakt z ausgelöste Impuls über den nun unten liegenden Umschaltkontakt u_2''', der links neben der Klinkenreihe eingezeichnet ist, nach dem Einschaltrelais E direkt, ohne Zwischenschaltung von anderen Relais. Die Uhr oder die Prüflinge beginnen zu laufen. Beim Verschwinden des zweiten Stromimpulses gehen alle u wieder in die stark gezeichnete Lage zurück. Damit wird U_4 über u'', u_3' erregt und öffnet seinen Ruhekontakt u_4. Damit fallen alle Relais U_1, U_2, U_3, U_4 der Reihe nach ab und die Relaiskombination ist wieder in der Anfangsstellung. Die Schaltvorgänge wiederholen sich nun genau:

Beim dritten Impuls wird J_1 erregt, beim vierten J_2 usw., bis das Relais J_{10} beim zwölften Impuls, d. h. beim zehnten Impuls seit Beginn der eigentlichen Messung, seinen Ruhekontakt i_{10}' öffnet und das Abwerfen der Relaiskette J_1 bis J_9 vorbereitet. Beim Aufhören des zehnten Meßimpulses (des zwölften der gesamten Impulse) wird der Schalter u_1''' geöffnet und die Relaiskette abgeworfen. J_{10} wird schließlich abgeworfen, wenn sich u_3'' nach Abfallen des Relais U_3 öffnet.

J_v und J_0 bleiben natürlich eingeschaltet, so daß beim neuen Durchlaufen der Kette J_1 beginnt.

Will man mehr als zehn Umdrehungen zählen, z. B. bis zu 60 Umdrehungen, so kann man 60 einzelne Relais J_1 bis J_{60} anordnen. Man wählt aber besser ein Dekadensystem, weil man dann mit wenigen Relais viele Umdrehungen zählen kann. Zum Beispiel kann man mit drei Dekaden bis zu 999 Umdrehungen zählen. Die zweite und dritte Dekade brauchen natürlich nicht die Relais J_v und J_0, sondern nur die Relais J_1 bis J_{10}. Aber die Relaiskombination U_1 bis U_4 ist in jeder Dekade nötig, um die Relais J in ungeradzahlige und geradzahlige aufzuteilen. Für die Übergabe des zehnten Kontaktes der ersten Dekade auf das erste Relais J_1 der zweiten Dekade ist ein vom Relais U der ersten Dekade betätigter Kontakt u''' notwendig, der über den Vorbereitungskontakt i_9' den zehnten Impuls auf den Umschaltkontakt u_2' der zweiten Dekade weitergibt.

Zu dem unter der Relaiskette gezeichneten Schaltplan der Klinkenreihe seien noch einige Erläuterungen gegeben.

Der von Relais U_2 gesteuerte Umschaltkontakt u_2''' teilt, wie der Umschaltkontakt u_2' der Relaiskette, die Klinkenkontakte i_2'' bis i_9'' in ungeradzahlige und geradzahlige auf und bereitet so den direkten Weg über die Klinke zum Ausschaltrelais A für den Stromimpuls vor. Die Kontakte i_0'' und i_1'' der Relais J_0 und J_1 sollen den Vorimpuls und den Nullimpuls von der Klinkenreihe fernhalten. Wir hatten oben gesehen, wie der Nullimpuls das Einschaltrelais E erreicht, womit die Messung beginnt. Wir wollen zunächst annehmen, daß die Messung nach dem Zählen von acht Impulsen beendet werden soll. Wir haben die Klinke 8 gestöpselt. Durch den Impuls 7 hat J_7 angesprochen und den Kontakt i_7'' geschlossen. Beim Aufhören des siebenten Impulses ist ferner u_2''' nach unten gelegt worden (i_0'' und i_1'' bleiben bis zum Durchlauf der Kette geschlossen). Der achte, von z gegebene Impuls kann also ohne Zwischenschaltung eines anderen Kontakts zum Ausschaltrelais A für die Uhr oder die Prüflinge durchgehen. Die Forderung 2 ist somit für das Ausschaltrelais ebenso erfüllt wie das Einschaltrelais.

Nicht so einfach ist es, die Klinkenreihen der Dekadenschaltung der Relaiskette anzupassen. Denn die Dekaden der Klinkenreihe müssen in ein gegenseitiges Abhängigkeitsverhältnis gebracht werden, weil die zweite Dekade erst ansprechen darf, wenn die dritte angesprochen hat, und die erste Dekade erst ansprechen darf, wenn die zweite angesprochen hat. Der Stromimpuls, der das Ausschaltrelais betätigt, muß so ausgesondert werden, daß die ankommenden Impulse gezählt und dabei dekadisch getrennt werden. Dabei muß man natürlich von der höheren Dekade zur niederen fortschreiten. Dies ist nur durch eine Anzahl zusätzlicher Relais möglich, die diese Ausscheidung selbsttätig vornehmen. Von einer Beschreibung dieser Anordnung wollen wir absehen.

Die Relaiskette ist wohl die Einrichtung, mit der man am genauesten die Umdrehungen zählen kann. Ihr Zeitfehler ist sehr gering, weil nur der Unterschied der Einschaltzeiten des Einschaltrelais E und des Ausschaltrelais A in Frage kommt. Außerdem hat sie den Vorzug, daß sie sofort nach dem Ende der Zählung für die nächste bereit ist und fast lautlos arbeitet.

Bildet man sowohl den Normalzähler als auch den Prüfling als Geberzähler aus und ordnet man jedem der beiden Zähler eine Zählrelaiskette zu, so kann man aus der Differenz der Angaben der beiden Zählrelaisketten direkt den Fehler bestimmen.

Da man aber infolge der mechanischen Trägheit der Relais nur bis zu 3 bis 5 Impulse je Sekunde zählen kann, so kann man die Meßzeit gegenüber den üblichen Verfahren nicht wesentlich abkürzen. Will man dies erreichen, so muß man elektronische Zählröhren verwenden.

γ **Elektronische Zählröhrenkette.** Der Aufbau und die Wirkungsweise der elektronischen Zählröhre ist in Veröffentlichungen[1] ausführlich beschrieben. Wir wollen hier nur ihre Verwendungsweise für das Zählen der Ankerumdrehungen behandeln. Voraussetzung für das richtige Arbeiten der Zählröhre ist, daß der Steuerimpuls eine bestimmte Form hat; deshalb ist ein Impulsumformer vor die Röhre zu schalten. Bei jedem Impuls rückt der Elektronenstrahl um einen bestimmten Weg weiter und bleibt bis zum nächsten Impuls stehen. Die Haltepunkte sind mit den Ziffern 0 bis 9 bezeichnet. Will man mehr als 10 Impulse zählen, so kann man mehrere Röhren in Dekadenschaltung schalten, wobei beim zehnten Impuls jeder Röhre die erste Zahl der zweiten Röhre eingeschaltet wird und die erste Röhre auf Null zurückgeht usw. Eine solche Anordnung hat ein Auflösungsvermögen von 10000 Impulsen in der Sekunde und mehr. Die Umdrehungen von Zählern kann man daher praktisch trägheitslos zählen.

Bei einer Dekadenschaltung mit vier Zählröhren kommt man bis zu 9999 Impulsen. Beispielsweise ordnet man sowohl dem Normalzähler als auch dem Prüfling je eine Zählkette zu. Beide Zähler mögen von der gleichen Type sein und den gleichen Meßbereich haben; sie seien beide als Impulsgeber ausgebildet, die 400 Impulse je Umdrehung geben. Man läßt beide Zähler laufen und schaltet ihre Impulsstromkreise zu gleicher Zeit ein und aus. Bei drei vollen Umdrehungen gibt der Normal-

---

[1] Technische Informationen der Elektrospezial G. m. b. H., Hamburg, Nr. 120253 und 121053.

zähler dann 1200 Impulse auf seine Zählröhrenkette, der Prüfling gibt eine abweichende Zahl, z. B. 1206. Der Fehler des Prüflings ist $\frac{1206-1200}{1200} \cdot 100 = +0{,}5\%$. Wenn man auch möglichst ganze Umdrehungen zählen soll, um den Einfluß von Ungleichheiten der Winkelgeschwindigkeit des Läufers während einer Umdrehung auszuschließen, so braucht doch der Normalzähler nicht nach genau drei Umdrehungen abgeschaltet zu werden. Zeigt z. B. seine Zählröhrenkette die Ziffer 1245, die des Prüflings 1251, so ist der Fehler wieder $+0{,}5\%$. Die Unsicherheit der Ablesung ist kleiner als $\pm 1^0/_{00}$, weil ja die Ablesung nur um einen Impuls falsch sein kann. Bei Nennlast kann man den Fehler innerhalb einer Meßzeit von einigen Sekunden, bei $^1/_{20}$ der Nennlast in einigen Minuten mit einer Toleranz von $\pm 1^0/_{00}$ feststellen.

Will man mit einer vorgegebenen Zahl von Umdrehungen arbeiten, so kann man nach folgender Methode verfahren: Dem Normalzähler ordnet man eine Zählrelaiskette zu, wie sie oben beschrieben wurde, dem Prüfling eine Zählröhrenkette. Die Relaiskette erhält bei jeder Umdrehung des Normalzählers einen Impuls, der Prüfling gibt 400 Impulse je Umdrehung auf die Zählröhrenkette. Die Relaiskette des Normalzählers schaltet mit ihrem „Ein“- und „Aus“-Relais den Stromkreis für den Impulsgeber des Prüflings ein und aus, z. B. für drei Umdrehungen des Normalzählers. Beide Zähler müssen natürlich vor Beginn der Messung laufen. Die Zählröhrenkette des Prüflings zeige nach der Messung 1209. Dann ist der Fehler $\frac{\frac{1209}{400}-3}{3} \cdot 100 = +0{,}75\%$. Voraussetzung ist, daß das Ein- und Ausrelais der mechanischen Relaiskette genau die gleiche Verzögerung haben. Ist dies mit einem mechanischen Relais nicht zu erreichen, so muß man ein elektronisch arbeitendes Schaltglied verwenden[1].

Zählröhrenketten können auch mit Vorwählung eingerichtet werden. Die Dekaden müssen dann durch Potentiometer so eingestellt werden, daß die Einstellziffer die Komplementärzahl der zu zählenden Ziffer ist[1]. Will man z. B. bei vier Dekaden nach dem 1200sten Impuls einen Schaltvorgang auslösen, so müssen die Dekaden vor Beginn der Zählung auf 8800 eingestellt werden. Die Zählung beginnt dann bei 8800, nach 1200 Impulsen, also bei der Dekadenstellung 10000, wird der Schaltvorgang ausgelöst. Danach ist die Zählkette wieder in der Bereitschaftstellung für 1200 Impulse. Eine solche Zählkette kann man in gleicher Weise, wie oben gezeigt, dem Normalzähler zuordnen und mit ihr den Impulsstromkreis für den Prüfling trägheitslos abschalten.

---

[1] „Information“ 121053.

Will man mehrere Prüflinge zu gleicher Zeit prüfen, so muß jeder Prüfling als Impulsgeber ausgeführt sein und jeder muß eine gesonderte Zählröhrenkette schalten.

δ) Schrittschaltwerk[1]. Ein Schrittschaltwerk besteht aus einem gezahnten Rad, das von einer durch ein Relais gesteuerten Klinke bei jedesmaliger Erregung des Relais um einen Zahn vorwärts geschaltet wird. Das Relais wird durch die vom Geberzähler ausgesandten Stromimpulse erregt. Das gezahnte Rad oder ein von ihm durch eine Übersetzung angetriebenes Rad hat einen festen Stift, der beim Beginn der Messung direkt oder unter Zwischenschaltung eines Relais die Uhr oder die Prüflinge einschaltet, und einen auf die gewünschte Umdrehungszahl einstellbaren Stift, der den Ausschaltbefehl gibt. Natürlich muß ebenso wie bei der Relaiskette dafür gesorgt werden, daß erst dann eingeschaltet wird, wenn der Zähler seine richtige Winkelgeschwindigkeit hat. Man stellt das Klinkenrad deshalb vor Beginn der Messung so ein, daß die Klinke einige Zähne vor dem Zahn steht, der dem Einschaltstift zugeordnet ist. Dann schaltet man den Geberzähler ein, der nun erst nach einigen Umdrehungen den Einschaltbefehl bewirkt.

Will man sehr viele Umdrehungen zählen, so kann man eine Dekadenschaltung machen, indem das Klinkenrad mehrere Räder mit Übersetzung 1:10 antreibt. Jedes Rad erhält einen Ausschaltstift, der auf die gewünschte Zahl eingestellt wird, und einen zugehörigen Schließungskontakt. Alle Kontakte werden hintereinander geschaltet, so daß der Stromkreis für den Ausschalter erst dann geschlossen wird, wenn alle Kontakte eingeschaltet sind.

Beim Zeit-Leistungs-Verfahren wird das Schrittschaltwerk von den Impulsen des Prüflings angetrieben und die Uhr vom Einschaltstift eingeschaltet und nach Ablauf der eingestellten Umdrehungen von dem Ausschaltstift ausgeschaltet. Beim Normalzählerverfahren wird das Schrittschaltwerk von den Impulsen des Normalzählers angetrieben und die Prüflinge werden vom Einschaltstift ein und vom Ausschaltstift ausgeschaltet. Ihren Fehler stellt man durch Ablesen der Abweichung der Marken von ihrer Nullstellung fest.

Die Messung mit dem Schrittschaltwerk ist viel ungenauer als mit der Relaiskette, denn die Schaltvorgänge sind mehr oder weniger zeitabhängig und können nur bei sehr sorgfältiger Ausführung der Schaltorgane befriedigend sein. Nach dem Ende der Messung steht das Schrittschaltwerk nicht wieder für die nächste Messung bereit, sondern muß von Hand in die Bereitschaftstellung zurückgeführt werden.

ε) Zwei Schrittschaltwerke mit Differentialgetriebe. Man kann auch zwei Schrittschaltwerke anordnen, deren eines von den Stromimpulsen

[1] Literaturangaben s. S. 107 u. 108: ESTEL, CALLSEN, NÖLKE.

des Prüflings, deren anderes von den Stromimpulsen des Normalzählers angetrieben wird und jedes Schrittschaltwerk ein Sonnenrad eines Differentialgetriebes antreiben lassen. Der Weg des Planetenrades vom Beginn bis zum Ende der Messung ist dann der Differenz der Umdrehungen der beiden Zähler proportional, also dem Fehler. Je größer die Impulszahl der beiden Geberzähler ist, um so genauer kann man am Weg des Planetenrades den Fehler ablesen. Große Impulszahl kann man durch lange Meßzeit erreichen oder dadurch, daß beide Zähler nicht nur einen Impuls je Umdrehung geben, sondern viele Impulse. Ist die Impulsfrequenz sehr groß, wie das bei den stroboskopischen Verfahren üblich ist, so kann man mit den Impulsen der beiden Zähler zwei Synchronmotoren speisen, deren jeder ein Sonnenrad des Differentialgetriebes antreibt. Man geht damit von der integrierenden Messung zu einer Geschwindigkeitsmessung über. Da keine Zwischenglieder, wie Klinken oder Schalter betätigt werden müssen, kann man viel genauer messen als mit Schrittschaltwerken. Mit dieser Einrichtung kann man aber nur einen Prüfling prüfen oder justieren. Für die Justierung ergibt sich der Vorteil, daß die Änderung der Winkelgeschwindigkeit der Scheibe bei Verstellung der Einstellmittel des Prüflings kontinuierlich an der Bewegung des Planetenrades beobachtet werden kann. Normalzähler und Prüfling laufen synchron, wenn das Planetenrad still steht.

ζ) Zeitwaage (Watthourmeter comparator). Die sogenannte Zeitwaage ist ursprünglich für die Bestimmung des Gangfehlers von Uhren mit Echappement geschaffen worden. Sie kann aber auch in der in Abb. 77 grundsätzlich angegebenen Anordnung zur Bestimmung des Fehlers von Zählern verwendet werden[1]. T ist die Trommel eines Hellschreibers[2], um die eine spiralige Erhöhung S herumläuft, P ein Papierstreifen, der sich mit konstanter Geschwindigkeit über die Trommel senkrecht zu ihrer Achse bewegt, F ein Farbband, das von der Rolle R_1 auf die Rolle R_2 abgewickelt werden kann, B ein Bügel, der durch den Elektromagnet II gegen die Trommel gedrückt werden kann, M ein

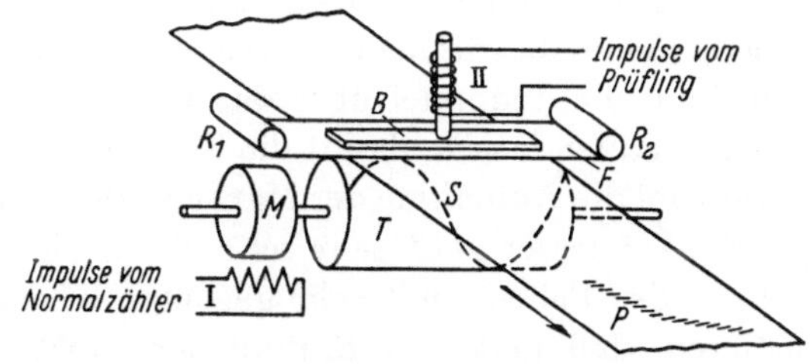

Abb. 77. Zeitwaage in Schaltung nach F. Holtz.

[1] Holtz, F. C.: Transactions of the Am. J. E. E. Vol. 71, 1952. — Electrical Eng. 1952, S. 413—ETZ—B 1953, S. 316.

[2] Stahl, H.: ETZ 1934, S. 13. — P. Storch: ETZ 1934, S. 109 u. 141.

Synchronmotor, der die Trommel über ein Getriebe antreibt und I die Erregerwicklung für den Synchronmotor. Die Erregerwicklung I wird an einen Generator mit einstellbarer Normalfrequenz oder an den Impulsgeber eines Normalzählers für hohe Impulsfrequenz über einen Verstärker angeschlossen. Das Relais II wird vom Impulsgeber des Prüflings bei jeder Umdrehung einmal erregt. Treffen die Stromimpulse des Prüflings genau bei jeder ganzen Umdrehung der Trommel T (oder beim mehrfachen einer Umdrehung) ein, so wird jedesmal eine Marke an der gleichen Stelle der Spirale S mit Hilfe des Bügels B gedruckt. Es entsteht also eine Markenreihe parallel zur Bewegungsrichtung des Papierstreifens P. Treffen die Impulse früher oder später als bei ganzen Umdrehungen der Trommel ein, so bekommt man eine Markenreihe, die mit der Bewegungsrichtung des Papierstreifens einen Winkel bildet.

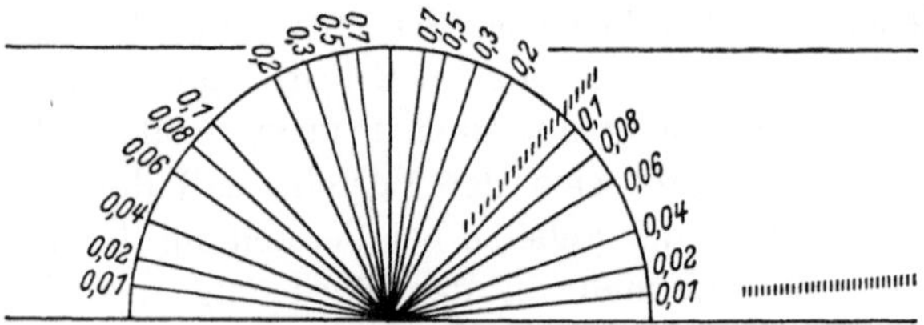

Abb. 78. Ablesevorrichtung für Registrierstreifen.

Dieser Winkel ist ein Maß für den Fehler. Wie Abb. 78 zeigt, kann man mit einem Winkelmesser, der einem Transporteur ähnelt, an der Neigung der Punktreihen den Fehler des Prüflings ablesen. Will man größere Fehler bestimmen, so reicht die Papierbreite nicht aus; man muß dann die Trommel über das Getriebe um ein ganzes Vielfaches schneller laufen lassen, damit die Neigung der Markenreihe kleiner wird.

Sowohl die Aufnahme der Markenreihe als auch die Auswertung mit dem Winkelmesser geht sehr schnell vor sich und verbürgt eine Feststellung des Fehlers mit sehr geringer Toleranz. Vorteilhaft ist beim Justieren, daß man den Einfluß der Einstellung des Prüflings kontinuierlich an der Veränderung der Neigung der Markenreihe beobachten kann. Die Richtung der Markenreihe muß sich in die Bewegungsrichtung des Papiers einstellen, wenn Normalzähler und Prüfling synchron laufen. Man kann nur einen Prüfling auf einmal mit der Vorrichtung prüfen oder justieren.

Es sei noch bemerkt, daß sich die Einrichtung sehr gut dazu eignet, bei kleinen Belastungen die Schwankung der Winkelgeschwindigkeit der Zählerscheibe aufzuzeichnen. Man erhält eine Wellenlinie, die erkennen läßt, welche Einflüsse die Schwankung hervorrufen.

2. Stroboskopische Einrichtungen.

Die stroboskopischen Einrichtungen kann man zu den selbsttätigen Einrichtungen rechnen, wenigstens soweit sie zur Justierung dienen. Denn dabei kann man am Stillstand des Markenbildes ohne weitere Umrechnung den Synchronismus zwischen Prüfling und Normalzähler feststellen. Nur bei der Prüfung muß man die an einem festen Punkt vorbeiwandernden Marken zählen und die zugehörende Zeit bestimmen, um die Wanderungsgeschwindigkeit ausrechnen zu können.

a) Durchsichtsstroboskop.

Abb. 79 zeigt die Skizze eines Durchsichtsstroboskops, wie es für Zählerprüfungen geeignet ist. Auf der Achse eines Synchronmotors *M* sitzt auswechselbar eine Scheibe *S* mit vielen Schlitzen; eine hochkerzige Lichtquelle *L* mit Linse bestrahlt die Marken des Prüflings, um ein helles Bild zu erhalten. Ein einfaches Fernrohr *F* ist mit den anderen Teilen in ein gemeinsames Gehäuse eingebaut. Der ganze Apparat muß so vor den Prüfling gestellt werden, daß die Strahlen der Lichtquelle *L* genau auf die Marken fallen. Der Scheibenrand des Prüflings ist mit einer großen Anzahl von Marken oder Schlitzen, z. B. 400, versehen, die in genau gleichen Abständen über den Umfang verteilt sein müssen. Der Beobachter *A* kann durch das Fernrohr *F* die Marken deutlich sehen. Ist die Anzahl der Schlitze in der Scheibe des Stroboskops gleich der Anzahl der Marken der Zählerscheibe, so scheinen dem Beobachter die Marken still zu stehen, wenn die beiden Scheiben gleiche Winkelgeschwindigkeit haben. Auch wenn sich die Winkelgeschwindigkeiten beider Scheiben um ein ganzes Vielfaches unterscheiden, hat der Beobachter den Eindruck, daß die Marken stillstehen, jedoch ist das Bild dann nicht mehr so klar (s. S. 25). Man wird deshalb für jede einzustellende Winkelgeschwindigkeit der Scheibe des Prüflings eine andere Schlitzscheibe in das Stroboskop einsetzen oder wenigstens für bestimmte Grenzen, die noch ein klares Bild geben. Darin liegt ein Vorteil des Stroboskops: Man kann durch entsprechende Schlitzzahl in der Scheibe das Stroboskop allen Verhältnissen gut anpassen. Zum Beispiel hat man dadurch auch eine gewisse Freizügigkeit in der Wahl der Stromquelle für den Antrieb. Man ist nicht auf einen Normalzähler mit Geber angewiesen, sondern kann eine Stromquelle konstanter Frequenz, die

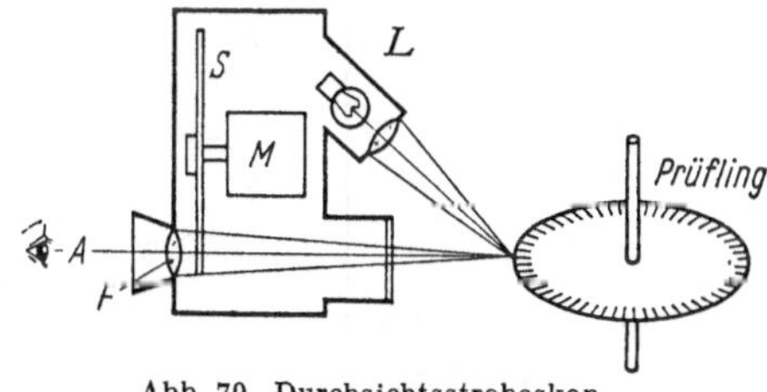

Abb. 79. Durchsichtsstroboskop.

heute fast in jedem Prüfraum ohnehin vorhanden ist, zum Antrieb des Synchronmotors benutzen. Die Winkelgeschwindigkeit der Zählerscheibe muß konstant sein, weil sonst leicht ein Flimmern entsteht. Für die Justierung bei größeren Lasten ist das Stroboskop gut geeignet, allerdings kann man immer nur einen Zähler justieren. Will man den Fehler des Prüflings bestimmen, so muß man die Wanderungsgeschwindigkeit der Marken feststellen.

b) Lichtblitzbeleuchtung der Markenscheibe.

Abb. 80 zeigt schematisch die Anordnung für eine Einrichtung mit Lichtblitzgeber. Der Normalzähler hat an seinem Scheibenumfang viele, z. B. 400 in gleichen Abständen angebrachte Schlitze. Ein von einer starken Lichtquelle ausgehender Lichtstrahl fällt bei jedesmaligem Vorbeiwandern eines Schlitzes auf eine Photozelle und wird dort in einen elektrischen Impuls umgewandelt. Dieser wird in einem Röhrenverstärker verstärkt und einer Gasentladungslampe zugeleitet, die über der Markenteilung der Scheibe des Prüflings angeordnet ist. Als Gasentladungslampe nimmt man möglichst eine sogenannte Blitzlichtlampe, weil diese sehr kurze, helle Lichtblitze gibt, wodurch die Markenteilung des Prüflings sehr scharf hervortritt. Auch durch zweckmäßige optische Strahlenführung kann man die Klarheit der Bilder erhöhen. Die Teilung auf der Scheibe des Prüflings wählt man meist gleich der der Scheibe des Normalzählers. Über die Grenzen der stroboskopischen Prüfung mit Lichtblitzen ist S. 24 alles Notwendige gesagt worden.

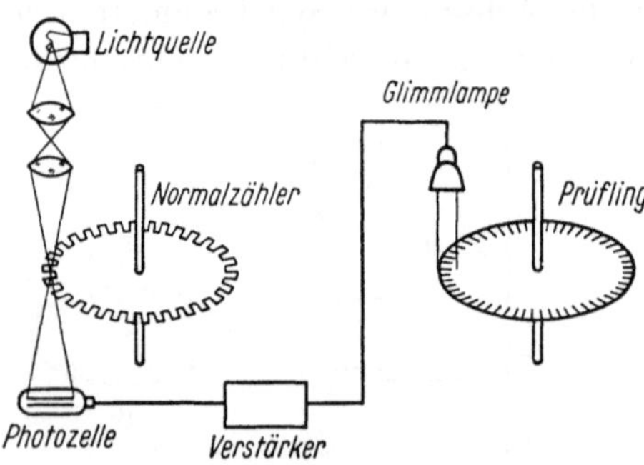

Abb. 80. Lichtblitzbeleuchtung der Markenreihe des Prüflings.

Mit einem Normalzähler als Geberzähler kann man eine ganze Anzahl von Prüflingen gleichzeitig justieren oder prüfen, wenn man jedem Prüfling eine Blitzlichtlampe zuteilt. Man kann aber auch die ganze Raumbeleuchtung oder wenigstens die Beleuchtung für eine Reihe zu prüfender Zähler im Takt der Sollfrequenz steuern. Da dies aber auf die Dauer störend wirkt, zieht man meist die Einzelbeleuchtung vor.

Es ist eine große Anzahl von Apparaten geschaffen worden, die Abwandlungen und Ergänzungen der beschriebenen Anordnung sind. Zwei besonders bemerkenswerte Ablesevorrichtungen sollen im folgenden noch kurz beschrieben werden.

c) Optischer Kompensator[1].

In Abb. 81 ist zu sehen, daß der Geberzähler mit Selenzelle und Verstärker gleich ist mit dem in Abb. 80 dargestellten. Der Geberzähler ist ein Gleichlastzähler. Die verstärkten Impulse werden aber nicht einer Lampe zugeführt, sondern einem Synchronmotor, der über ein

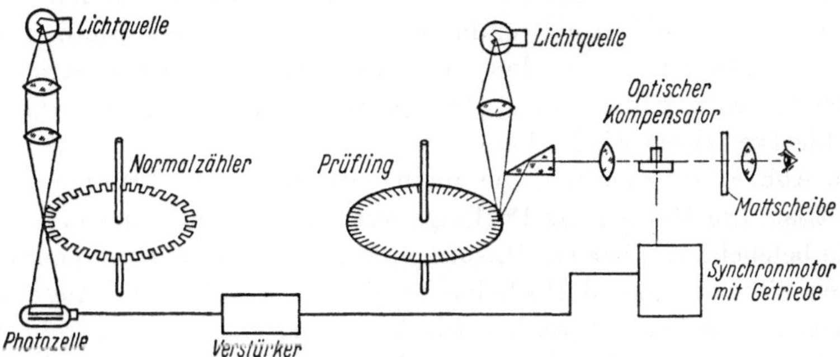

Abb. 81. Optischer Kompensator, Prüfanordnung.

Getriebe den optischen Kompensator antreibt, der gleichsam ein Gleichlast-Durchsichtsstroboskop besonderer Art ist. Aus Abb. 82 ist die Wirkungsweise des optischen Kompensators zu ersehen[2]. Rotiert das planparallele Prisma in der Pfeilrichtung, so sieht das Auge des Beobachters die bewegte Markenreihe stillstehen, wenn die Winkelgeschwindigkeit des Prismas mit der Bewegungsgeschwindigkeit der Marken in einem bestimmten Verhältnis steht. Sind z. B. Prisma und

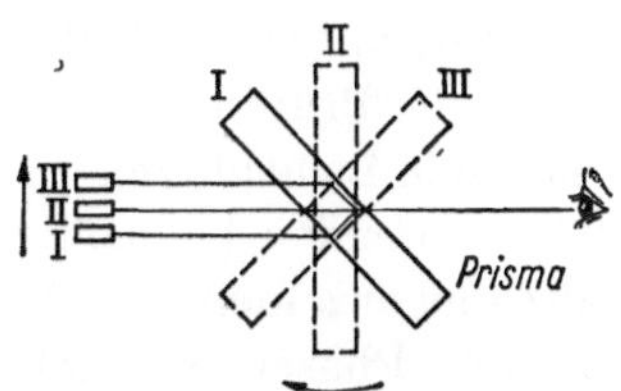

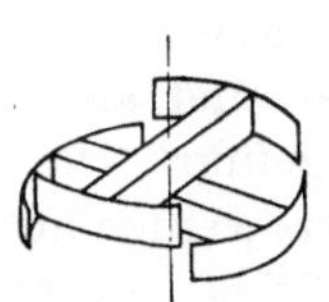

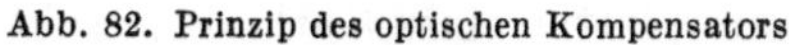

Abb. 82. Prinzip des optischen Kompensators.

Abb. 83. Doppelprisma mit Schirmen.

Marke in der Stellung I, so sieht der Beobachter infolge der Brechung des Prismas das Bild in der horizontal gezeichneten Richtung, sind Prisma und Marke in Stellung II, so findet keine Brechung statt, sind Prisma und Marke in Stellung III, so sieht der Beobachter die Marke infolge der Brechung des Prismas wieder in der gleichen horizontalen Richtung. Da diese Wirkung nur über einen kleinen Winkelbereich fehlerlos ist, wird der Fehler dadurch verkleinert, daß zwei Prismen in der in Abb. 83 gezeichneten Weise übereinander angeordnet werden,

[1] Musson und Mell: The proceedings of the Institution of Electrical Engineers, Vol. 97, No. 56, April 1950, S. 97/112.

[2] Ähnliche Einrichtungen werden bei der Kinematographie verwendet.

die an ihren Kopfseiten mit Schirmen versehen sind, damit abwechselnd das eine oder andere in seinem günstigen Bereich benutzt wird.

In dem sogenannten „Beobachter" (viewer) sind nun fünf solcher Kompensatoren untergebracht, die durch Zahnradgetriebe von dem Synchronmotor angetrieben werden. Ihre Winkelgeschwindigkeiten entsprechen den verschiedenen Belastungen, mit denen man den Prüfling prüfen will. Dies ist notwendig, weil der Synchronmotor immer mit der gleichen Drehzahl läuft, denn er wird von den Impulsen angetrieben, die der Gleichlastzähler abgibt. Das Getriebe kehrt also gleichsam das Gleichlastverfahren wieder um.

In Abb. 81 ist zu sehen, wie der Kompensator zum Prüfling angeordnet ist. Die Marken des Prüflings werden von einer starken Lichtquelle beleuchtet. Über ein Prisma, eine Linse und den Kompensator werden sie auf eine Mattscheibe projiziert, wo sie vom Auge des Beobachters beobachtet werden. Die Abbildung soll bedeutend schärfer sein als bei anderen Einrichtungen. Man kann damit Zähler nach dem Gleichlastverfahren justieren. Zur Bestimmung des Fehlers muß man die Wanderungsgeschwindigkeit der Marken feststellen. Für die Messung bei sehr kleinen Lasten ist noch eine Vorrichtung angebracht, mit der man von Hand die Drehzahl des Kompensators ändern und damit die Ungleichförmigkeit der Scheibenbewegung des Prüflings aufnehmen kann. Die ganze Einrichtung ist sehr kostbar.

d) Kathodenstrahloszillograph.

Abb. 84 zeigt die stroboskopische Einrichtung mit einem Kathodenstrahloszillographen als Anzeigegerät[1]. Sowohl der Prüfling als auch der Normalzähler sind als Lichtblitzgeber mit 400 Lichtblitzen je Umdrehung ausgeführt. Die auf eine Photozelle treffenden Lichtblitze des Normalzählers werden in elektrische Impulse umgewandelt, durch einen Röhrenverstärker verstärkt, von einer 90° Phasenverschiebungsschaltung aufgespaltet und auf die Ablenkplatten eines Kathodenstrahloszillographen gegeben. Die Schaltung ist so gewählt, daß der Lichtfleck auf dem Leuchtschirm des Oszillographen ein stehendes Kreisbild beschreibt (Abb. unten). Die vom Prüfling auf gleiche Weise wie vom Normalzähler erzeugten elektrischen Impulse werden dem Wehneltzylinder des Oszillographen zugeleitet. Jeder Impuls bewirkt eine radiale Auslenkung des Lichtflecks, so daß auf dem Kreis eine Zacke entsteht. Bei Gleichheit der Impulsfrequenz des Normalzählers und des Prüflings bleibt die Zacke an der gleichen Stelle stehen. Weicht die Impulsfrequenz des Prüflings von der des Normalzählers ab, so wandert

---

[1] Blum, W.: ω-Verfahren der AEG. VDE-Fachberichte 1952. — W. Blum u. A. Eckstein: ETZ—B 1953, S. 347.

die Zacke auf dem Kreisumfang links oder rechts herum, je nachdem ob der Prüfling schneller oder langsamer läuft als der Normalzähler. Unterscheiden sich die Impulsfrequenzen um eine Marke je Sekunde, so wandert die Marke in einer Sekunde um 360°, also um eine volle Umdrehung. Die Empfindlichkeit der Ablesung ist daher sehr groß; das ist ein Vorteil, weil man schon sehr kleine Fehler feststellen kann, aber auch ein Nachteil, weil die kleinsten Abweichungen vom Synchronismus schon eine Auswanderung um einen großen Betrag ergeben. Bei kleinen Belastungen des Prüflings, wo sich die Scheibe mit ungleichmäßiger Winkelgeschwindigkeit bewegt, kann man deshalb nur schwer die Bewegung der Zacke verfolgen.

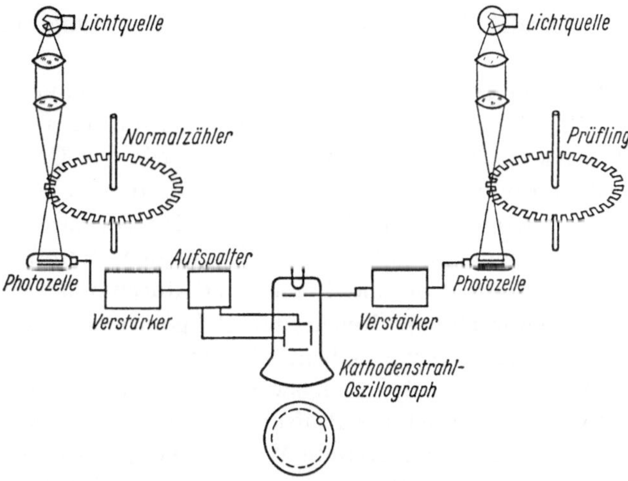

Abb. 84. Kathodenstrahloszillograph, grundsätzliche Schaltung.

Beim Justieren mit einem Normalzähler gleicher Bauart und gleichen Meßbereichs muß man wie bei allen stroboskopischen Methoden auf Synchronismus, also hier auf Stillstand der Zacke einstellen. Benutzt man als Normalzähler einen Gleichlastzähler, so muß man einen solchen wählen, der mit einer Einrichtung zum Anpassen seines Fehlers an den gewünschten Fehler des Prüflings verbunden ist. Für das Prüfen ist ein solcher Gleichlastzähler notwendig, weil man nur mit ihm den Synchronismus mit dem Prüfling einstellen kann, ohne die Wanderungsgeschwindigkeit feststellen zu müssen. Bei Verwendung eines gewöhnlichen Normalzählers zum Prüfen kann dies nicht umgangen werden.

Zusammenfassend kann gesagt werden, daß die unter c) und d) beschriebenen Einrichtungen sehr genaue Messungen ermöglichen, daß sie aber die grundsätzlichen Schwierigkeiten aller stroboskopischen Methoden, die sich bei Messung kleiner Winkelgeschwindigkeiten ergeben, trotz hohen Aufwandes nicht beseitigen.

VIII. Prüfschaltungen.

Will man den Fehler eines Elektrizitätszählers richtig bestimmen, so muß man nicht nur den Sollwert und den Istwert der Angaben richtig messen, sondern man muß auch den Zähler und die zur Bestimmung des Sollwerts benutzten Meßgeräte richtig schalten. Es kommt nicht selten vor, daß durch unrichtige Schaltungen erhebliche Meßfehler entstehen, die man später nicht mehr nachprüfen kann. Wir wollen deshalb die bei den üblichen Zählerarten vorkommenden Schaltungen systematisch betrachten. Manches Selbstverständliche wird nochmals gesagt werden müssen; einige nur noch selten vorkommende Schaltungsarten sollen auch behandelt werden. Tarifzähler und andere Spezialzähler sollen nicht in die Betrachtung einbezogen werden.

Bei der Zeichnung der Schaltpläne sind die neuen Symbole nach den Regeln für Zähler[1] nicht verwendet worden, weil für den vorliegenden Zweck mit der alten Darstellung die Unterschiede der Geräte besser zu übersehen sind und durch Wegfall der Umrahmungen jeder Linienzug nur für die Strompfade in Frage kommt. Die Strompfade für die Spannungsströme sind wie üblich dünn, die für den Hauptstrom dick gezeichnet. Leistungsmesser und Zähler sind durch unterschiedliche Darstellung gekennzeichnet. Neben die Meßgeräte sind die Werte geschrieben, zu deren Messung sie benutzt werden. Der Zähler ist mit Z bezeichnet. Die Strom- und Spannungswandler sind meist ohne Bezeichnungen geblieben. Da es sich um Prüfschaltungen handelt, sind für die Meßgeräte und den Zähler getrennte Wandler vorgesehen: Beim Einbau an Ort und Stelle sind Meßgeräte und Zähler natürlich an gleiche Wandler angeschlossen. Der bei Wechselstrommessungen immer anzuschließende Frequenzmesser ist in allen Schaltplänen weggelassen worden, weil er meist direkt an die von dem stromliefernden Generator kommenden Leitungen angeschlossen wird und die Messung dann nicht beeinflußt. Ebenso sind alle Einrichtungen zur Einstellung des Stromes, der Spannung und der Phasenverschiebung fortgelassen worden, um die Schaltpläne so klar wie möglich zu machen. Bei Verwendung von Normal- oder Prüfzählern an Stelle von Leistungsmessern werden diese meist genau so geschaltet wie die zu prüfenden Zähler. Eine Ausnahme bildet nur der Gleichlastzähler, dessen Schaltung am Schluß dieses Kapitels angegeben ist.

Für die Leitungsführungen sind die Vorschriften des Verbandes Deutscher Elektrotechniker[1] berücksichtigt. Die Phasen sind mit RST bezeichnet.

---

[1] Regeln für Elektrizitätszähler. VDE 0418/6.52.

Über die Schaltung der Leistungsmesser sei folgendes erwähnt: Bei richtiger Polung des Leistungsmessers ergibt die in Abb. 85a gezeichnete Schaltung einen positiven Ausschlag des Leistungsmessers, Abb. 85b zeigt die Schaltung bei umgepolter Spannungsspule. Für die Schaltungen der Zähler gelten die Abb. 86a für Vorwärtslauf bei richtiger Polung, Abb. 86b für Rückwärtslauf bei umgepolter Spannungsspule.

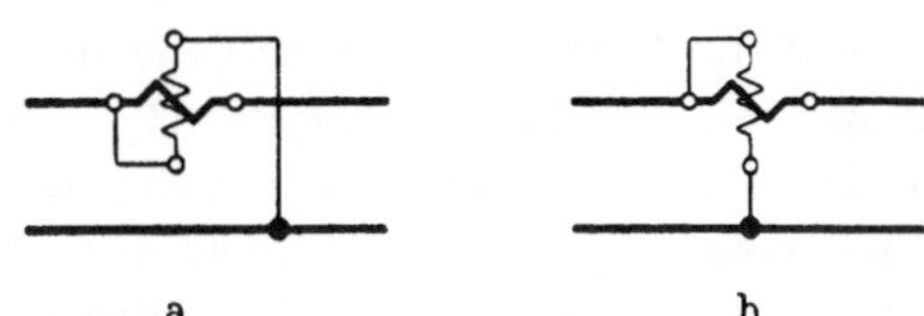

Abb. 85 a und b. Schaltung der Leistungsmesser.

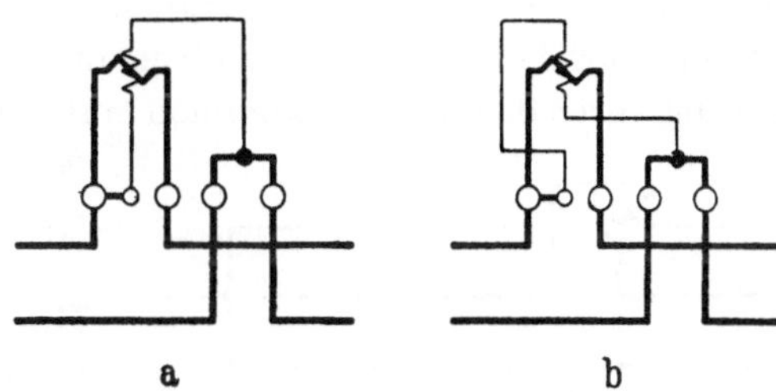

Abb. 86 a und b. Schaltung der Zähler.

Für die Aufstellung der Diagramme bei Wechsel- und Drehstrom sind folgende Regeln maßgebend: Die Zeitlinie rotiert im Sinne des Uhrzeigers, der Drehsinn der Vektoren ist also entgegen dem des Uhrzeigers. Bei Dreiphasenstrom ist die Dreieckspannung $U_R - U_S = U_{RS}$, wie in Abb. 87 dargestellt. Für die Ströme gilt die gleiche Regel. Alle Winkel von den Spannungen zu den Strömen werden im Drehsinn des Uhrzeigers positiv gerechnet, d. h. induktive Last; entgegen dem Drehsinn des Uhrzeigers negativ, d. h. kapazitive Last. Die Winkel vom Fluß des Hauptstromkreises Φ_I zum Fluß des Spannungskreises Φ_U rechnet man positiv im Drehsinn des Uhrzeigers, Abb. 88.

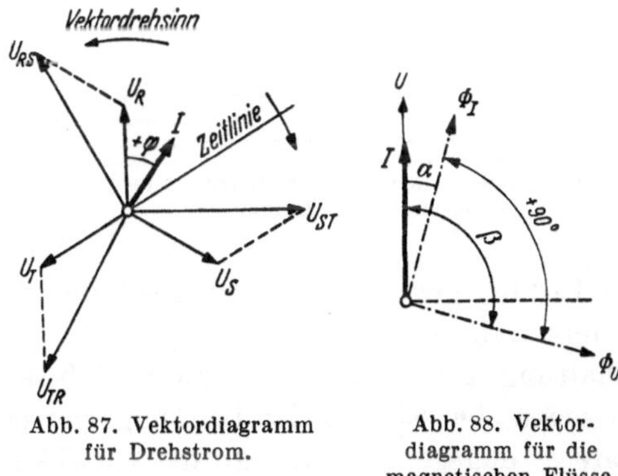

Abb. 87. Vektordiagramm für Drehstrom.

Abb. 88. Vektordiagramm für die magnetischen Flüsse.

Für die Arbeitsgleichungen wurde die Annahme gemacht, daß während der Meßzeit der Strom, die Spannung und die Phasenverschiebung (oder die Leistung) konstant bleiben; so brauchten keine Integrale geschrieben zu werden.

Bei der Besonderheit jeder Schaltung würde es auf Schwierigkeiten stoßen, allgemeine Richtlinien dafür aufzustellen. Es soll deshalb nur auf einige Gesichtspunkte hingewiesen werden, die bei der Besprechung der einzelnen Schaltungen nicht erwähnt werden.

Beim Anschluß von Drehstromzählern muß man darauf achten, daß die einzelnen Phasen in der richtigen Folge angeschlossen werden, da die meisten Drehstromzähler nicht unabhängig von der Phasenfolge sind.

Auf die Vorteile der Schaltung bei getrenntem Strom- und Spannungskreis ist schon im Kapitel II, 1., Sparschaltung, ausführlich hingewiesen worden; sie wird in Prüfräumen fast durchweg angewandt. Auch wenn man nur *eine* Wechselstromquelle zur Verfügung hat, speist man meist den Hauptstromkreis der Zähler mit einem Transformator niederer Sekundärspannung und den Spannungskreis entweder direkt aus dem Netz oder aus einem Transformator mit veränderlichem Übersetzungsverhältnis. Da man jedoch in vielen Fällen mit direkter Belastung durch das Netz auskommen muß, ist im folgenden auch auf diese Schaltungen genügend Rücksicht genommen worden.

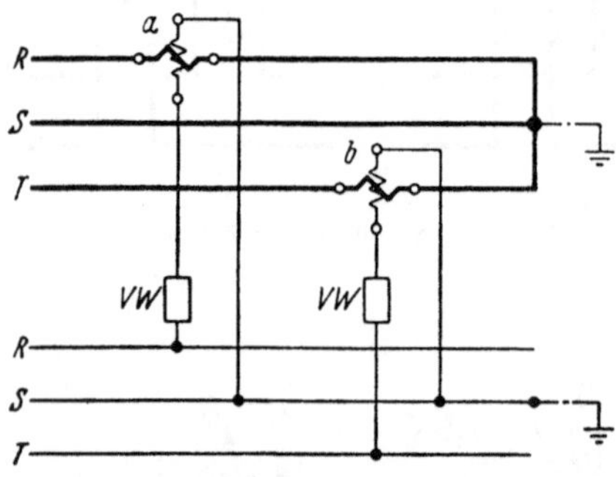

Abb. 89. Schaltung der Vorwiderstände für die Leistungsmesser bei Erdung.

In den Schaltplänen für Hochspannung sind nur Spannungs- und Leistungsmesser in Verbindung mit Spannungswandlern angenommen worden und die Erdung ist entsprechend vorgesehen. Da man in manchen Prüfräumen und Laboratorien noch mit Vorwiderständen arbeitet, sei ein kurzer Hinweis ihrer Schaltung in bezug auf die Erdung gegeben. Abb. 89 zeigt die richtige Schaltung für die Vorwiderstände *VW* der Leistungsmesser in einer Drehstrom-Dreileiterschaltung für Zähler mit zwei Meßwerken. Die Potentialdifferenz zwischen den Spulen der Leistungsmesser ist dabei sehr klein. Falsch wäre es dagegen, wenn man die Vorwiderstände an den Stellen *a* und *b* in die Leitungen legen würde, weil dann die ganze Netzspannung zwischen der festen und der beweglichen Spule der Leistungsmesser liegen und zum Durchschlag führen könnte.

Schließlich sei noch auf einen Fehler hingewiesen, der bei der Prüfung von Zählern in Verbindung mit Tarifapparaten leicht vorkommt. Solche Apparate haben oft Schalt- oder Aufzugsmagnete, deren Wicklungen an die Spannungsklemmen angeschlossen sind. Im normalen Betrieb und bei der Prüfung mit direkter Belastung stört dies natürlich nicht. Prüft man dagegen bei getrennten Strom- und Spannungskreisen, so muß man für den Stromkreis des Schalt- oder Aufzugsmagnets eine getrennte Stromquelle verwenden, da sonst bei jedesmaligem Ansprechen des Magnets der Spannungsabfall in dem

Spannungspfad die Angaben der Meßgeräte zu stark beeinflußt. Das gleiche gilt für Pendelzähler mit Aufzugmagneten für das Uhrwerk.

Was sonst noch an allgemeinen Gesichtspunkten zu erwähnen wäre, ist an geeigneter Stelle in den folgenden Beschreibungen der Spezialfälle erläutert.

1. Einphasenwechselstrom.

a) Schaltung bei getrenntem Strom- und Spannungskreis.

α) Niederspannung und Niederstrom. Bei Einphasenwechselstrom wird der Leistungsmesser N genauso geschaltet wie der Zähler Z, vgl. Abb. 90. Strommesser I und Spannungsmesser U sind mit eingezeichnet. Bei der Schaltung ist nur darauf zu achten, daß der Spannungsabfall in der Leitung zwischen den Punkten a und b verschwindend klein ist. Der Leistungsfaktor bestimmt sich aus den Ablesungen der entsprechenden Instrumente mit

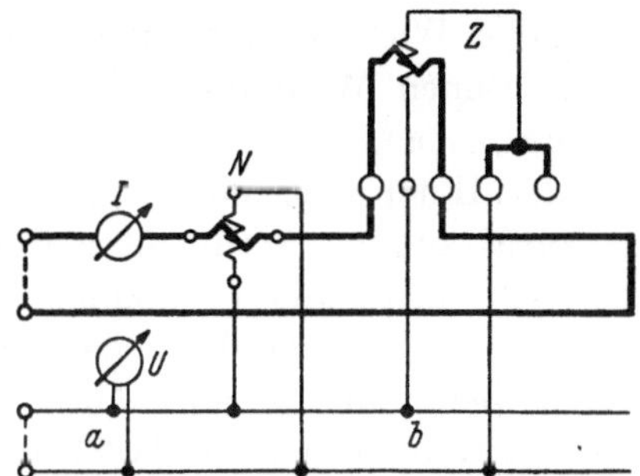

Abb. 90. Einphasenwechselstrom, getrennter Strom- und Spannungskreis, Niederspannung und Niederstrom.

$$\cos\varphi = \frac{N}{U \cdot I}.$$

Will man für gleichbleibende Spannung und Stromstärke bei verschiedenen Leistungsfaktoren messen, so ist der Leistungsfaktor proportional den Angaben des Leistungsmessers. Die Bestimmung gilt für Ströme jeder Kurvenform. Mit einem Phasenmesser kann man dagegen den Leistungsfaktor nur unter Annahme von sinusförmigem Verlauf von Strom und Spannung messen.

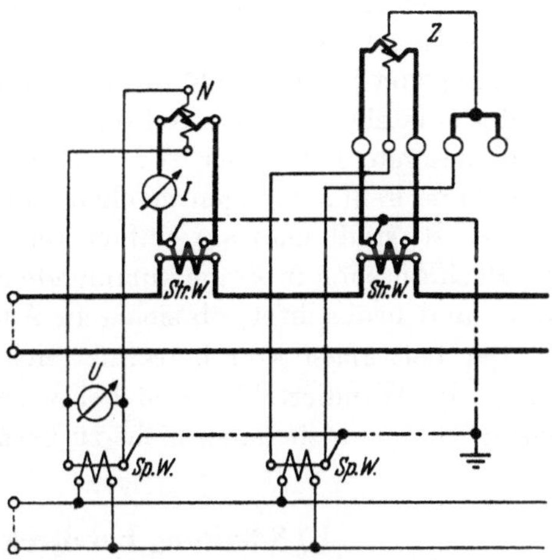

Abb. 91. Einphasenwechselstrom, getrennter Strom- und Spannungskreis, Hochspannung und Hochstrom.

β) Hochspannung und Hochstrom. In Abb. 91 ist ein Schaltplan für Hochspannung gezeichnet, unter Weglassung der Spannungswandler gilt er auch für Hochstrom bei Niederspannung. Um richtige Angaben des Leistungsmessers zu erhalten, muß man darauf achten, daß keine störenden elektrostatischen und elektromagnetischen Felder auftreten. Zur Vermeidung von elektrostatischen Feldern kommt es vor allen Dingen für die Leistungsmessung darauf an, daß eine Äquipotentialverbindung zwischen Spannungs- und Stromspule des Leistungsmessers vorgesehen wird, damit zwischen diesen keine Potentialdifferenz besteht. Andernfalls können statische Ladungen auftreten, wodurch infolge Anziehung oder Abstoßung zusätzliche Drehmomente auf die bewegliche Spule ausgeübt werden, die in ungünstiger Lage der Spulen Ausschläge bis zu mehreren Teilstrichen hervorrufen. Zu empfehlen ist es ferner, die Wandler auf der Sekundärseite zu erden, ebenso das Gehäuse des Zählers, da sonst über die als Kapazität wirkenden Wicklungen ziemlich hohe Ladungen auf das Gehäuse übergehen können. Wenn die Erdungen nicht vorgesehen werden, so kann es vorkommen, daß zentimeterlange Funken überspringen, wenn man mit der Hand oder einem geerdeten Gegenstand in die Nähe des Gehäuses kommt. Wenn diese Funkenströme (Verschiebungsströme) auch sehr klein und vollkommen unschädlich sind, so wird der betreffende Beobachter doch erschrecken und dabei leicht durch eine heftige Bewegung Schaden anrichten. Daß alle Erdverbindungen so angelegt werden müssen, daß keine Nebenschlüsse zur Meßschaltung entstehen, bedarf kaum der Erwähnung.

Magnetische Felder treten um die Leiter des Spannungskreises nie in solcher Größe auf, daß man sie beachten müßte. Dagegen muß man sehr darauf achten, daß schon bei mäßigen Stromstärken die Hin- und Rückleitungen des Hauptstromkreises so nahe beieinander unter Vermeidung von Schleifenbildung verlegt werden, daß keine wesentlichen Felder entstehen können. Achtet man nicht genügend darauf, so kann man besonders bei der Verwendung von eisenlosen Meßgeräten erhebliche Fehlmessungen machen. Ob die Leitungsführung genügend feldlos ist, stellt man am einfachsten dadurch fest, daß man das für die Beeinflussung in Frage kommende Meßgerät um 180° in der Ebene dreht und beobachtet, ob sich sein Ausschlag ändert oder nicht.

Der Leistungsfaktor berechnet sich genau so wie bei Niederspannung; die Wandlerfehler sind bei Verwendung moderner Wandler so gering, daß man sie dabei nicht zu berücksichtigen braucht.

b) Schaltung bei direkter Belastung.

α) Niederspannung und Niederstrom. Will man einen Wechselstromzähler an Ort und Stelle prüfen, so hat man nur selten die Möglichkeit, mit getrenntem Strom- und Spannungskreis zu arbeiten. Die Belastung stellt man dann entweder durch die Installation selbst oder durch besondere Belastungswiderstände *BW*, wie sie oben S. 36 beschrieben sind, her. Die Schaltung wird nach Abb. 92 ausgeführt. Eine Äquipotentialverbindung zwischen Strom- und Spannungsspule ist ohne weiteres durch die Schaltung des Zählers am Einbauort gegeben.

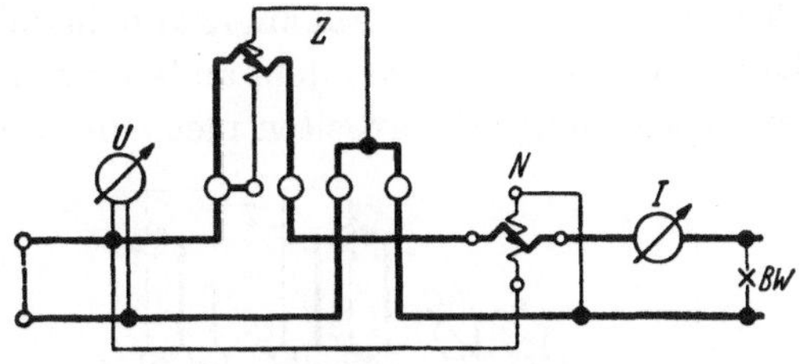

Abb. 92. Einphasenwechselstrom, direkte Belastung, Niederspannung und Niederstrom.

Bei Niederspannung und Hochspannung ist der Spannungsmesser und die Spannungsspule des Leistungsmessers oder der Spannungswandler so anzuschließen, daß die in ihnen fließenden Ströme nicht durch die Stromspule des Zählers fließen, sondern vorher abgezweigt werden, wie dies aus den Abb. 92 und 93 zu ersehen ist.

β) Hochspannung und Hochstrom. Bei Hochspannung darf man die eingezeichneten Erdverbindungen nicht vergessen. Beim Zähler und beim Leistungsmesser ist eine Äquipotentialverbindung zwischen Hauptstrom- und Spannungskreis vorzusehen, wie dies in Abb. 93

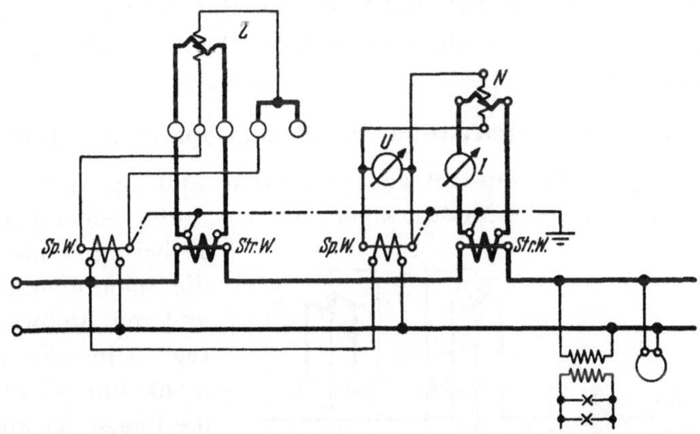

Abb. 93. Einphasenwechselstrom, direkte Belastung, Hochspannung und Hochstrom.

gezeichnet ist. Bei Hochstrommessungen muß darauf geachtet werden, daß die Zuleitungen zum Stromwandler möglichst nahe aneinander geführt werden, damit keine Felder entstehen, die die Angaben der Meßgeräte beeinflussen. Auch muß man darauf achten, daß man die Meßgeräte nicht zu nahe an die Leitungen der Installation heranbringt, zumal wenn diese so weit voneinander verlegt sind, daß man eine Feldbildung befürchten muß. Die Probe besteht wieder darin, daß man das betreffende Meßgerät in zwei um 180° gegeneinander versetzten Stellungen abliest, wobei es keine Änderung des Ausschlages zeigen darf.

2. Vierleiter-Zweiphasenwechselstrom.

Wie Abb. 94 zeigt, sind bei Vierleiter-Zweiphasenstrom beide Phasen vollkommen unabhängig voneinander. Jede Phase wirkt auf ein Zählermeßwerk, das von dem anderen elektrisch vollkommen getrennt ist. Beide Meßwerke arbeiten mechanisch auf eine gemeinsame Achse.

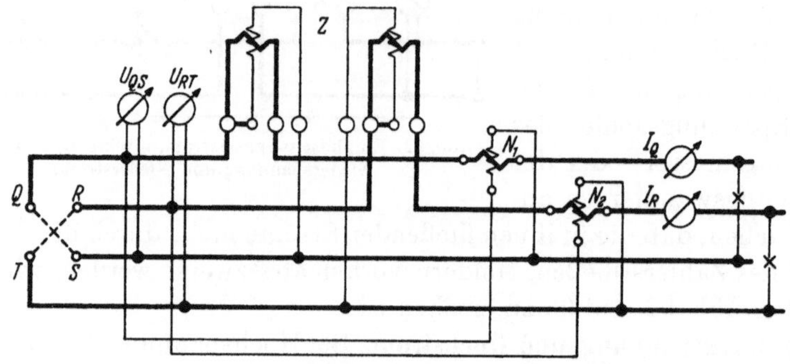

Abb. 94. Vierleiter-Zweiphasenstrom, direkte Belastung, Niederspannung und Niederstrom.

a) Schaltung bei direkter Belastung.

Bei der Prüfung an Ort und Stelle benutzt man zwei Leistungsmesser, die genau so wie die beiden Meßwerke des Zählers geschaltet werden, Abb. 94.

b) Schaltung bei getrennten Strom- und Spannungskreisen.

Bei der Prüfung mit getrennten Strom- und Spannungskreisen nimmt man meist jedes Meßwerk getrennt vor, entsprechend Abb. 95. Dabei muß aber auch die Spannungsspule des anderen Meßwerks erregt sein. Es kommt nicht darauf an, daß die Phase der an dieser Spannungsspule liegenden Spannung um 90° gegenüber der verschoben ist, die an der Spannungsspule des der Messung unterworfenen Meßwerks liegt. Beide Spannungen können gleichphasig sein, denn nur die Bremsung durch den Fluß der Spannungsspule soll den normalen Wert haben. Nur wenn man Zähler zu prüfen hat, bei denen die beiden Meßwerke einander beeinflussen, ist Vorsicht geboten.

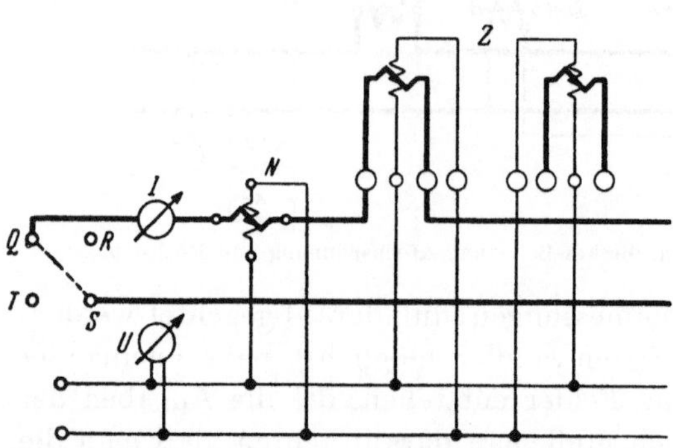

Abb. 95. Vierleiter-Zweiphasenstrom, getrennter Strom- und Spannungskreis, Niederspannung und Niederstrom.

Man kann auch die zwei Einphasenmessungen in den beiden Phasen zu gleicher Zeit mit zwei Leistungsmessern machen und wird die gleichen Resultate erhalten wie bei Zweiphasenwechselstrom.

Will man aus irgendwelchen Gründen mit Zweiphasenwechselstrom prüfen und hat man keine Zweiphasenstromquelle zur Verfügung, so kann man sich dadurch helfen, daß man entsprechend Abb. 96 z. B. an einem Drehstromtransformator, dessen Nullpunkt zugänglich ist, die Spannungen U_R und U_{ST} abnimmt. Die Größen der beiden Spannungen brauchen dann nur einander gleich gemacht zu werden, ihre Phasen sind um 90° gegeneinander verschoben. Für die Hauptströme kann man sich auf ähnliche Weise eine Stromquelle improvisieren. Jedoch tritt bei derartigen Anordnungen meist die Schwierigkeit auf, daß sich die Phasengleichheit zwischen den zugeordneten Strömen und Spannungen nur mit viel Geschick erreichen läßt. Man wird deshalb meist mit der oben beschriebenen Prüfung mittels Einphasenstrom vorliebnehmen.

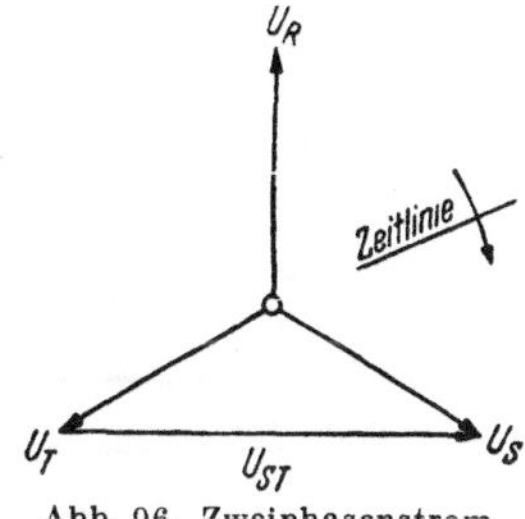

Abb. 96. Zweiphasenstrom aus Drehstrom.

Schaltpläne für Hochspannungs- und Hochstromprüfungen sollen nicht angegeben werden, weil sie sich ohne weiteres aus dem früher für Einphasenstromzähler Gesagten ergeben. Es sei nur noch erwähnt, daß geerdete Äquipotentialverbindungen zwischen den Strom- und Spannungsspulen der Leistungsmesser notwendig sind; ferner verbindet man gegebenenfalls die Leitungen T und S sowohl im Spannungs- als auch im Hauptstromkreis untereinander und mit Erde.

3. Dreileiter-Zweiphasenwechselstrom.

Bei Dreileiter-Zweiphasenstrom (verkettetem Zweiphasenstrom) gilt genau das gleiche wie bei Vierleiter-Zweiphasenstrom. Nur werden immer die beiden Leitungen T und S in eine vereinigt.

4. Vierleiter-Drehstrom, drei Meßwerke[1].

a) Schaltung bei getrennten Strom- und Spannungskreisen.

α) Niederspannung und Niederstrom. Bei Messung der Drehstromleistung mit drei Meßwerken im Vierleiternetz wird grundsätzlich eine Einphasenmessung dreimal wiederholt. Bei der Messung mit getrennten Strom- und Spannungskreisen schaltet man sowohl die Spannungsspulen der Zähler und Leistungsmesser als auch die Spannungsmesser zwischen die einzelnen Phasen und den Nulleiter.

[1] Vgl. auch R. ZAWISCHA: E. u. M. Wien 1953, S. 354.

Oft wird man aber die Schaltung des Spannungskreises nach Abb. 97 machen, d. h. man wird sich mit Hilfe der drei Spannungsmesser ein gleichseitiges Spannungsdreieck herstellen und dann das Dreieck so drehen, daß es zu dem Stern des Hauptstromdiagramms in die richtige zeitliche Lage kommt. Auch muß man die Spannungen auf die richtige Größe einstellen. Voraussetzung ist, daß beide Enden aller drei Span-

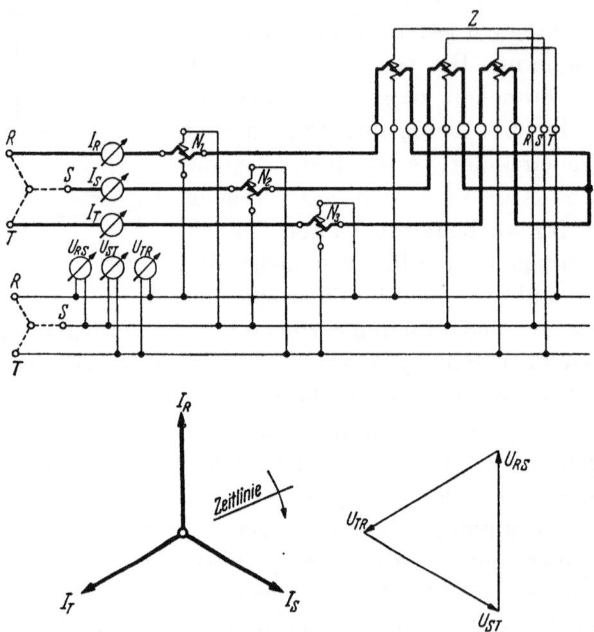

Abb. 97. Vierleiter-Drehstrom mit drei Meßwerken, getrennte Strom- und Spannungskreise, Niederspannung und Niederstrom.

nungsspulen an den Anschlußklemmen des Zählers zugänglich und nicht unlösbar in Stern geschaltet sind. Sind diese Enden mit *R*, *S*, *T* bezeichnet, so wird verbunden:

R mit Leitung *S*,
S ,, ,, *T*,
T ,, ,, *R*.

Der Nullpunkt der Spulen liegt also reihum an den Phasen *S*, *T*, *R*. Dann erhält man die richtigen Verhältnisse, wie aus den unter Abb. 97 gezeichneten Diagrammen hervorgeht. Das linke Diagramm bezieht sich auf den in Stern geschalteten Stromkreis, das rechte auf die in Dreieck geschalteten Spannungsspulen. Es besteht daher Phasengleichheit zwischen Strom und Spannung in jedem Meßwerk, wenn die Ströme und Spannungen die in den Diagrammen gezeichnete Lage haben.

Die drei Stromkreise schaltet man entsprechend Abb. 97 in Stern und stellt mit Hilfe der drei Strommesser einen gleichseitigen Stromstern her. Eine Nulleitung erübrigt sich.

Der Leistungsfaktor berechnet sich für jedes einzelne Meßwerk genau wie bei Einphasenstrom.

β) Hochspannung und Hochstrom. Für Hochspannung ist kein besonderer Schaltplan gezeichnet, er ergibt sich aus Abb. 97, wenn man Spannungs- und Stromwandler zwischenschaltet. Dabei kann an Stelle von drei Einphasen-Spannungswandlern auch ein Drehstromwandler treten. Äquipotentialverbindungen sind an jeden einzelnen Leistungsmesser nötig, auch erdet man diese zweckmäßig. Bei Verwendung eines Drehstromwandlers kann man an Stelle dieser Verbindungen auch die Stromspulen der Leistungsmesser und den Nullpunkt des Spannungswandlers erden. Erdungsverbindungen sind ferner für die Nullpunkte der Hochspannungsleitungen erforderlich. Ist die Hochspannungsleitung in Dreieck geschaltet und also kein Nullpunkt vorhanden, so kann man den Nullpunkt des stromliefernden Transformators erden. Ist auch dies nicht möglich, so schafft man am besten einen künstlichen Nullpunkt durch drei in Stern geschaltete Widerstände oder Drosseln, wozu man einen kleinen Transformator benutzen kann, dessen Sternpunkt zugänglich ist (vgl. auch Abb. 111).

b) Schaltung bei direkter Belastung.

Abb. 98 zeigt die Schaltung für Zähler mit drei Meßwerken und Nulleiter an Ort und Stelle bei direkter Belastung durch Lampen

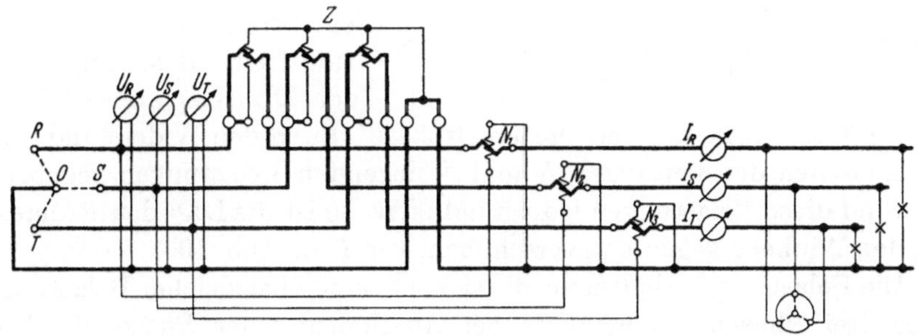

Abb. 98. Vierleiter-Drehstrom mit drei Meßwerken, direkte Belastung, Niederspannung und Niederstrom.

und Motoren. Wie bei Einphasenwechselstrom ist darauf zu achten, daß alle Spannungsleitungen vor den Zählerhauptstromspulen abgezweigt werden, damit an den Meßgeräten die gleiche Spannung liegt wie am Zähler.

Bei Hochspannung kommen gegenüber der Schaltung mit getrennten Strom- und Spannungskreisen keine bemerkenswerten Änderungen in Frage.

c) Abschaltung einer Phase.

Für den Fall, daß alle Belastungen an den Nulleiter angeschlossen sind, ist es ohne Einfluß auf die Größe und die Phase der Ströme oder Spannungen, wenn man eine Phase abschaltet. Hat man die drei Belastungen zwar in Stern geschaltet, jedoch den Nulleiter nicht an den Sternpunkt herangeführt, wie in Abb. 99, so ergeben sich bei Abschaltung einer Phase die im folgenden beschriebenen Verhältnisse. Der Einfachheit wegen sei angenommen, daß alle drei Belastungen vor der Abschaltung gleichartig und gleich groß ($= r$) sind und daß die Gleichheit der drei Sternspannungen auch nach dem Abschalten einer Phase erhalten bleibt. Nach Abschaltung der Phase T ergibt sich zwischen den Phasen R und S ein Strom, der bei induktionsfreier Belastung mit der Dreieckspannung $U_{RS} = U\sqrt{3}$ in Phase ist und dessen Größe I'' durch den Widerstand $2\,r$ der zwischen den Leitungen R und S liegenden Belastungen gegeben ist. Sind diese Belastungen jedoch induktiv, so ist die Lage des Stromes um den Winkel φ gegen U_{RS} verschoben, wie I' in Abb. 100.

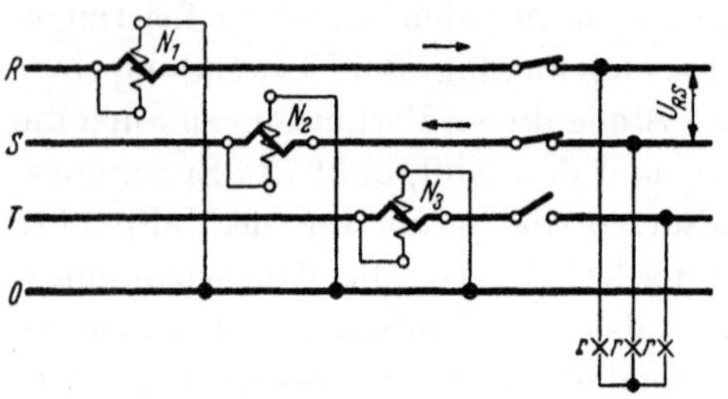

Abb. 99. Vierleiter-Drehstrom, Abschaltung einer Phase.

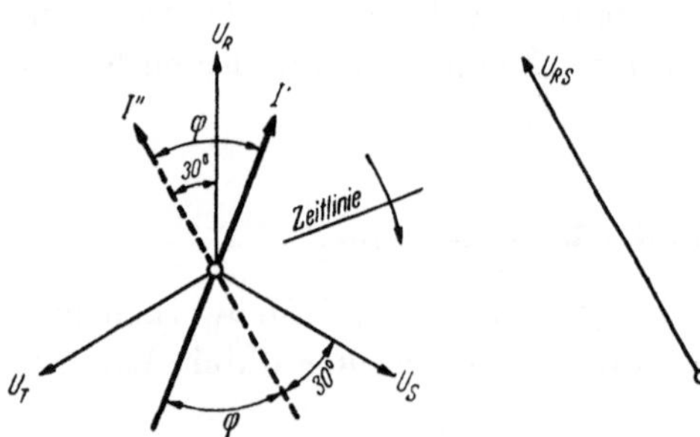

Abb. 100. Vierleiter-Drehstrom, Abschaltung einer Phase. Diagramm zu Abb. 99.

Die Belastungsverhältnisse, die sich einerseits bei gleicher Belastung aller drei Phasen, andererseits bei Abschaltung der Phase T, also alleiniger Belastung zwischen den Phasen R und S ergeben, sind im folgenden nebeneinandergestellt.

Alle drei Phasen eingeschaltet.	Phase T abgeschaltet.
Sternspannungen	Spannung zwischen R und S
$U_R = U_S = U_T = U$	$U_{RS} = U \cdot \sqrt{3}$

Belastung jeder Phase	Belastung zwischen R und S
r	$2r$
Strom jeder Phase	Strom zwischen R und S
$I_R = I_S = I_T = I = \frac{U}{r}$	$I' = \frac{U\sqrt{3}}{2r} = I \cdot \frac{\sqrt{3}}{2}$
Leistungsmesser 1 zeigt	
$N_1 = U_R \cdot I_R \cdot \cos\varphi = U \cdot I \cdot \cos\varphi$	$N_1 = U_R \cdot I' \cdot \cos(30^\circ \mp \varphi)$
Leistungsmesser 2 zeigt	$= U \cdot I \cdot \frac{3}{4}$ für $\varphi = 0$
$N_2 = U_S \cdot I_S \cdot \cos\varphi = U \cdot I \cdot \cos\varphi$	$N_2 = U_S \cdot I' \cdot \cos(30^\circ \pm \varphi)$
Leistungsmesser 3 zeigt	$= U \cdot I \cdot \frac{3}{4}$ für $\varphi = 0$
$N_3 = U_T \cdot I_T \cdot \cos\varphi = U \cdot I \cdot \cos\varphi$	$N_3 = 0$
Die Gesamtleistung ist	
$N = 3 \cdot U \cdot I \cdot \cos\varphi$	$N = \frac{1}{2} \cdot 3 \cdot U \cdot I \cdot \cos\varphi.$

In den Gleichungen gilt das obere Vorzeichen bei induktiver, das untere bei kapazitiver Belastung. Bei induktionsfreier Belastung zeigt jeder der beiden Leistungsmesser nach Abschaltung einer Phase die Hälfte der Gesamtleistung an. Leistungsmesser 2 zeigt ebenso positiv wie Leistungsmesser 1, weil die Stromspule in entgegengesetzter Richtung wie die des Leistungsmessers 1 vom Strom durchflossen und die Phase des Stromes also gleichsam um 180° gedreht wird. Aus dem Diagramm kann man leicht feststellen, wann die Angaben der Leistungsmesser ihr Maximum erreichen oder durch Null hindurchgehen.

Der Zähler arbeitet natürlich genau so wie die Leistungsmesser.

5. Dreileiter-Drehstrom, drei Meßwerke.

In Hochspannungs-Dreileiternetzen zählt man die Drehstromarbeit meist mit Drehstromzählern mit drei Meßwerken, weil das Hochspannungsnetz wegen der Erdunsymmetrie kein reines Dreileiternetz ist. Die Spannungsspulen des Zählers und die zugehörenden Wandler werden mit künstlichem Nullpunkt in Stern geschaltet. Damit die Ableitungsverluste und die bei Erdschluß auftretenden Verluste richtig gezählt werden, müssen die Nullpunkte entweder offen bleiben oder geerdet werden, je nachdem, ob man die „Generatorarbeit" (Einspeisearbeit) oder die „übertragene Arbeit" (Verbraucherarbeit) zählen will[1]. Bei der Prüfung müssen die Zähler in der gleichen Weise geschaltet werden.

[1] Franck, S.: ETZ—A 1954.

6. Dreileiter-Drehstrom, zwei Meßwerke.

a) Allgemeines.

In Drehstromnetzen ohne Nulleiter schaltet man die Zähler allgemein nach der sogenannten Zweileistungsmesserschaltung oder Zweiwattmetermethode[1]. Da diese Schaltung am häufigsten in Drehstromanlagen vorkommt und sich daher jeder Zählerfachmann damit befassen muß, soll sie etwas ausführlicher behandelt und der bekannte Beweis für ihre Richtigkeit angeführt werden. In Momentanwerten ist die Leistung eines Drehstroms

$$n = u_R \cdot i_R + u_S \cdot i_S + u_T \cdot i_T,$$

wobei u_R, u_S, u_T die Sternspannungen, i_R, i_S, i_T die Ströme in den drei Leitungen sind.

Es ist nun bei Drehstrom ohne Nulleiter

$$i_R + i_S + i_T = 0.$$

Subtrahieren wir von der ersten Gleichung den Betrag $u_S \cdot (i_R + i_S + i_T)$, der ja Null ist, so erhalten wir

$$n = i_R (u_R - u_S) + i_T (u_T - u_S).$$

Nennen wir entsprechend dem Diagramm Abb. 101

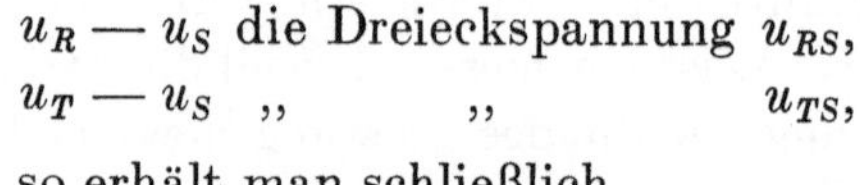

$u_R - u_S$ die Dreieckspannung u_{RS},
$u_T - u_S$ „ „ u_{TS},

so erhält man schließlich

$$n = i_R \cdot u_{RS} + i_T \cdot u_{TS}.$$

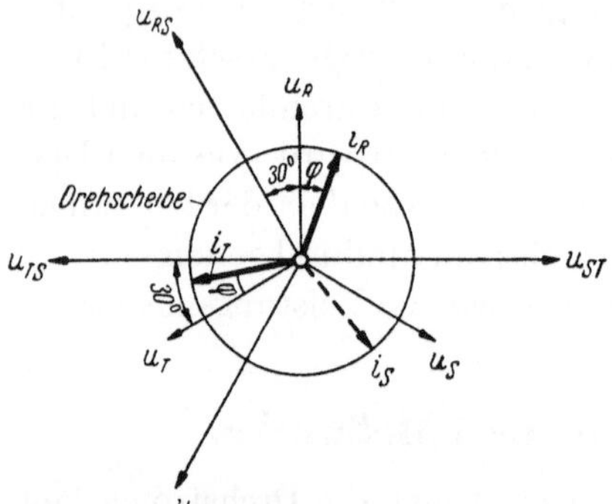

Abb. 101. Diagramm für Dreileiter-Drehstrom mit zwei Meßwerken.

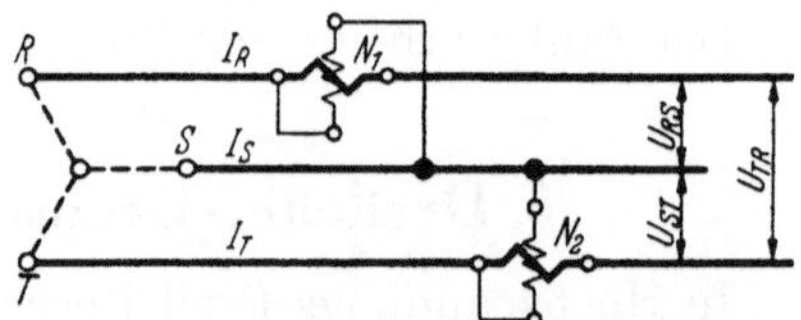

Abb. 102. Schaltung für Dreileiter-Drehstrom mit zwei Meßwerken.

An Stelle der Momentanwerte kann man bekanntlich die Effektivwerte setzen, hat dann jedoch die Phasenwinkel zwischen den Strömen und Spannungen zu berücksichtigen.

Man erhält unter Annahme sinusförmigen Wechselstroms am Leistungsmesser N_1 in der Schaltung nach Abb. 102

$$N_1 = J_R \cdot U_{RS} \cdot \cos(30° \pm \varphi)$$

und am Leistungsmesser N_2

$$N_2 = J_T \cdot U_{TS} \cdot \cos(30° \mp \varphi).$$

---

[1] Vgl. BEHN-ESCHENBERG: ETZ 1892, S. 73. — ARON: ETZ 1892, S. 193.

Das obere Vorzeichen gilt für induktive, das untere für kapazitive Belastung. Da man die Spannung $U_{TS} = - U_{ST}$ so an den Leistungsmesser N_2 angeschlossen hat, daß er einen positiven Wert zeigt, so erhält man die Gesamtleistung als Summe der Ablesungen an den beiden Leistungsmessern.

Bei gleicher Belastung aller drei Zweige und bei Gleichheit der drei Dreieckspannungen, d. h. wenn

$$I_R = I_T = I$$

und

$$U_{RS} = U_{TS} = U_v$$

ist, wird die Summe der Ablesungen

$$N = N_1 + N_2 = I \cdot U_v \cdot 2 \cdot \cos 30^\circ \cdot \cos\varphi = I \cdot U_v \cdot \sqrt{3} \cdot \cos\varphi.$$

Daraus kann man den Leistungsfaktor $\cos\varphi$ berechnen, wenn man den Strom, die Dreieckspannung und die Ablesungen der Leistungsmesser kennt.

Man berechnet bei der Zweileistungsmesserschaltung den Leistungsfaktor aber meist aus den Einzelablesungen der Leistungsmesser, wie dies auf S. 74 ausführlich angegeben ist.

Um leicht einstellen zu können und über die Lage der einzelnen Vektoren immer ein klares Bild zu haben, zeichnet man sich die Abb. 101 auf festen Karton und macht den in der Abbildung mit einem Kreis umgebenen Mittelteil, auf dem die Vektoren der drei Ströme gezeichnet sind, drehbar. Diese „Drehscheiben" haben sich im Laboratoriumsgebrauch bewährt.

b) Schaltung bei getrennten Strom- und Spannungskreisen.

α) Niederspannung und Niederstrom. Bei Niederspannung und Niederstrom gestaltet sich die Zweileistungsmesserschaltung sehr einfach, vgl. Abb. 103. Zähler und Leistungsmesser sind ganz gleich geschaltet.

Schaltet man eine der Phasen ab, so zeigt bei Abschaltung der Phase R nur der Leistungsmesser N_2 an, bei Abschaltung der Phase T nur der Leistungsmesser N_1.

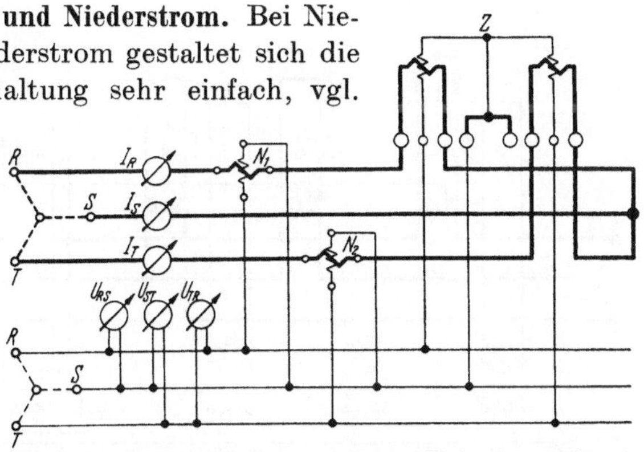

Abb. 103. Dreileiter-Drehstrom mit zwei Meßwerken, getrennte Strom- und Spannungskreise, Niederspannung und Niederstrom.

Es ergibt sich also in diesen Fällen eine einfache Einphasenmessung. Schaltet man dagegen Phase S ab, so zeigen beide Leistungsmesser an

In Abb. 104 ist das Diagramm der Ströme und Spannungen für diesen Fall gezeichnet. An den beiden Leitern R und T liegt die Dreieckspannung U_{RT}. Bei induktionsfreier Belastung wird sich also der Strom in Phase mit U_{RT} einstellen, bei induktiver Belastung verschiebt sich der Strom in die Lage I_{RT}. Die Leistungsmesser zeigen an

$$N_1 = I_{RT} \cdot U_{RS} \cdot \cos(60^\circ + \varphi),$$

$$N_2 = I_{RT} \cdot U_{TS} \cdot \cos(60^\circ - \varphi).$$

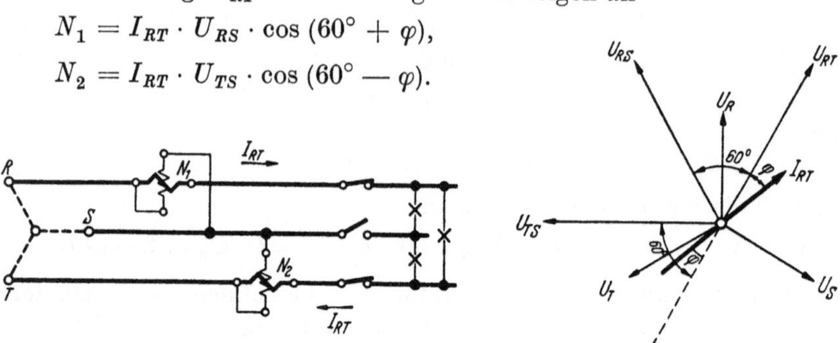

Abb. 104. Dreileiter-Drehstrom mit zwei Meßwerken, Abschaltung der gemeinsamen Phase.

Die Stromrichtung im Leistungsmesser N_2 ist umgekehrt wie bei normaler Schaltung. Im Diagramm arbeitet $-I_{RT}$ mit U_{TS} zusammen, also ergibt sich ein positiver Wert von N_2. Kann man $U_{RS} = U_{TS} = U_v$ setzen, so wird

$$N = N_1 + N_2 = I_{RT} \cdot U_v \cdot \cos\varphi,$$

d. h. die Summe der an den beiden Leistungsmessern abgelesenen Leistungen ist die richtige Leistung im Wechselstromkreis.

β) Hochspannung und Hochstrom. Zu dem Schaltplan Abb. 105 für Hochspannung ist zu bemerken, daß niederspannungsseitig Äqui-

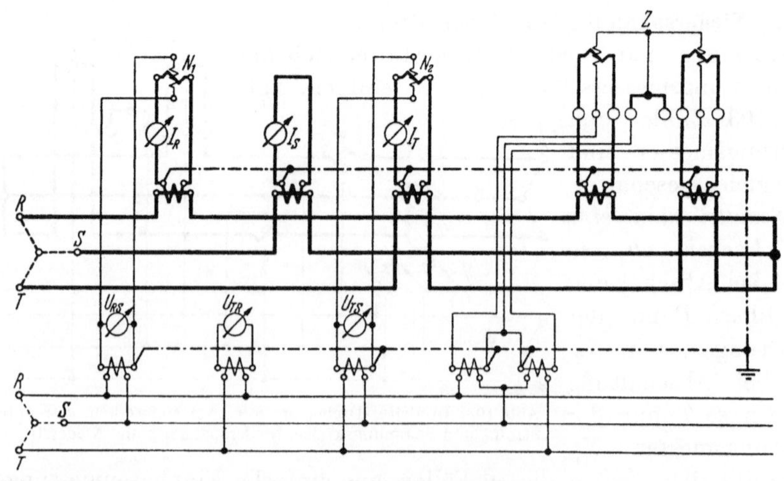

Abb. 105. Dreileiter-Drehstrom mit zwei Meßwerken, getrennte Strom- und Spannungskreise, Hochspannung und Hochstrom.

potentialverbindungen zwischen den Strom- und Spannungsspulen bei den Leistungsmessern und beim Zähler notwendig sind. Diese Verbindungen erdet man auch zweckmäßig entsprechend den strichpunktierten Linien der Abb. 105. Bei Verwendung eines Drehstromwandlers erdet man dessen Nullpunkt; die Erdung der Hauptstromspulen bleibt dabei wie in Abb. 105 bestehen. Andere Erdungen sind nicht zulässig. Für *direkte Belastung* ändert sich gegenüber den Schaltungen Abb. 103 und 105 nur das eine, daß die beiden Leitungssysteme in eines zusammengelegt werden.

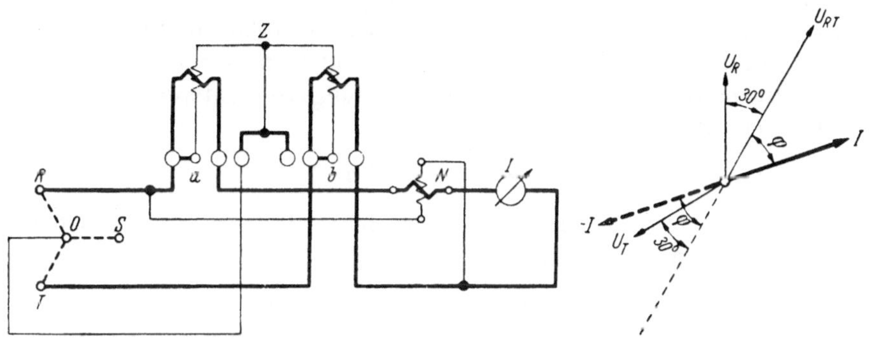

Abb. 106. Dreileiter-Drehstrom, Schaltung mit nur einem Leistungsmesser.

Abb. 107. Diagramm zur Schaltung Abb. 106.

γ) **Schaltung mit nur einem Leistungsmesser.** Bei Niederspannung kann man mit einem Leistungsmesser oder einem Prüfzähler auskommen, wenn man die Schaltung nach Abb. 106 wählt[1]. Die Stromspulen des Zählers und des Leistungsmessers werden von ein und demselben Strom I durchflossen, die Spannungsspulen des Zählers liegen an U_R und U_T, die Spannungsspule des Leistungsmessers an U_{RT}. Man muß darauf achten, daß der Strom I das Meßwerk b in solcher Richtung durchfließt, daß bei $\cos\varphi = 1$ ein positives Drehmoment auftritt, wenn die Spannungsanschlüsse entsprechend Abb. 106 gemacht sind. Bei dieser Anordnung braucht man die Verbindung der beiden Spannungsspulen, an die der Nulleiter angeschlossen wird, nicht zu lösen; da sie meist im Innern des Zählers liegt, ist dies wünschenswert. Aus dem Diagramm Abb. 107 kann man die Angaben des Zählers und des Leistungsmessers ablesen. Der Zähler zeigt:

$$\begin{aligned} A &= U_R \cdot I \cdot \cos(\varphi + 30^\circ) . t + U_T \cdot I \cdot \cos(\varphi - 30^\circ) . t \\ &= U \cdot I \cdot 2\cos\varphi \cdot \tfrac{1}{2}\sqrt{3} . t = U \cdot I \cdot \sqrt{3} \cdot \cos\varphi . t, \end{aligned}$$

wenn man $U_R = U_T = U$ setzen kann.

---

[1] Di Pieri, C.: Elettrotecnica Bd. 24 (1937), S. 784; Referat ETZ 1938, S. 472. — Eine nicht so vollkommene Schaltung ist die von Doericht: ETZ 1928, S. 180; vgl. dazu W. Beetz: ETZ 1929, S. 1835.

Der Leistungsmesser zeigt

$$N = U_{RT} \cdot I \cdot \cos\varphi = U \cdot I \cdot \sqrt{3} \cdot \cos\varphi,$$

also mit der Meßzeit t multipliziert, den Sollwert der Arbeit, wenn man $U_{RT} = U\sqrt{3}$ setzen kann. Es ist nur notwendig, daß die Spannungen U_R und U_T gleich groß gehalten werden und um 120° versetzt sind. Dann hat auch die Spannung U_{RT} die richtige Phasenlage. Da die Spannungsspulen des Zählers im Betrieb nicht an den Sternspannungen, sondern an den Dreieckspannungen liegen, ist es erforderlich, die Spannungen U_R und U_T im Verhältnis $\sqrt{3} : 1$ zu erhöhen. Bei direkter Schaltung kann man dies mit Hilfe eines kleinen Wandlers machen, bei Sparschaltung verstellt man den Spannungskreis entsprechend. Der Zähler zeigt dann

$$A = 3 \cdot U \cdot I \cdot \cos\varphi \cdot t.$$

Um die Angaben des Leistungsmessers denen des Zählers vergleichen zu können, muß man sie mit $\sqrt{3}$ multiplizieren.

Der Vorteil der beschriebenen Schaltung gegenüber ähnlichen bisher bekannten ist der, daß die gegenseitige Beeinflussung der Spannungsflüsse der beiden Meßwerke *a* und *b* genau die gleiche ist wie bei der Zweileistungsmesserschaltung, weil dafür die Nacheilung von U_R gegen U_T um 120° gleichbedeutend ist mit der Nacheilung von U_{RS} gegen U_{TS} um 60° in Abb. 101. Denn die Drehmomente, die von um einen Winkel ψ phasenverschobenen Spannungsflüssen gebildet werden, sind proportional $\sin\psi$ und $\sin 120 = \sin 60$. Die Wechselwirkungen zwischen dem Stromfluß des einen Meßwerkes und dem Spannungsfluß des anderen Meßwerkes und zwischen den Stromflüssen der beiden Meßwerke sind andere als bei der Zweileistungsmesserschaltung. Bei Zählern mit nicht vollkommen wirkender Drehfeldkompensation können sich also kleine Abweichungen gegenüber der Zweileistungsmesserschaltung ergeben.

7. Vierleiter-Drehstrom, zwei Meßwerke.

a) Allgemeines.

Eine besondere Schaltungsart zur Messung der Arbeit in Vierleiter-Drehstromnetzen durch Zähler mit nur zwei Meßwerken zeigt Abb. 108. Das eine Meßwerk trägt zwei Hauptstromwicklungen, die in die Phasen R und S eingeschaltet sind, das andere ebenfalls zwei Hauptstromwicklungen, die in die Phasen T und S eingeschaltet sind. An der Spannungswicklung des ersten Meßwerks liegt die Spannung U_R, an der des zweiten Meßwerks die Spannung U_T. Beide Meßwerke arbeiten auf die gleiche Achse[1].

Die Wicklungen sind in solchem Sinne aufgebracht, daß die Ströme und Spannungen entsprechend Abb. 109 zusammenarbeiten; der Momentanwert der Leistung wird

$$n = i_{RS} \cdot u_R + i_{TS} \cdot u_T.$$

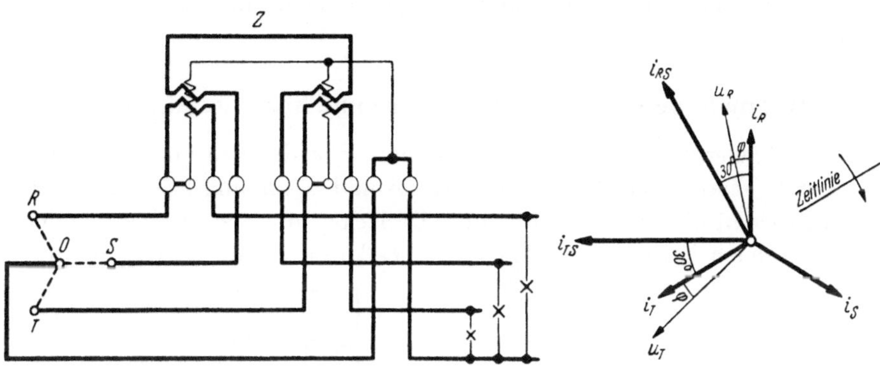

Abb. 108. Vierleiter-Drehstrom mit zwei Meßwerken, direkte Belastung, Niederspannung und Niederstrom.

Abb. 109. Diagramm zur Schaltung Abb. 108.

Der Zähler zeigt richtig für alle Belastungen und alle Phasenverschiebungen, wenn die Bedingung erfüllt ist:

$$u_R + u_S + u_T = 0.$$

Hat dagegen diese Summe einen bestimmten Wert, so daß

$$u_R + u_S + u_T = u_0,$$

so ist die Leistung im Netz[2]

$$n = i_{RS} \cdot u_R + i_{TS} \cdot u_T + i_S \cdot u_0.$$

Der Wert $i_S \cdot u_0$ wird vom Zähler nicht mitgezählt. Da nun aber, wie ORLICH[2] nachgewiesen hat, die Spannung u_0 bei nicht sinusförmigem Wechselstrom oder bei Verzerrung des Nullpunktes beträchtliche Werte annehmen kann, sind so geschaltete Zähler zur Zählung in Drehstrom-Vierleiternetzen nur bedingt geeignet. Praktisch kommen allerdings selten so große Verzerrungen vor, daß die Angaben um mehr als einige Prozente geändert werden[3].

---

[1] Die Schaltung ist ein vollständiges Analogon zur Zweileistungsmesserschaltung S. 136 und 137; an Stelle der elektrisch verketteten Dreieckspannungen u_{RS} und u_{TS} treten die magnetisch verketteten Ströme i_{RS} und i_{TS}, an Stelle der Phasenströme i_R und i_T die Sternspannungen u_R und u_T. Aus der induktiven Phasenverschiebung wird eine kapazitive und umgekehrt.

[2] Die Gleichung läßt sich aus der von ORLICH ETZ 1907, S. 71 angegebenen Gleichung 11 durch einige Umformungen ableiten.

[3] Vgl. STUBBINGS: Electrician Bd. 87 (1921), S. 754; Referat ETZ 1922, S. 1165.

Unter Einsetzung der Effektivwerte ergibt sich aus Abb. 109 die Leistung bei induktiver Belastung:

$$N = I_{RS} \cdot U_R \cdot \cos(30^\circ - \varphi) + I_{TS} \cdot U_T \cdot \cos(30^\circ + \varphi)$$
$$= 3 \cdot I \cdot U \cdot \cos \varphi,$$

wenn man $I_{RS} = I_{TS} = I\sqrt{3}$ und $U_R = U_T = U$ setzen kann, d. h. wenn die Belastungsströme und die Spannungen untereinander gleich sind.

b) Schaltung bei getrennten Strom- und Spannungskreisen.

α) Niederspannung und Niederstrom. Für die Prüfung mit Vierleiter-Drehstrom bei getrennten Strom- und Spannungskreisen müßte man sowohl die Stern- als auch die Dreieckspannungen untereinander genau gleich halten. Dies läßt sich aber kaum erreichen, weil bei der

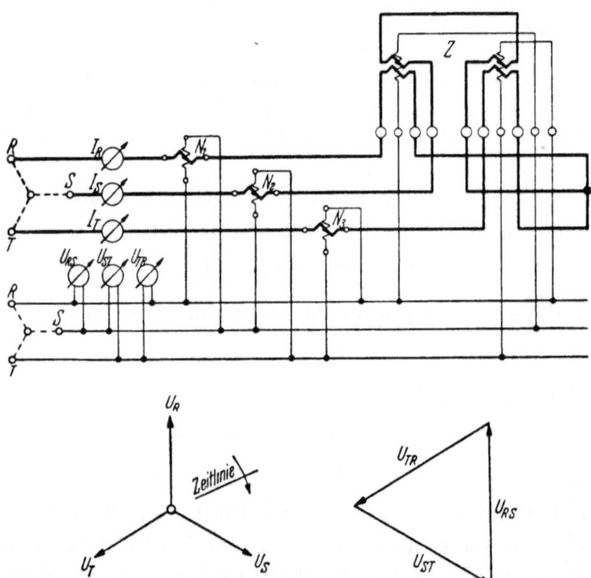

Abb. 110. Vierleiter-Drehstrom mit zwei Meßwerken, getrennte Strom- und Spannungskreise, Niederspannung und Niederstrom.

Einstellung der einen Spannung immer die anderen mit beeinflußt werden. Man kann nur entweder die Dreieckspannungen oder die Sternspannungen untereinander gleich einstellen. In keinem der beiden Fälle ist Gewähr dafür geboten, daß dann die Sternspannungen bzw. die Dreieckspannungen um 120° gegeneinander verschoben sind. Dies ist aber Bedingung dafür, daß das Störungsglied $i_S \cdot u_0 = 0$ wird.

Man hilft sich dadurch, daß man ähnlich wie oben beim Vierleiter-Drehstromzähler mit drei Meßwerken nur drei Leitungen benutzt und die Dreieckspannungen sinngemäß mit den Spannungsspulen des Zählers und der Leistungsmesser verbindet. In Abb. 110 ist die Prüfschaltung angegeben. Zur Schaltung des Hauptstromkreises ist nichts zu bemerken. Diejenige Spannungsspule des Zählers, die in der Installation an U_R zu liegen kommt, wird an U_{RS} gelegt, die Spannungsspule, die in der Installation an U_T liegt, an U_{TR}. Einmal ersetzt also die Leitung S den Nulleiter, das andere Mal die Leitung R. Der Zähler muß deshalb so eingerichtet sein, daß man die Enden der Spannungsspulen, die in der Installation am Nullpunkt liegen, für die Prüfschaltung lösen kann. Ist die Lösung nicht möglich, so muß man auf irgendeine Weise einen künstlichen Nullpunkt bilden, z. B. durch einen Drehstromtransformator oder -motor mit zugänglichem Nullpunkt. Die Leistungsmesser können natürlich nicht ebenso wie der Zähler geschaltet werden, sondern in jeder Phase muß ein Leistungsmesser liegen. Dabei werden die Spannungsleitungen folgendermaßen verbunden:

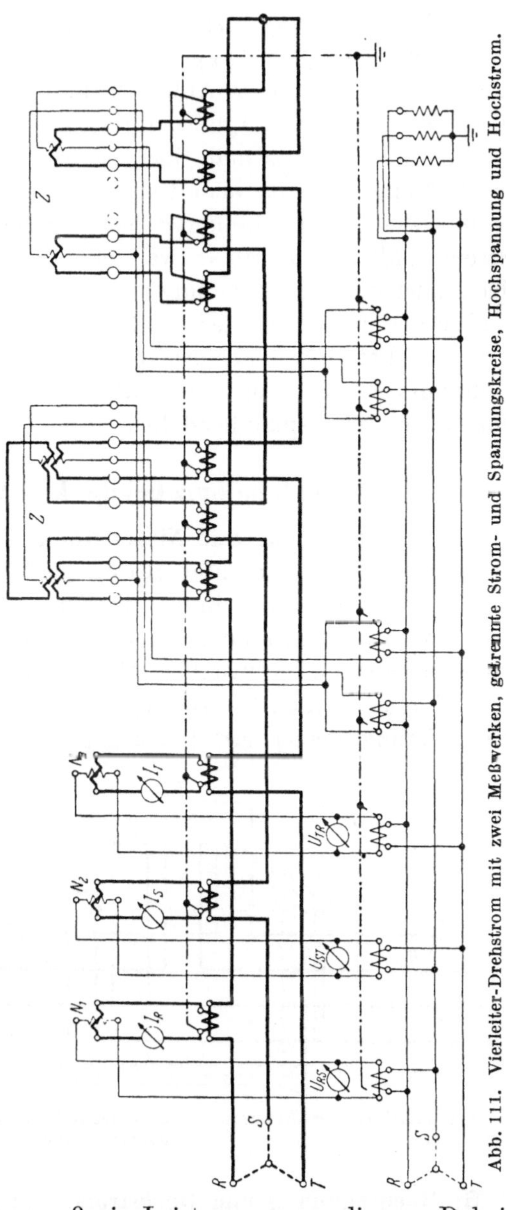

Abb. 111. Vierleiter-Drehstrom mit zwei Meßwerken, getrennte Strom- und Spannungskreise, Hochspannung und Hochstrom.

Leistungsmesser in	Spannung	Nulleiter ersetzt durch Leitung
Phase R	U_{RS}	S
Phase S	U_{ST}	T
Phase T	U_{TR}	R

β) Hochspannung und Hochstrom. Für Hochspannung und Hochstrom wird nach Abb. 111 geschaltet. Die Schaltung der drei Leistungsmesser ist ebenso wie in Abb. 110, Besonderheiten zeigen sich nur bei der Schaltung der Hauptstromkreise des Zählers.

Entweder benutzt man einen Zähler mit zwei Stromwicklungen auf jedem Meßwerk, wozu man drei Stromwandler braucht, oder man verkettet, wie in der Abbildung rechts gezeichnet, die Ströme in zwei Stromwandlern, die primär zwei, sekundär eine Wicklung tragen, wobei der Zähler nur eine Wicklung auf jedem Meßwerk hat. Die Erdungen sind so vorzunehmen, wie in Abb. 111 angegeben. Wenn der die Hochspannung liefernde Transformator keinen für die Erdung zugänglichen Nullpunkt hat, kann man einen künstlichen Nullpunkt etwa durch eine Drehstromdrosselspule herstellen.

c) Schaltung bei direkter Belastung.

α) Niederspannung und Niederstrom. Bedeutend einfacher als für die Prüfung mit getrennten Strom- und Spannungskreisen gestaltet sich die Schaltung für direkte Prüfung an Ort und Stelle. Abb. 112 bedarf keiner Erläuterung. Es ist durch Messung der Dreieck- und der Sternspannungen festzustellen, ob das Glied u_0 nicht auf die Angaben des Zählers einwirkt. Die Leistung des Netzes wird natürlich durch die drei Leistungsmesser immer richtig gemessen.

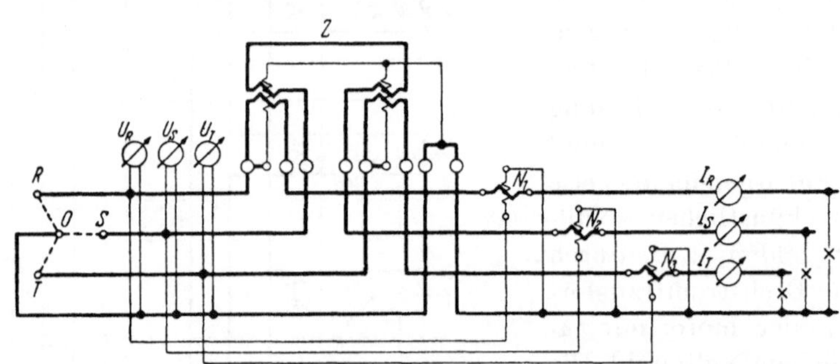

Abb. 112. Vierleiter-Drehstrom mit zwei Meßwerken, direkte Belastung, Niederspannung und Niederstrom.

β) Hochspannung und Hochstrom. Für Hochspannung und Hochstrom wird der Spannungskreis unter Zwischenschaltung von Spannungswandlern genau so geschaltet wie in Abb. 112, die Schaltung des Hauptstromkreises ist genau gleich der in Abb. 111. Äquipotential- und Erdverbindungen müssen sinngemäß hergestellt werden.

8. Vier- oder Dreileiter-Drehstrom, ein Meßwerk (sogenannte Drehstromzähler für gleichbelastete Phasen).

a) Allgemeines.

Alle Drehstromzähler mit nur einem Meßwerk zeigen nur dann richtig, wenn alle Phasen gleich belastet sind. Meist ist diese Voraussetzung nicht erfüllt. Bei größeren Ungleichheiten in der Belastung oder gar bei Abschaltung einer Phase zeigen sie vollständig falsch; es kann sogar bei induktiver oder kapazitiver Belastung der Fall eintreten, daß sie rückwärts laufen[1]. Derartige Zähler werden deshalb von der Physikalisch-Technischen Bundesanstalt nicht mehr zur Beglaubigung zugelassen. Trotzdem werden diese Zähler in Niederspannungsnetzen noch verwendet, weil sie bedeutend billiger sind als Drehstromzähler. Sie werden immer mit Einphasenstrom geprüft, wenn man mit getrenntem Strom- und Spannungskreis arbeitet. Im folgenden sollen die drei gebräuchlichsten Schaltungen kurz behandelt werden.

b) Eine Hauptstromspule in einer Phasenleitung, eine Spannungsspule zwischen dieser Leitung und dem Nulleiter. Abb. 113.

Der Zähler zählt an und für sich $N \cdot t = I_R \cdot U_R \cdot \cos\varphi \cdot t$, seine Zählwerksübersetzung ist jedoch so gewählt, daß das Dreifache angezeigt wird:

$$A = 3 \cdot I_R \cdot U_R \cdot \cos\varphi \cdot t.$$

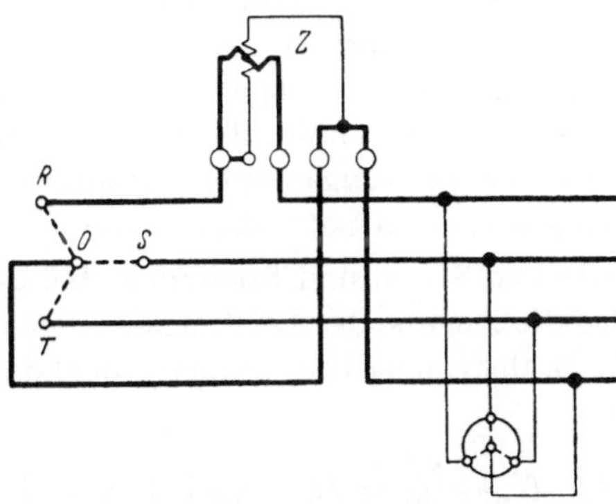

Abb. 113. Drehstrom mit einem Meßwerk. J_R und U_R.

Man prüft den Zähler sowohl für Niederspannung als auch für Hochspannung als Einphasenzähler. Die Angaben des zur Prüfung verwendeten Leistungsmessers müssen also bei der Berechnung des Fehlers mit 3 multipliziert werden.

[1] Vgl. SCHMIEDEL: ETZ 1913, S. 53.

c) Eine Hauptstromspule in einer Phasenleitung, eine Spannungsspule zwischen dieser Leitung und einer anderen Phasenleitung. Abb. 114.

Der Zähler zählt an und für sich $N \cdot t = I_R \cdot U_{RT} \cdot \cos\varphi \cdot t$, wenn der von der Spannungsspule erzeugte magnetische Fluß der Spannung um 60° nacheilt (anstatt wie beim normalen Einphasenzähler um 90°), wie aus dem Diagramm Abb. 115a ersichtlich ist.

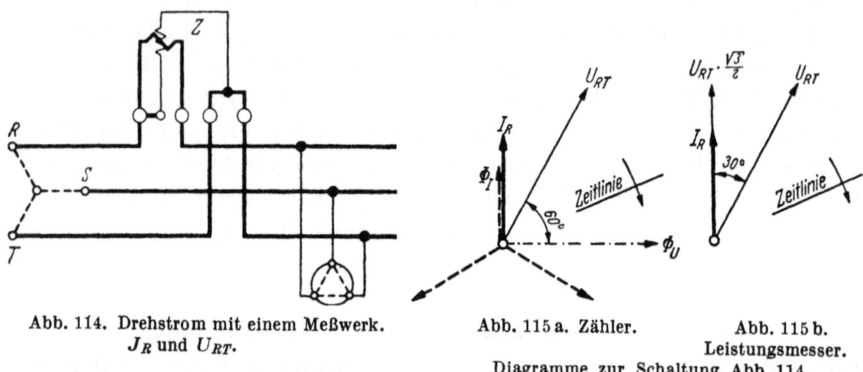

Abb. 114. Drehstrom mit einem Meßwerk. J_R und U_{RT}.

Abb. 115a. Zähler. Abb. 115b. Leistungsmesser.
Diagramme zur Schaltung Abb. 114.

Die Zählwerksübersetzung ist so gewählt, daß die Angaben das $\sqrt{3}$fache betragen:

$$A = \sqrt{3} \cdot I_R \cdot U_{RT} \cdot \cos\varphi \cdot t = 3 \cdot I \cdot U \cdot \cos\varphi \cdot t.$$

Bei der Prüfung mit getrenntem Strom- und Spannungskreis schaltet man Zähler und Leistungsmesser genau so wie bei Einphasenmessungen, wobei an den Spannungsspulen eine Spannung von der Größe der Dreieckspannung liegen muß. Bei induktionsfreier Belastung für den Zähler muß der Leistungsmesser entsprechend Abb. 115b $I_R \cdot U_{RT} \cdot \sqrt{3}/2$ anzeigen, also 0,866 seines größten Ausschlags bei Phasengleichheit zwischen Strom und Spannung. Bei der Berechnung des Fehlers muß also die Angabe des Leistungsmessers mit 2 multipliziert werden, um die Drehstromleistung entsprechend den Angaben des Zählers zu erhalten:

$$N = 2 \cdot I_R \cdot U_{RT} \cdot \frac{\sqrt{3}}{2} = I_R \cdot U_{RT} \sqrt{3} = 3 \cdot U \cdot I.$$

Will man den Zähler für induktive Last prüfen, so muß man bedenken, daß der Leistungsmesser $I_R \cdot U_{RT} \cdot \cos(30° - \varphi)$ zeigt, während der Zähler mit einer Drehzahl läuft, die $I_R \cdot U_{RT} \cdot \sqrt{3} \cdot \cos\varphi$ proportional ist. Deshalb stellt man sich am besten die folgende Tabelle auf, die die Ausschläge α des Leistungsmessers für eine Anzahl von Leistungsfaktoren im Netz in Prozenten des größten Ausschlags des

Leistungsfaktor im Netz cos φ	Phasenwinkel φ	Ausschlag α des Leistungsmessers %	Faktor k, mit dem der Ausschlag α zu multiplizieren ist
1	0	86,6	2,000
0,9	25° 50′	99,7	1,565
0,866	30°	100,0	1,500
0,8	36° 50′	99,3	1,394
0,7	45° 30′	96,4	1,260
0,6	53° 10′	91,9	1,130
0,5	60°	86,6	1,000
0,4	66° 25′	80,5	0,861
0,3	72° 30′	73,7	0,705
0,2	78° 25′	66,4	0,521
0,1	84° 25′	58,4	0,296
0	90°	50,0	0

Leistungsmessers bei den jeweiligen Werten des Hauptstroms und der Spannung angibt. In der letzten Spalte ist schließlich der Faktor k angegeben, mit dem man bei verschiedenen Phasenverschiebungen die Angaben des Leistungsmessers multiplizieren muß, um die der Einrichtung des Zählers entsprechende Leistung für die Berechnung des Fehlers zu erhalten. Die Werte sind in Abhängigkeit von cos φ in Abb. 116 aufgetragen.

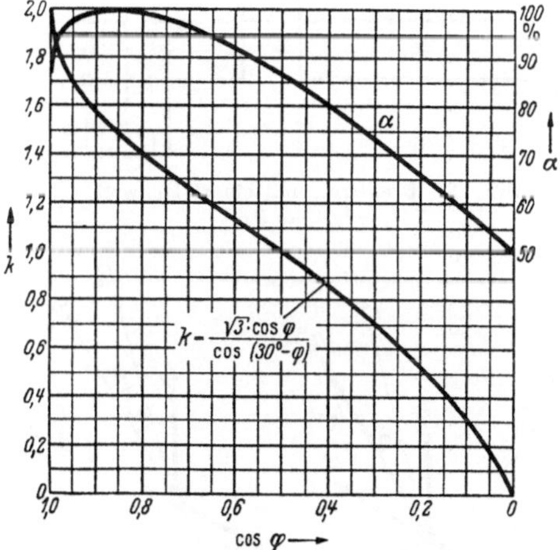

Abb. 116. Korrektion k für den Leistungsmesser bei Schaltung nach Abb. 114.

Die Tabelle gilt für induktive Last, kapazitive Last kommt für derartige Zähler nicht in Frage.

d) Zwei Hauptstromspulen, jede in einer Phasenleitung, eine Spannungsspule zwischen diesen beiden Leitungen. Abb. 117.

Bei dem Zähler nach Abb. 117 durchfließen die beiden Phasenströme zwei auf ein und denselben Eisenkern aufgebrachte Wicklungen. Der von ihnen erzeugte magnetische Fluß wird von gleicher Größe und von gleicher Phase, wie wenn sich die beiden Ströme I_R und I_T entsprechend dem Diagramm der Abb. 118a zu einem resultierenden Strom I_{RT} verbänden. Die an der Spannungsspule liegende Spannung ist bei induktionsfreier Belastung U''_{RT}, fällt also mit dem Strom I_{RT} zusammen. Bei induktiver Last eilt der Strom der Spannung um einen Winkel φ

nach, was gleichbedeutend ist mit einer Verschiebung von U''_{RT} nach U'_{RT} in Abb. 118a. Da der Zähler mit 90°-Verschiebung gebaut ist, sind seine Angaben

$$A = I_{RT} \cdot U'_{RT} \cdot \cos \varphi \cdot t.$$

Er zeigt also bei allen Phasenverschiebungen dann die Drehstromarbeit richtig an, wenn alle Phasen gleich belaetet sind.

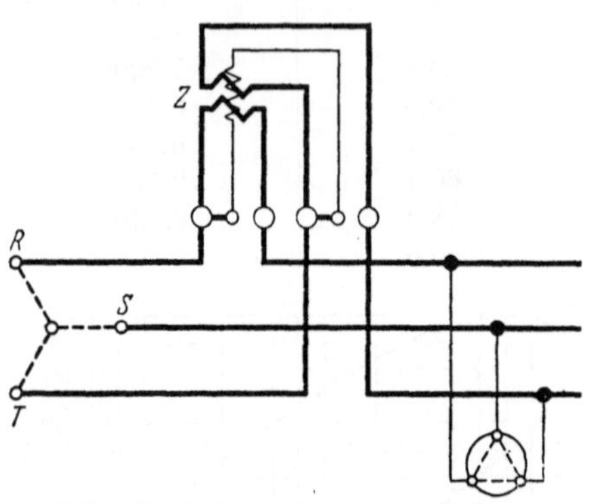

Abb. 117. Drehstrom mit einem Meßwerk, I_R—I_T und U_{RT}.

Man kann den Zähler als Einphasenzähler prüfen, wobei man nur darauf zu achten hat, daß man die Stromspulen richtig hintereinanderschaltet. Es ist nämlich gleichgültig, ob man zwei um 60° gegeneinander verschobene Ströme I_R und $-I_T$ durch die Spulen leitet oder zwei phasengleiche Ströme, von denen jeder die Größe $I_R \cdot \sqrt{3}/2$ hat. Bei Bestimmung der Höhe der Belastung ist der Zahlenwert zu berücksichtigen. Im übrigen kann man die Angaben des Zählers direkt mit denen eines Leistungsmessers vergleichen, der vom gleichen Strom durchflossen wird und an der gleichen Spannung liegt.

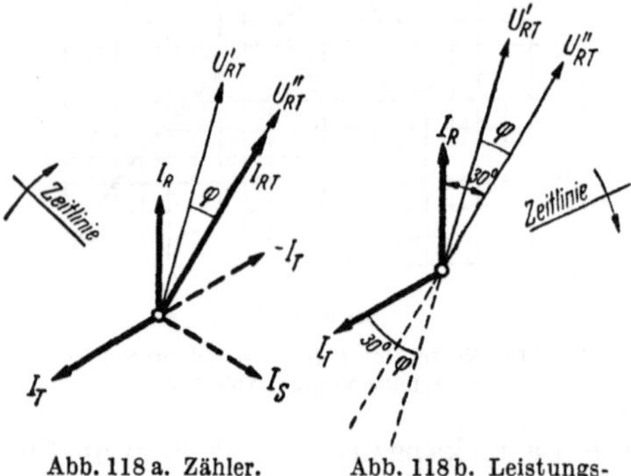

Abb. 118a. Zähler. Abb. 118b. Leistungsmesser.
Diagramme zur Schaltung Abb. 117.

Will man an Ort und Stelle mit *Drehstrom* prüfen, so kann man die Stromspulen zweier Leistungsmesser in die Leitungen einschalten, in denen die Stromspulen des Zählers liegen, während man ihre Spannungsspulen an ein und dieselbe Spannung U'_{RT} anschließt. Entsprechend dem Diagramm der Abb. 118b ergibt die Summe der Ablesungen der beiden Leistungsmesser bei induktiver Last:

$$N = I_R \cdot U'_{RT} \cdot \cos(30° - \varphi) + I_T \quad U'_{RT} \cdot \cos(30° + \varphi).$$

Setzt man unter Annahme gleicher Belastung der drei Zweige $I_R = I_T$, ferner unter Voraussetzung genauer 120°-Verschiebung $I_R - I_T = I_R\sqrt{3}$, so erhält man

$$N = I_R \sqrt{3} \cdot U'_{RT} \cdot \cos \varphi = I_{RT} \cdot U'_{RT} \cdot \cos \varphi.$$

Die Summe der Angaben der beiden Leistungsmesser entspricht also den Angaben des Zählers.

Es sei noch darauf aufmerksam gemacht, daß es keineswegs richtig ist, einen der erwähnten Zähler mit nur einem Meßwerk dadurch prüfen zu wollen, daß man durch eine richtige Drehstromschaltung der Leistungsmesser die Netzleistung bestimmt. Dies wäre nur dann zulässig, wenn alle Ströme und Spannungen untereinander genau gleich wären. Trifft dies nicht zu, so mißt man zwar die Netzleistung mit den Leistungsmessern richtig und kann die Ungleichheiten, die zu falschen Angaben des Zählers führen, feststellen, dagegen kann man nicht prüfen, ob der Zähler richtig eingestellt war.

9. Blindverbrauchzähler[1].

a) Allgemeines.

Alle bisher beschriebenen Prüfschaltungen waren für die Prüfung von Wirkverbrauchzählern bestimmt. Wir wollen uns im folgenden mit den Schaltungen für Blindverbrauchzähler befassen, vorher aber einige grundsätzliche Eigenschaften der Blindverbrauchzähler erörtern.

Die Blindverbrauchzähler sind vor allem bei größeren Anlagen von Wichtigkeit, wo es erwünscht ist, die induktive oder kapazitive Speicherenergie zu erfassen. Es werden also meist Drehstrom-Blindverbrauchzähler zu prüfen sein. Aber auch für Wechselstrommessungen werden in Sonderfällen Blindverbrauchzähler benötigt. Die grundsätzliche Wirkungsweise der Blindverbrauchzähler wollen wir uns kurz an dem Beispiel eines Einphasen-Blindverbrauchzählers für induktive Last klarmachen.

Der Blindverbrauchzähler soll bekanntlich anzeigen:

$$A = N' \cdot t = U \cdot I \cdot \sin \varphi \cdot t.$$

Bei induktionsfreier Last, also $\cos \varphi = 1$, ist $\sin \varphi = 0$, und die Angaben des Zählers sind dann auch gleich Null. Bei rein induktiver Last, also $\cos \varphi = 0$, ist $\sin \varphi = 1$, und der Zähler läuft mit seiner größten Drehzahl.

Abb. 119a zeigt das Diagramm eines Einphasen-Blindverbrauchzählers bei induktionsfreier Last; die Spannung U und der Strom I sind phasengleich. Der Strom wird in der gleichen Richtung wie beim Wirkverbrauchzähler durch den Zähler geleitet, die Spannung wird im

[1] Vgl. „Richtlinien" der Physikalisch-Technischen Reichsanstalt über Blindverbrauchzähler (Umdruck); ferner Z. Instrumentenkde. 1919, S. 111 und 1920, S. 137. — W. BEETZ: Archiv techn. Messen J 752—4, Juli 1936. — H. NÜTZELBERGER: Archiv techn. Messen J 752—10, Juli 1943.

umgekehrten Sinne wie beim Wirkverbrauchzähler angeschlossen, also in Richtung $-U$; den Grund dafür werden wir später sehen.

Der Spannungsfluß Φ_U eilt der Spannung $-U$ um β nach, der Stromfluß Φ_I dem Strom I um α. β und α müssen sich beim Blindverbrauchzähler zu 0° ergänzen (beim Wirkverbrauchzähler zu 90°). Bei induktionsfreier Last sind die Flüsse Φ_U und Φ_I dann um $\psi_0 = 180°$ verschoben. Bei einer induktiven Phasenverschiebung φ ergibt sich aus Abb. 119b eine Verschiebung zwischen Φ_U und Φ_I von $\psi = 180° - \varphi$. Das Drehmoment des Zählers ist bekanntlich proportional $\Phi_U \cdot \Phi_I \cdot \sin\psi$; es ist positiv, da $\sin(180° - \varphi)$ positiv ist. Würde die Phasenverschiebung zwischen Φ_U und Φ_I bei induktionsfreier Last nicht 180°, sondern 0° sein, würde also die Spannung U genauso angeschlossen werden wie beim Wirkverbrauchzähler, so würde $\psi = -\varphi$ werden, $\sin\psi = \sin(-\varphi)$ würde negativ werden, der Zähler würde rückwärts laufen.

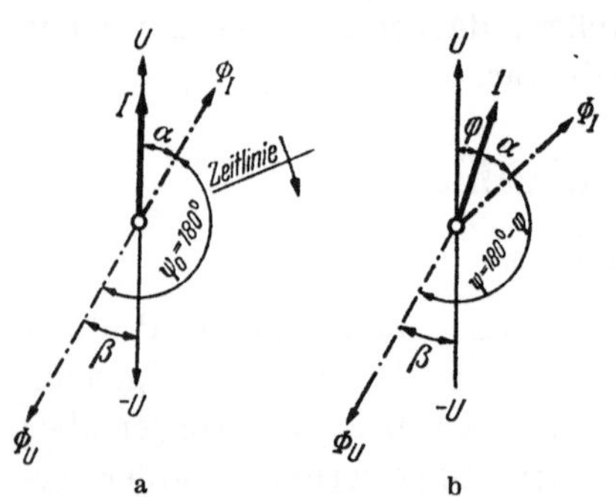

Abb. 119a und b. Allgemeine Diagramme eines Blindverbrauchzählers für Einphasenwechselstrom.

Daraus ergibt sich die allgemeine Regel für alle Blindverbrauchzähler für Einphasen- und Dreiphasen-Wechselstrom: „Jedes Meßwerk muß so eingerichtet sein, daß bei induktionsfreier Belastung der Spannungsfluß dem Stromfluß um 180° nacheilt."

Die einzelnen Bauarten der Blindverbrauchzähler unterscheiden sich nur dadurch, daß man zur Erzeugung des Spannungsflusses verschiedene Spannungen heranzieht. Man unterscheidet folgende Bauarten:

1. 180°-*Verschiebung.* Die Einphasenzähler können nur so ausgeführt werden, wie dies in Abb. 119 dargestellt ist. Drehstromzähler können ebenso ausgeführt werden. Die Zähler werden außen genau so angeschlossen wie Wirkverbrauchzähler. Die innere Schaltung ist dagegen vollkommen von der der Wirkverbrauchzähler verschieden.

2. 90°-*Verschiebung.* Nur für Drehstromzähler. Die innere Schaltung ist genau die gleiche wie die der Wirkverbrauchzähler, β und α ergänzen sich zu 90°. Die 180°-Verschiebung der Flüsse wird durch den Anschluß der Spannungsspulen an Spannungen geeigneter Lage erzielt.

3. 60°-*Verschiebung.* Nur für Drehstromzähler. β und α ergänzen sich zu 60°. Die 180°-Verschiebung der Flüsse wird durch Anschluß der Spannungsspulen an Spannungen geeigneter Lage erzielt.

Diese drei Schaltungen werden in folgendem behandelt werden, weil sie die gebräuchlichsten sind.

Ganz allgemein gilt ferner für Blindverbrauchzähler das Folgende: Die Schaltungen der Blindverbrauchzähler für induktive Last können in Schaltungen für kapazitive Last verwandelt werden, wenn man die Anschlüsse entweder an allen Stromspulen oder an allen Spannungsspulen umkehrt. Werden die für induktive Last geschalteten Blindverbrauchzähler kapazitiv belastet, so laufen sie rückwärts.

Zyklische Vertauschung der zusammengehörenden Größen ist bei allen Blindverbrauchzählern statthaft.

Während bei Wirkverbrauchzählern mit Drehfeldkompensation der Drehsinn fast ohne Einfluß ist und bei solchen ohne Kompensation nur Fehler von einigen Prozent bei falschem Drehsinn entstehen können, treten bei Blindverbrauchzählern mit 90°- und 60°-Verschiebung bei falschem Drehsinn gänzlich veränderte Verhältnisse ein. Beispielsweise laufen Blindverbrauchzähler mit 90°-Verschiebung bei verkehrtem Drehsinn verkehrt herum, und zwar mit der gleichen Drehzahl, mit der sie bei richtigem Anschluß vorwärts laufen; solche mit 60°-Verschiebung zeigen bei verkehrtem Drehsinn vollkommen falsch; nur die Blindverbrauchzähler mit 180°-Verschiebung sind unabhängig vom Drehsinn. Vor dem Anschließen von Blindverbrauchzählern muß man deshalb mit einem Drehfeldzeiger den Drehsinn feststellen.

Die Leistung mißt man immer mit Wirkleistungsmessern, weil sie genauer sind, als Blindleistungsmesser. Für ihre Schaltung gilt allgemein folgendes:

Die Spannungsspule muß an eine Spannung angeschlossen werden, die bei induktionsfreier Last dem Strom um 90° nacheilt. Dann erhält man bei induktiver Last einen positiven Ausschlag, der $U \cdot J \cdot \sin \varphi$ proportional ist.

Im folgenden sollen nur die Schaltungen bei direkter Belastung und für Niederspannung und Niederstrom angegeben werden. Die Schaltungen für getrennten Strom- und Spannungskreis und für Hochspannung und Hochstrom lassen sich leicht aus den ausführlich angegebenen Schaltungen für Wirkverbrauch ableiten.

b) Vierleiter-Drehstrom, drei Meßwerke mit 180°-Verschiebung.

Die einzelnen Meßwerke sind im Innern nach Abb. 120 ausgeführt. Außen werden sie genauso angeschlossen wie beim Wirkverbrauchzähler. Damit die Leistungsmesser die Blindlast anzeigen, müssen sie anstatt an die Spannungen U_R, U_S, U_T bei Wirkverbrauchschaltung an die um 90° nacheilenden Spannungen U_{ST}, U_{TR}, U_{RS} angeschlossen werden, Abb. 121. Die Angaben der Leistungsmesser muß man durch $\sqrt{3}$ dividieren oder man muß durch Wahl der Vorwiderstände in den Spannungskreisen dafür sorgen, daß die Größe der Ströme in den

Spannungskreisen genauso groß ist, wie wenn sie an die Sternspannungen angeschlossen wären; der Gesamtwiderstand des Spannungskreises jedes Leistungsmessers muß also $\sqrt{3}$mal so groß gemacht werden, als wenn er an der Sternspannung läge.

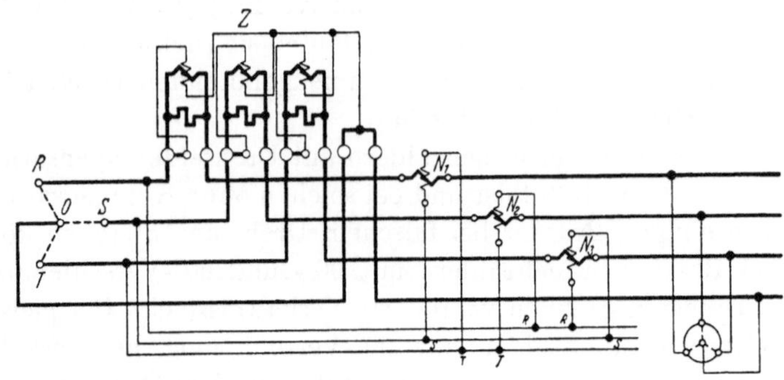

Abb. 120. Vierleiter-Drehstrom, drei Meßwerke mit 180°-Verschiebung, direkte Belastung, Niederspannung und Niederstrom.

Voraussetzung für richtige Messung ist fernerhin, daß sowohl die Sternspannungen als auch die Dreieckspannungen untereinander gleich sind. Bei direkter Schaltung nach Abb. 120 kann man dies nur durch gleiche Belastung aller drei Zweige erreichen. Bei der Messung mit getrennten Strom- und Spannungskreisen muß man die drei Spannungen mit Hilfe des Spannungssymmetrieanzeigers (s. S. 103) gleich groß halten. Es genügt nicht, einen künstlichen Nullpunkt durch eine große Drossel zu bilden, wenn man genau messen will[1]. Höchstens mit Konstanthaltungseinrichtungen (s. S. 51) kann man die Spannungen fast genau so gleich halten, wie mit dem Spannungssymmetrieanzeiger.

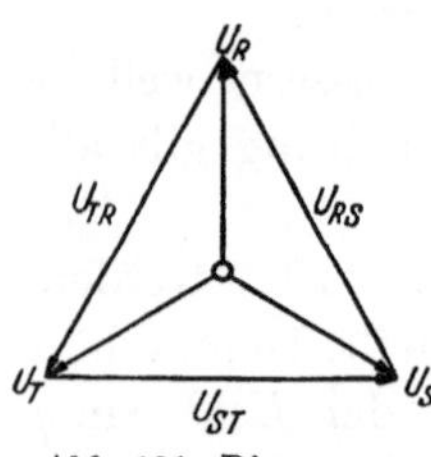

Abb. 121. Diagramm der Spannungen.

c) Vierleiter-Drehstrom, drei Meßwerke mit 90°-Verschiebung.

Bei Blindverbrauchzählern für Vierleiter-Drehstrom, deren Meßwerke ebenso wie die der Wirkverbrauchzähler für 90°-Verschiebung eingerichtet sind, werden die Anschlüsse der Spannungsspulen an die Netzleiter in folgender Weise gegenüber den in Abb. 98 gezeichneten vertauscht.

An Stelle von U_R tritt U_{ST},
„ „ „ U_S „ U_{TR},
„ „ „ U_T „ U_{RS}.

[1] Nützelberger, H.: Archiv techn. Messen J 742—11, Sept. 1943.

Abb. 122 zeigt die entsprechenden Schaltungen des Zählers und der Leistungsmesser, die in diesem Fall übereinstimmen. Die Enden der Spannungsspulen des Zählers müssen an Einzelklemmen geführt sein, damit sie an die richtigen Spannungen angeschlossen werden können.

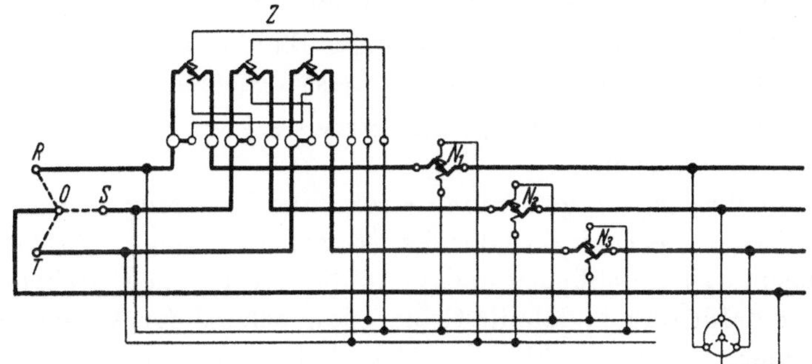

Abb. 122. Vierleiter-Drehstrom, drei Meßwerke mit 90°-Verschiebung, direkte Belastung, Niederspannung und Niederstrom.

In Abb. 123 ist das Diagramm der Spannungen, der Ströme und der Flüsse für den Zähler bei gleicher Belastung der drei Phasen gezeichnet.

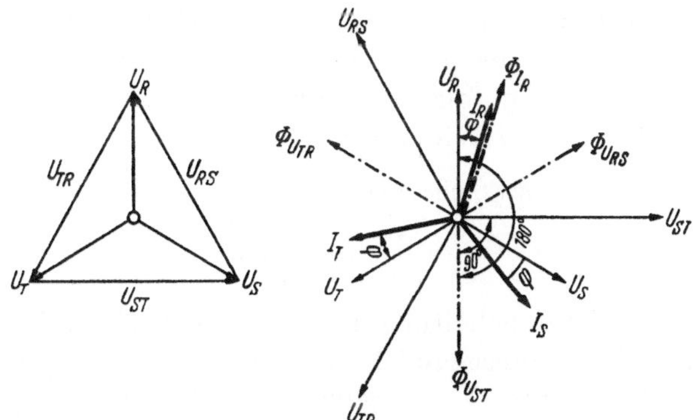

Abb. 123. Diagramme des Zählers für die Schaltung nach Abb. 122.

Um ein einfaches Diagramm zu erhalten, setzen wir voraus, daß der Stromfluß in Phase mit dem Strom ist, während er in Wirklichkeit um einen kleinen Winkel nacheilt. Der Spannungsfluß eile der ihn erzeugenden Spannung um genau 90° nach. Am Meßwerk R, das vom Strom I_R durchflossen wird, liegt die Spannung U_{ST}. Der von ihr erzeugte Spannungsfluß $\Phi_{U_{ST}}$ eilt dem Stromfluß Φ_{I_R} um $180° - \varphi$ nach; analog gilt das gleiche für die anderen Meßwerke. Die Bedingung für das richtige Arbeiten des Zählers ist also erfüllt.

Die Spannungsspulen des Zählers müssen natürlich für die Dreieckspannungen richtig bemessen sein. Ebenso muß die Zählwerkübersetzung so gewählt sein, daß der Blindverbrauch vom Zählwerk richtig angezeigt wird. Da die Leistungsmesser genau so wie der Zähler geschaltet werden, so zeigt jeder von ihnen entsprechend Abb. 123 den Wert $U_{ST} \cdot I_R \cdot \cos(90° - \varphi) = \sqrt{3} \cdot U_R \cdot I_R \cdot \sin\varphi$ an; man muß also die Summe der an den drei Leistungsmessern abgelesenen Leistungen noch durch $\sqrt{3}$ dividieren, um den richtigen Blindverbrauch zu erhalten, oder man muß die Vorwiderstände der Leistungsmesser so wählen, daß der Gesamtwiderstand ihres Spannungskreises $\sqrt{3}$mal so groß wird wie bei normaler Schaltung.

Bei der Messung mit getrennten Strom- und Spannungskreisen kann man entweder die Dreieck- oder die Sternspannungen an Zähler und Leistungsmesser anschließen und sie in die richtige Lage drehen. Nur muß man dafür sorgen, daß die Größe entsprechend der Aufschrift auf dem Zähler richtig gewählt ist und daß die Angaben der Leistungsmesser wieder durch $\sqrt{3}$ dividiert werden. Das Spannungsdreieck braucht nicht symmetriert zu werden.

d) Vierleiter-Drehstrom, drei Meßwerke mit 60°-Verschiebung.

Man kann die Blindverbrauchzähler für Vierleiter-Drehstrom auch so ausführen, daß jedes der drei Meßwerke für 60°-Verschiebung eingerichtet ist. Es wird dann folgende zyklische Vertauschung gegenüber der Schaltung Abb. 98 für Wirkverbrauchzähler gemacht:

An Stelle von U_R tritt U_S,
" " " U_S " U_T,
" " " U_T " U_R.

Somit ergibt sich die Schaltung des Zählers nach Abb. 124. Das Diagramm Abb. 125 veranschaulicht die Wirkungsweise bei induktiver Phasenverschiebung unter Voraussetzung gleicher Belastung der drei Zweige.

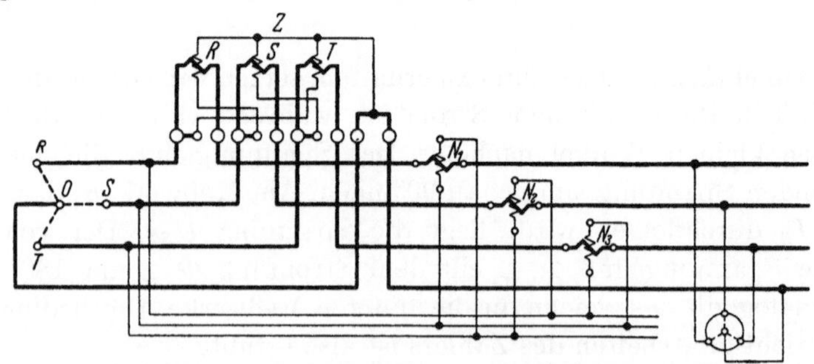

Abb. 124. Vierleiter-Drehstrom, drei Meßwerke mit 60°-Verschiebung, direkte Belastung, Niederspannung und Niederstrom.

Es ist wieder die Annahme gemacht, daß der Stromfluß in Phase mit dem Strom ist; der Spannungsfluß eile der ihn erzeugenden Spannung um genau 60° nach. Am Meßwerk R, das vom Strom I_R durchflossen wird, liegt die Spannung U_s. Der von ihr erzeugte Fluß Φ_{U_S} eilt dem Stromfluß Φ_{I_R} um $180° - \varphi$ nach. Die Bedingung für das richtige Arbeiten des Zählers ist also erfüllt.

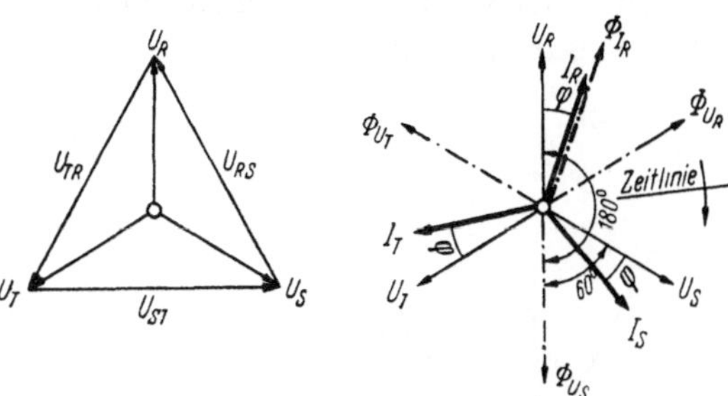

Abb. 125. Diagramme des nach Abb. 124 geschalteten Zählers.

Die Leistungsmesser werden ebenso geschaltet wie in Abb. 122; dann sind die Angaben jedes Leistungsmessers proportional $U_{ST} \cdot I_R \cdot \sin\varphi$, die Gesamtleistung muß wieder durch $\sqrt{3}$ dividiert werden. Da am Zähler die Sternspannungen, an den Leistungsmessern die Dreieckspannungen liegen, so muß bei der Schaltung mit getrennten Strom- und Spannungskreisen der Spannungskreis als Vierleiter-Drehstromkreis ausgebildet werden. Das Diagramm der Dreieck- und Sternspannungen muß sowohl bei direkter Belastung als auch bei getrennten Strom- und Spannungskreisen ein gleichseitiges Dreieck mit dem Mittelpunkt in seiner Ebene sein. Es muß also wie beim Zähler mit 180°-Verschiebung das Spannungsdreieck vollkommen symmetriert sein.

e) Dreileiter-Drehstrom, zwei Meßwerke mit 180°-Verschiebung.

Der Zähler wird außen genau so angeschlossen wie ein Wirkverbrauchzähler in Zweileistungsmesserschaltung, im Innern sind die Spannungsspulen dagegen umgepolt, Abb. 126. Für induktionsfreie Last sind die Ströme, Spannungen und Flüsse für beide Meßwerke in

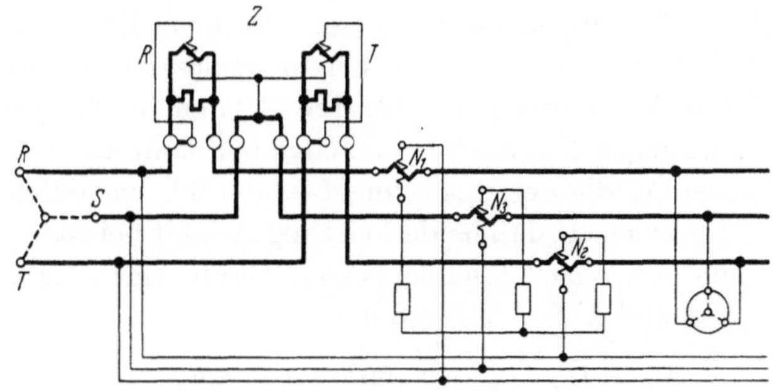

Abb. 126. Dreileiter-Drehstrom, zwei Meßwerke mit 180°-Verschiebung, direkte Belastung, Niederspannung und Niederstrom.

den Abb. 127a und b gezeichnet. Im Meßwerk R sind die beiden Drehmoment-bildenden Flüsse Φ_{I_R} und $\Phi_{U_{RS}}$ um $180° - 30° = 150°$, im Meßwerk T die Flüsse Φ_{I_T} und $\Phi_{U_{TS}}$ um $180° + 30° = 210°$ gegeneinander verschoben. Bei einer induktiven Phasenverschiebung φ ist das Gesamtdrehmoment

$$M = c \cdot \Phi_{U_{RS}} \cdot \Phi_{I_R} \cdot \sin(150° - \varphi) + c \cdot \Phi_{U_{TS}} \cdot \Phi_{I_T} \cdot \sin(210° - \varphi).$$

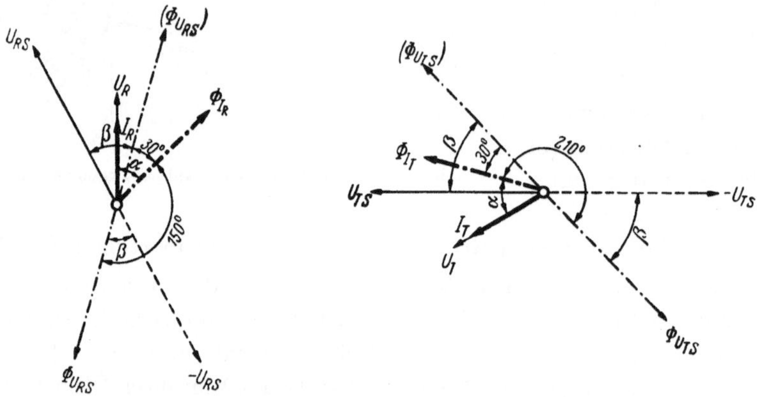

Abb. 127a. Meßwerk R. Abb. 127b. Meßwerk T.
Diagramme des Zählers für die Schaltung nach Abb. 126.

Bei gleicher Belastung aller drei Phasen wird

$$M = c \cdot \Phi_U \sqrt{3} \cdot \Phi_I \cdot \sin\varphi \cdot 2 \cdot \frac{\sqrt{3}}{2} = c \cdot 3 \cdot \Phi_U \cdot \Phi_I \cdot \sin\varphi.$$

Bei konstanter Frequenz ist also die gezählte Arbeit proportional $3 \cdot U \cdot I \cdot \sin\varphi \cdot t$, der Zähler zählt also die Blindenergie richtig.

Die Leistungsmesser kann man nicht wie bei der Wirkleistungsmessung anschließen, sondern muß eine Kunstschaltung anwenden. Man könnte die Leistung ebenso wie in den Abb. 120, 122, 124 messen, da bei genauer Gleichhaltung aller drei Spannungen die Drehstromleistung mit drei Leistungsmessern immer richtig ist. Man mißt aber bei Dreileiter-Drehstrom meist mit zwei Leistungsmessern, N_1 im Leiter R und N_2 im Leiter T entsprechend Abb. 126. An den Leistungsmesser N_1 schließt man die gegen U_{RS} um 90° nacheilende Spannung $-U_T$, an den Leistungsmesser N_2 die der Spannung U_{TS} um 90° nacheilende Spannung U_R an, natürlich so, daß beide Leistungsmesser bei $\cos\varphi = 0$ oder $\sin\varphi = 1$ einen positiven Ausschlag zeigen. Dann zeigen die Leistungsmesser entsprechend Abb. 128a und b

$$N_1 = U_T \cdot I_R \cdot \cos(60° - \varphi) \quad \text{und}$$

$$N_2 = U_R \cdot I_T \cdot \cos(120° - \varphi).$$

Die Summe der Angaben der beiden Leistungsmesser $N_1 + N_2 = U \cdot I \cdot \sqrt{3} \cdot \sin\varphi$ ist also der Blindleistung proportional.

Um die Angaben mit denen des Zählers vergleichen zu können, muß man sie noch mit $\sqrt{3}$ multiplizieren.

Wie aus Abb. 126 zu ersehen, bildet man am besten dadurch einen künstlichen Nullpunkt, daß man einen dritten Leistungsmesser N_3 in den Stromkreis S und an die Spannung U_S schaltet und die Spannungskreise aller drei Leistungsmesser in Stern schaltet. Die Ströme muß man auf etwa gleiche Werte einstellen und die Dreieckspannungen mit dem Spannungssymmetrieanzeiger genau gleich groß halten. An dem dritten Leistungsmesser kann man die Phasenlage feststellen, denn sein Ausschlag ist proportional $\cos\varphi$.

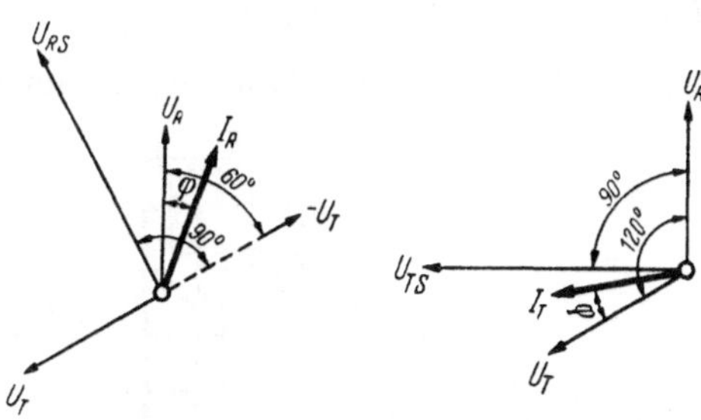

Abb. 128a. Leistungsmesser N_1. Abb. 128b. Leistungsmesser N_2.
Diagramme der Leistungsmesser für die Schaltung nach Abb. 126.

Der Zähler an sich zählt bei gleichseitiger Belastung auch bei untereinander ungleichen Spannungen richtig. Bei einseitiger Belastung dagegen können die Fehler sehr groß werden. Ist z. B. die eine Spannung um 1% zu klein und sind die beiden anderen Spannungen um 1% zu groß, so können bei einseitiger Belastung und $\sin\varphi = 0{,}25$ ($\cos\varphi = 0{,}97$) Fehler bis zu 9% entstehen. Sind die Spannungen um mehr als 1% voneinander verschieden, so kann der Fehler noch größer werden. Im Betrieb wird die Belastung nur selten ganz einseitig sein, vielmehr wird in großen Netzen eine nahezu gleichseitige Belastung herrschen. Man wird deshalb im Betrieb mit so großen Fehlern nicht zu rechnen haben[1].

f) Dreileiter-Drehstrom, zwei Meßwerke mit 90°-Verschiebung.

Bei Blindverbrauchzählern, deren beide Meßwerke entsprechend der Zweileistungsmesserschaltung eingerichtet sind und mit 90°-Verschiebung arbeiten, muß man eine Kunstschaltung machen, die in Abb. 129 angewendet ist und deren Wirkungsweise aus den Diagrammen Abb. 130a und b hervorgeht. Beim Meßwerk R des Zählers tritt an Stelle der Spannung U_{RS} bei der Wirkverbrauchschaltung die um 90° nacheilende Spannung $-U_T$, beim Meßwerk T an Stelle der Spannung U_{TS} die Spannung U_R. Da im Dreileiternetz der Nullpunkt nicht zugänglich ist, muß entweder ein künstlicher Nullpunkt durch eine

[1] Vgl. auch H. Schering u. R. Schmidt: Z. Instrumentenkde. 1920, H. 7, S. 137.

besondere Nullpunktdrossel geschaffen werden, oder es muß im Zähler noch eine dritte Spannungsspule vorgesehen werden, die mit den anderen Spannungsspulen in Stern geschaltet wird, wie in Abb. 129 gezeichnet. Das Drehmoment des Zählers ergibt sich zu

$$M = c \cdot \Phi_{U_T} \cdot \Phi_{I_R} \cdot \sin(150^\circ - \varphi) + c \cdot \Phi_{U_R} \cdot \Phi_{I_T} \cdot \sin(210^\circ - \varphi)$$
$$= c \cdot \Phi_U \cdot \Phi_I \cdot \sin\varphi \cdot \sqrt{3} \text{ bei gleicher Belastung aller Phasen.}$$

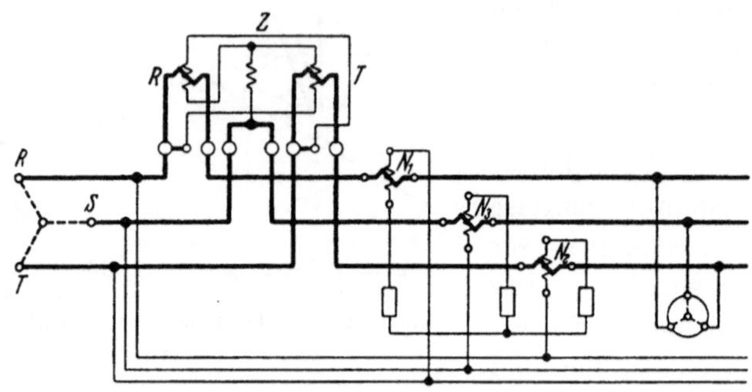

Abb. 129. Dreileiter-Drehstrom, zwei Meßwerke mit 90°-Verschiebung, direkte Belastung, Niederspannung und Niederstrom.

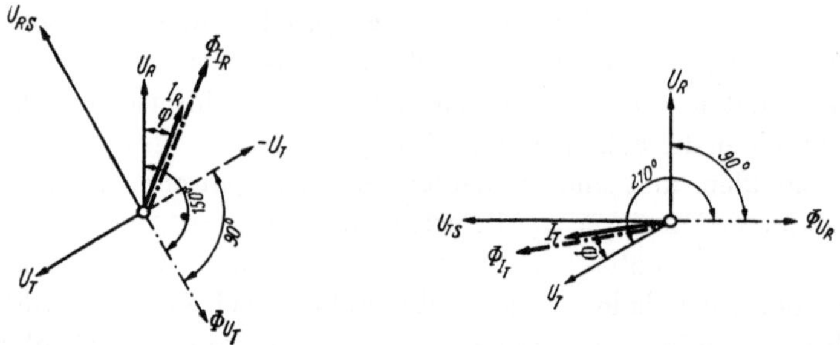

Abb. 130 a. Meßwerk *R*. Abb. 130 b. Meßwerk *T*.
Diagramme des Zählers für die Schaltung nach Abb. 129.

Das Drehmoment soll aber $M = c \cdot 3 \cdot \Phi_U \cdot \Phi_I \cdot \sin\varphi$ sein; deshalb müssen die Spannungswicklungen so bemessen sein, daß bei Anschluß an die Phasenspannung der Fluß $\sqrt{3}$mal größer wird.

Die Leistungsmesser N_1 und N_2 werden genau so geschaltet wie die Meßwerke *R* und *T* des Zählers, der künstliche Nullpunkt wird mit Hilfe des Spannungskreises eines dritten in Phase *S* liegenden Leistungsmessers gebildet, dessen Ausschlag dem $\cos\varphi$ proportional ist. Die Angaben der Leistungsmesser müssen mit $\sqrt{3}$ multipliziert werden, damit man ihre Angaben mit denen des Zählers vergleichen kann. Man muß darauf achten, daß die Dreieckspannungen untereinander genau gleich sind, dann ist die Symmetrie der Sternspannungen gesichert, wenn die künstlichen Nullpunkte für Zähler und Leistungsmesser stimmen; man braucht dann keine besonderen Symmetrierungseinrichtungen.

g) Dreileiter-Drehstrom, zwei Meßwerke mit 60°-Verschiebung.

Wenn die beiden nach der Zweileistungsmesserschaltung geschalteten Meßwerke des Blindverbrauchzählers mit 60°-Verschiebung arbeiten, so werden gegenüber der Wirkverbrauchschaltung, Abb. 103 und 105, folgende Vertauschungen vorgenommen:

An Stelle von U_{RS} tritt U_{ST},
" " " U_{TS} " U_{RT}.

Die Schaltung ist in Abb. 131, das Diagramm in Abb. 132 dargestellt. Das Gesamtdrehmoment des Zählers wird

$$M = c \cdot \Phi_{U_{ST}} \cdot \Phi_{I_R} \cdot \sin (150° - \varphi) + c \cdot \Phi_{U_{RT}} \cdot \Phi_{I_T} \cdot \sin (210° - \varphi).$$

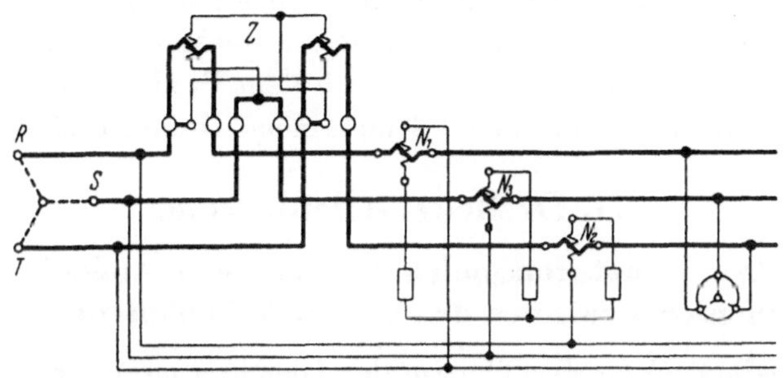

Abb. 131. Dreileiter-Drehstrom, zwei Meßwerke mit 60°-Verschiebung, direkte Belastung, Niederspannung und Niederstrom.

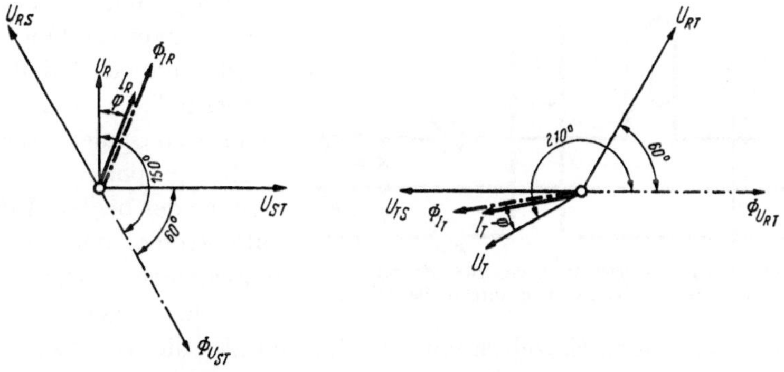

Abb. 132 a. Meßwerk *R*. Abb. 132 b. Meßwerk *T*.
Diagramme des Zählers für die Schaltung nach Abb. 131.

Bei gleicher Belastung aller Phasen wird

$$M = c \cdot 3 \cdot \Phi_U \cdot \Phi_I \cdot \sin \varphi.$$

Bei konstanter Frequenz sind also die Angaben des Zählers proportional $3 \cdot U \cdot I \cdot \sin \varphi \cdot t$.

Die Leistungsmesser werden genauso geschaltet wie bei den anderen Schaltungen für Dreileiter-Blindverbrauch, ihre Angaben müssen mit $\sqrt{3}$ multipliziert werden. Das Spannungsdreieck muß symmetriert werden, weil der Zähler an Dreieckspannungen liegt, während die Leistungsmesser an Sternspannungen liegen.

10. Zweileiter-Gleichstrom.

Für die Prüfung von Amperestundenzählern braucht man nur einen Stromkreis, in den man einen Strommesser in Reihe mit dem Amperestundenzähler schaltet.

Bei der Prüfung von Wattstundenzählern sind die Schaltungen sowohl bei getrennten Strom- und Spannungskreisen als auch bei direkter Belastung die gleichen wie für Einphasenwechselstrom (Abb. 90 und 92). Der Frequenzmesser und der Leistungsmesser kommen natürlich in Fortfall. Die Leistung ist stets gleich dem Produkt aus Strom und Spannung. Als Meßgeräte benutzt man meist Drehspul-Meßgeräte.

11. Dreileiter-Gleichstrom.

a) Zwei Hauptstromspulen, jede in einem Außenleiter, Spannungskreis zwischen den beiden Außenleitern. Abb. 133.

Allgemeines. Nach der Theorie der Gleichstromzähler entsprechen die Angaben dem Produkt aus dem magnetischen Fluß Φ_I, den die festen Spulen erzeugen, dem Fluß Φ_U, den die bewegliche Ankerwicklung erzeugt, und der Zeit. In unserem Fall ist der von den festen Spulen erzeugte Fluß proportional der Summe der beiden Außenleiterströme, der von der beweglichen Ankerwicklung hervorgerufene der Summe der beiden Einzelspannungen. Es sind also die Angaben

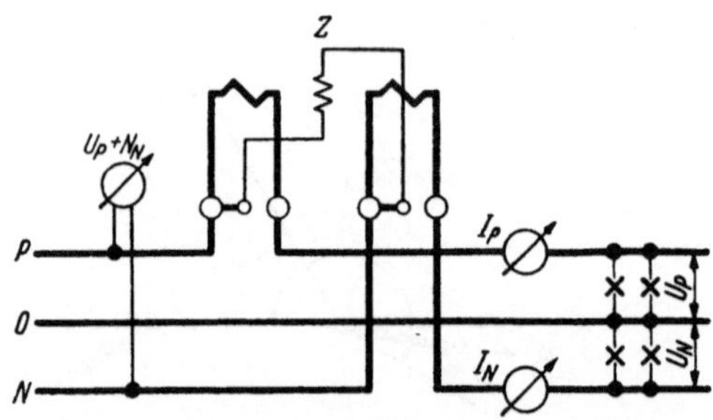

Abb. 133. Dreileiter-Gleichstrom mit zwei Hauptstromspulen, Außenleiterspannung, direkte Belastung.

$$A = c_1 \cdot \Phi_I \cdot \Phi_U \cdot t = c_2 \cdot (I_P + I_N)\,(U_P + U_N) \cdot t$$
$$= c_2 \cdot (I_P \cdot U_P + I_N \cdot U_N + I_P \cdot U_N + I_N \cdot U_P) \cdot t.$$

Die Zählwerkübersetzung wird so gewählt, daß $c_2 = {}^1/_2$ ist.

Der Sollwert der Angaben ist

$$S = (I_P \cdot U_P + I_N \cdot U_N) \cdot t.$$

Sind die Ströme und die Spannungen unter sich gleich, so wird bei richtig eingestelltem Zähler $A = S$. Auch wenn die Ströme untereinander gleich sind und die Spannungen verschieden, oder die Spannungen untereinander gleich und die Ströme verschieden, zeigt der Zähler richtig. Sind jedoch die Ströme *und* die Spannungen ungleich, dann wird der Fehler

$$F = \frac{A - S}{S} = \frac{I_P \cdot U_N + I_N \cdot U_P - (I_P \cdot U_P + I_N \cdot U_N)}{2 \cdot (I_P \cdot U_P + I_N \cdot U_N)}.$$

Grenzfälle: $U_P = 0$, also auch $I_P = 0$: $F = -\frac{1}{2} = -50\%$,

$U_N = 0$, also auch $I_N = 0$: $F = -\frac{1}{2} = -50\%$,

$I_P = 0$, alle anderen beliebig: $F = \frac{1}{2} \cdot \frac{U_P}{U_N} - \frac{1}{2}$,

$I_N = 0$, alle anderen beliebig: $F = \frac{1}{2} \cdot \frac{U_N}{U_P} - \frac{1}{2}$.

Allgemein: $I_P > I_N$, $U_P > U_N$: $F = -$,

$I_P > I_N$, $U_P < U_N$: $F = +$.

$I_P < I_N$, $U_P > U_N$: $F = +$,

$I_P < I_N$, $U_P < U_N$: $F = -$.

Zahlenbeispiel:

$I_P = 50$ A, $I_N = 25$ A, $U_P = 110$ V, $U_N = 100$ V, $t = 1$ Stunde,
$A = 7{,}875$ kWh, $S = 8{,}000$ kWh, $F = -1{,}6\%$.

Für verschiedene Verhältnisse $I_P : I_N$ und $U_P : U_N$ sind die Fehler in Abb. 134 in Kurvenform dargestellt.

Aus diesen Betrachtungen ergibt sich, daß man nur mit zwei Gleichstromzählern, deren Spannungsspulen zwischen den Außenleitern und dem Nulleiter liegen, die Arbeit im Dreileiter-Netz einwandfrei messen kann.

Schaltung bei getrenntem Strom- und Spannungskreis. Für die Prüfung mit getrenntem Strom- und Spannungskreis läßt man den Nulleiter weg und benutzt eine Zweileiterschaltung, wobei man den gleichen Strom durch beide Hauptstromspulen schickt, so daß sich deren magnetische Flüsse addieren. Als Spannung

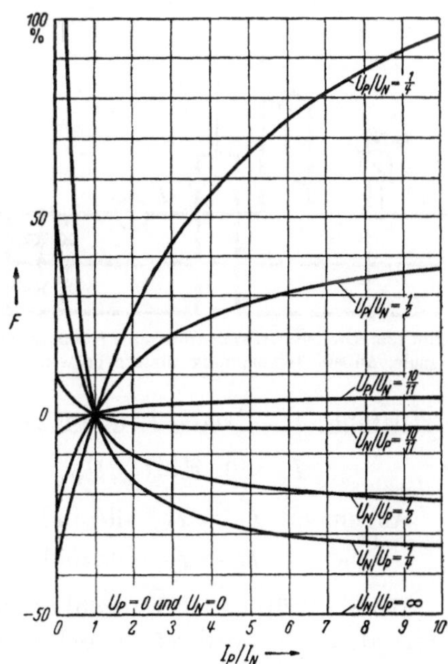

Abb. 134. Fehler für die Schaltung nach Abb. 133 bei verschiedenen Verhältnissen $I_P : I_N$ und $U_P : U_N$.

wählt man eine solche, deren Größe der Außenleiterspannung entspricht.

Schaltung bei direkter Belastung an Ort und Stelle. Bei der Prüfung mit direkter Belastung in der Installation schaltet man die Strommesser genau wie die Hauptstromspulen des Zählers, den Spannungsmesser genau wie den Spannungskreis des Zählers, Abb. 133. Aus den Ablesungen erhält man:

$$S' = (I_P + I_N) \cdot (U_P + U_N).$$

Da der Zähler eine solche Zählwerkübersetzung und Eichkonstante hat, daß seine Angaben nur der Hälfte dieses Wertes entsprechen, so muß man bei der Berechnung des Fehlers auch den Wert S' durch 2 dividieren.

Mißt man die Leistung im Netz mit zwei Strom- und zwei Spannungsmessern, so gibt die Summe aller $U \cdot I$ zwar die Leistung im Netz richtig an, ist aber nur dann mit den Angaben des Zählers zwecks Prüfung vergleichbar, wenn die beiden Ströme oder die beiden Spannungen untereinander gleich sind.

b) Eine Hauptstromspule in einem Außenleiter, Spannungskreis zwischen den beiden Außenleitern.

Die Angaben des nach Abb. 135 geschalteten Zählers sind

$$A = I_P \cdot (U_P + U_N) \cdot t = (I_P \cdot U_P + I_P \cdot U_N) \cdot t.$$

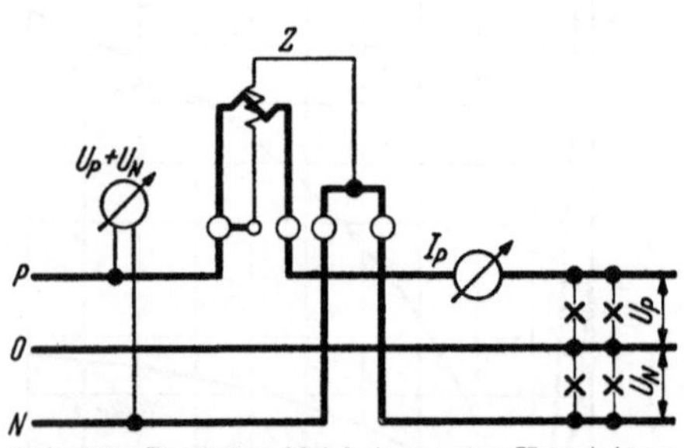

Abb. 135. Dreileiter-Gleichstrom, eine Hauptstromspule, Außenleiterspannung, direkte Belastung.

Der Sollwert der Angaben ist

$$S = (I_P \cdot U_P + I_N \cdot U_N) \cdot t.$$

Also ist der Fehler des Zählers bei Ungleichheiten in den Spannungen und den Belastungsströmen:

$$F = \frac{(I_P - I_N) \cdot U_N}{I_P \cdot U_P + I_N \cdot U_N} = \frac{I_P/I_N - 1}{I_P/I_N \cdot U_P/U_N + 1},$$

Grenzfälle: $I_P = 0$ oder I_P und $U_P = 0$: $F = -1 = -100\%$, (Stillstand).

$I_N = 0$: $F = U_N/U_P$

Allgemein: $I_P > I_N$, alle anderen beliebig: $F = +$,

$I_P < I_N$, alle anderen beliebig: $F = -$.

Bei der Prüfung wird sowohl bei getrenntem Strom- und Spannungskreis als auch bei direkter Belastung an Ort und Stelle der Strommesser genau so wie die Hauptstromspule, der Spannungsmesser genau so wie der Spannungskreis des Zählers geschaltet.

c) Eine Hauptstromspule in einem Außenleiter, Spannungskreis zwischen diesem Leiter und dem Nulleiter.

Nur die Arbeit des einen Zweiges des Dreileitersystems wird gemessen, wenn man den Zähler wie einen Zweileiterzähler nach Abb. 136 schaltet. Sein Zählwerk muß so eingerichtet sein, daß es den doppelten Betrag der gemessenen Arbeit anzeigt:

$$A = 2 \cdot I_P \cdot U_P \cdot t.$$

Der Sollwert der Angaben ist

$$S = (I_P \cdot U_P + I_N \cdot U_N) \cdot t.$$

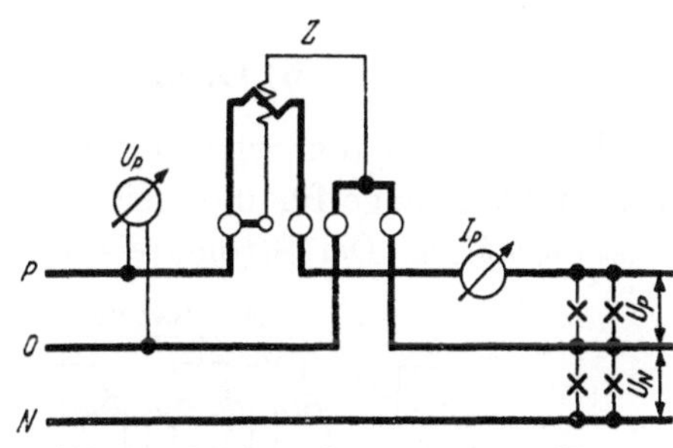

Abb. 136. Dreileiter-Gleichstrom, eine Hauptstromspule, Nulleiterspannung, direkte Belastung.

Der Fehler bei Ungleichheiten in den Spannungen und Belastungsströmen wird

$$F = \frac{I_P \cdot U_P - I_N \cdot U_N}{I_P \cdot U_P + I_N \cdot U_N}.$$

Bleibt die Spannung U_P aus, wird also der Strom $I_P = 0$, so steht der Zähler, $F = -100\%$. Bleibt die Spannung U_N aus, wobei auch $I_N = 0$ wird, dann zeigt der Zähler den doppelten Betrag des Netzverbrauchs an, $F = +100\%$. Zwischen diesen beiden Grenzwerten können die Angaben bei Ungleichheiten in den Belastungen schwanken.

Bei der Prüfung schaltet man den Strommesser genau so wie die Hauptstromspule, den Spannungsmesser genau so wie den Spannungskreis des Zählers.

12. Prüfschaltungen unter Verwendung des Gleichlastprüfzählers.

a) Einphasenwechselstrom und Drehstrom einseitig.

Die Schaltung für die Prüfung von Einphasenzählern ist S. 97 bei der Beschreibung des Gleichlastprüfzählers angegeben. Für einseitige Belastung von Wirkverbrauch-Drehstromzählern gilt, daß man den Gleichlastzähler ebenso wie das zu prüfende Meßwerk des Drehstromzählers schalten muß.

Bei einseitiger Prüfung von Blindverbrauch-Drehstromzählern gilt das gleiche, das auf S. 151 für die Leistungsmesser gesagt wurde: Man muß den Spannungskreis des Gleichlastzählers an eine Spannung anschließen, die bei induktionsfreier Last dem Strom um 90° nacheilt. Außerdem ist es natürlich dann, wenn der Gleichlastzähler an eine andere Spannung als der Prüfling angeschlossen werden muß, notwendig, das Spannungsdreieck durch einen Spannungssymmetrieanzeiger (s. S. 103) oder andere Einrichtungen zu symmetrieren. Dies trifft zu bei der Blindverbrauchdrehstromzählern mit 180°- und 60°-Verschiebung. Bei Blindverbrauchdrehstromzählern mit 90°-Verschiebung ist keine Symmetrierung nötig.

b) Drehstrom gleichseitig.

Abb. 137 zeigt die Schaltung des Gleichlastprüfzählers mit Drehstrom-Arbeitswaage für die gleichseitige Prüfung von *Wirkverbrauchdrehstromzählern*. Der Stromkreis des Gleichlastzählers N liegt in der

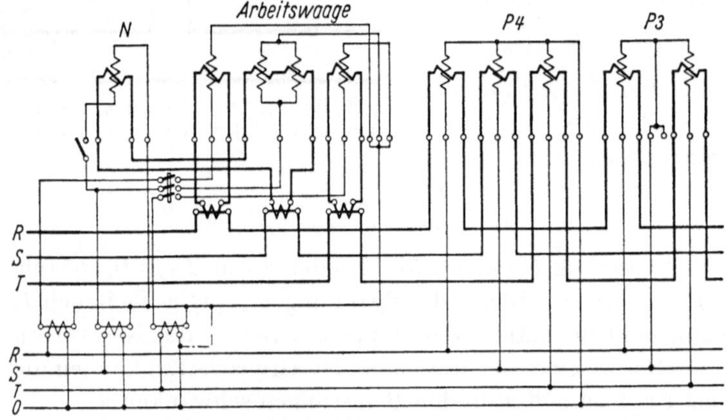

Abb. 137. Gleichlastprüfzähler und Drehstromarbeitswaage in Prüfschaltung mit Vierleiter- und Dreileiter-Drehstromzähler.

Phase S in Reihe mit den beiden in der Phase S liegenden Stromkreisen der Arbeitswaage. Der Anschluß und die Wirkungsweise der Drehstromarbeitswaage ist auf S. 102 ausführlich beschrieben. Die Prüflinge, ein Drehstromvierleiterzähler $P4$ und ein Drehstromdreileiterzähler P3, beide für Wirkverbrauch, sind normal angeschlossen. Wenn der Zeiger der Arbeitswaage bei Beginn und am Ende der Messung an der gleichen Stelle steht, ist der Sollwert der Arbeit gleich dem Dreifachen der Arbeit, die der Gleichlastzähler anzeigt.

Man kann den Spannungskreis des Vierleiterzählers P_4 auch so anschließen, wie in Abb. 97, S. 132 und auf der Sekundärseite der Spannungswandler einen künstlichen Nullpunkt bilden, dann muß man aber im sekundären Spannungskreis zwischen R und O und T und O Ausgleichsbelastungen einschalten, weil die Phasenspannung U_S durch das Meßwerk des Gleichlastzählers und zwei Meßwerke der Arbeitswaage belastet ist.

Für die Prüfung von *Blindverbrauchdrehstromzählern* gilt die Abb. 137 mit folgenden Abänderungen: Anstatt an die Spannungen U_R,

U_S, U_T der Wirkverbrauchschaltung müssen die Spannungsspulen der Arbeitswaage und des Gleichlastzählers an die Spannungen U_{ST}, U_{TR}, U_{RS} gelegt werden. Dabei sind natürlich die Größen der Spannungen durch die Spannungswandler auf das verlangte Maß zu bringen, d. h. durch $\sqrt{3}$ zu dividieren. Das Spannungsdreieck muß bei Blindverbrauchzählern mit 180°- und 60°-Verschiebung symmetriert werden, bei Blindverbrauchzählern mit 90°-Verschiebung ist das nicht notwendig[1].

Wendet man das Gleichlastverfahren auf das Zeit-Leistungs-Verfahren an, so tritt an Stelle des Gleichlastprüfzählers ein Leistungsmesser, die Drehstromarbeitswaage ist aber auch hier erforderlich; das Spannungsdreieck kann durch verschiedene Einrichtungen, am einfachsten und genauesten durch den Spannungssymmetrieanzeiger symmetriert werden.

IX. Prüfklemmen.

Wenn man Zähler an Ort und Stelle prüfen will, muß man einen Teil der Zähleranschlüsse lösen, um die Meßgeräte oder Prüfzähler nach einer der in Kapitel VIII beschriebenen Prüfschaltungen einzubauen. Dabei muß man die Installation abschalten, so daß alle angeschlossenen Lampen, Motoren und Geräte außer Betrieb kommen. Erst wenn man die Schaltung fertiggestellt hat, erhält die Belastung wieder Strom. Das gleiche gilt nach Beendigung der Prüfung. Die Unterbrechung der Stromversorgung des Abnehmers kann man vermeiden, wenn man den Zähler an sogenannte Prüfklemmen anschließt, die so eingerichtet sind, daß man die Meßgeräte in den Stromkreis einschalten kann, ohne die Installation abschalten zu müssen. Natürlich kann man solche Prüfklemmen nur für Niederspannungsanschlüsse bei nicht sehr großen Stromstärken verwenden. Es sind eine ganze Anzahl verschiedener Ausführungen von Prüfklemmen vorgeschlagen und ausgeführt worden, von denen wir zwei charakteristische Beispiele herausgreifen wollen.

1. Prüfklemme für Zweileiter-Gleich- oder Wechselstrom.

In Abb. 138 ist eine Prüfklemme für Zweileiter-Gleich- oder Wechselstrom mit dem Anschluß des Zählers gezeichnet. Die Prüfklemme hat sechs Einzelklemmen, von denen vier mit Stiften versehen sind, die in die Büchsenklemmen des Zählers eingesetzt werden und dauernd mit dem Zähler verbunden bleiben. Über je drei Einzelklemmen liegt, gegen diese durch eine Zwischenlage isoliert, eine T-förmige Brücke. Ihr

[1] Ausführliche Angaben in den Broschüren der Siemens & Halske A.-G., Siemens-Schuckertwerke A.-G.

horizontaler Balken kann nach Art eines Linienwählers durch Schrauben mit verschiedenen Einzelklemmen verbunden werden, so daß man alle gewünschten Schaltungen herstellen kann. Der obere Ansatz liegt frei und dient zum Anschluß einer Leitung an die Brücke. In den

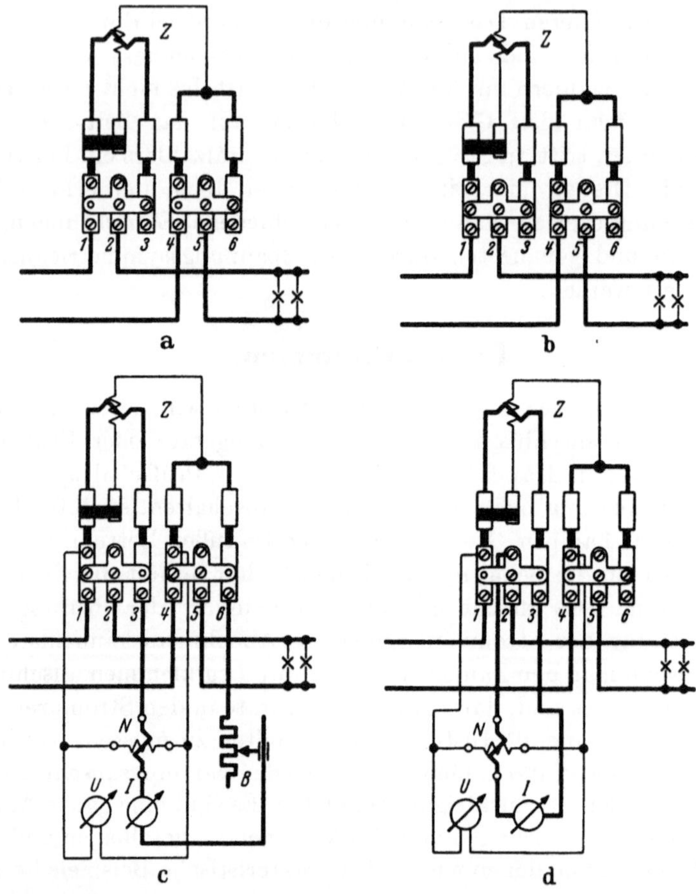

Abb. 138. Prüfklemme für Zweileiter-Gleich- oder Wechselstrom: *a* **Betriebsschaltung,** *b* **Übergangsschaltung,** *c* **Prüfschaltung mit Belastungswiderstand,** *d* **Prüfschaltung mit Belastung durch die Verbraucher.**

Abbildungen ist nur dort eine Verbindung anzunehmen, wo der Schraubenkopf gezeichnet ist; wo nur ein Loch zu sehen ist, ist die Schraube entfernt und also keine Verbindung vorhanden. Für jede Brücke braucht man drei Schrauben. Abb. 138a zeigt die Verbindungen bei Betriebsschaltung. Will man zur Prüfschaltung Abb. 138c übergehen, so muß man zunächst den Zähler entsprechend Abb. 138b kurzschließen. Dann schließt man den Hauptstromkreis des Leistungsmessers N und den Strommesser J in Reihe mit dem einstellbaren Belastungswiderstand B an die Klemmen 3 und 6 an und entfernt die Schrauben, die die Brücken mit den Klemmen *3* und *6* verbinden. Die Spannungsklemmen des Leistungsmessers *N* und des Spannungsmessers *U* werden an den Klemmen *1* und *4* angeklemmt. Nun kann man den Zähler in normaler Weise bei verschiedenen Belastungen prüfen, die man mit dem Belastungswiderstand *B* einstellt. Die Installation, hier z. B. angeschlossene Glühlampen, liegt dabei nach wie vor am Netz, jedoch geht der von den Glühlampen verbrauchte Strom nicht durch den Zähler, trägt also nicht zur Belastung bei. Abb. 138 d zeigt eine Schaltung, bei der die Installation selbst als Belastung benutzt wird. Um diese Schaltung herzustellen, muß man ebenfalls zunächst den Zähler nach Abb. 138b kurzschließen, dann schließt man die Meßgeräte an und schließlich entfernt man die Schrauben, die die beiden Brücken mit den Klemmen *1*, *3* und *4* verbinden. (Die Schraube *4* braucht eigentlich nur bei doppelpoliger Schaltung des Zählers entfernt zu werden.) Die Belastung kann man bei der Schaltung nach Abb. 138d nur durch Einschalten von mehr oder weniger Glühlampen (oder anderen Geräten) einstellen. Die Übergangsschaltung nach Abb. 138b dient auch noch dazu, den Zähler auszuwechseln, ohne die Installation zu unterbrechen.

2. Prüfklemme für Dreileiter-Drehstrom.

Eine Prüfklemme für Drehstrom-Dreileiter-Zähler zeigt Abb. 139[1]. Als Beispiel ist der Anschluß eines Wandlerzählers gewählt, weil diese Anordnung am häufigsten vorkommt. Die Prüfklemme besteht aus neun Einzelklemmen. Zwei schwenkbare Brücken für die Einzelklemmen *1*, *2*, *3* und *7*, *8*, *9* können in drei verschiedene Lagen gestellt und durch Schrauben mit den Einzelklemmen verbunden werden. In der Horizontalstellung sind die Einzelklemmen *1*, *2*, *3* und *7*, *8*, *9* kurzgeschlossen, in der um 45° gegen die Horizontale geneigten Stellung sind nur die Einzelklemmen *2* und *3* einerseits und *8* und *9* andererseits untereinander verbunden, in der vertikalen Stellung der Brücke sind alle Verbindungen zwischen den Einzelklemmen aufgehoben. Die Hauptstromspulen des Zählers sind mit den Klemmen *1* und *3* und *7* und *9* verbunden, die Spannungsspulen mit den drei mittleren Klemmen *4*, *5*, *6*. Abb. 139a ist die Betriebsschaltung, die Brücken stehen 45° gegen die Horizontale geneigt. Die Einzelklemmen *2*, *3* und *8*, *9* sind miteinander verbunden. In Abb. 139b, der Übergangsstellung, sind die Stromspulen kurzgeschlossen. Bei dieser Schaltung kann man den Zähler austauschen, wenn dies erforderlich ist. Während die Klemme nach Abb. 139b geschaltet ist, schließt man die Hauptstromspulen der Leistungsmesser und ihre Spannungsspulen an, dann löst man die

[1] AEG-Mitt. 1934, H. 9, S. 305.

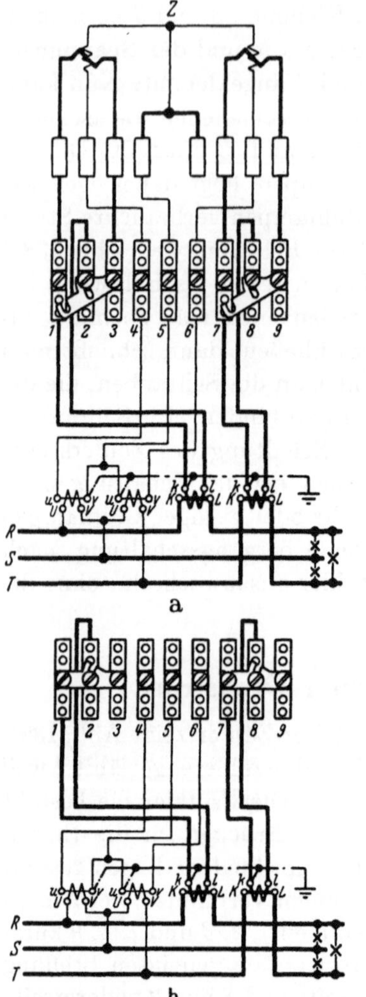

Brücke und bringt sie in die vertikale Stellung für die Prüfschaltung Abb. 139c. Als Belastung dient hier die Installation; durch Zuschalten von mehr oder weniger Verbrauchern kann man die Belastung in verschiedener Höhe einstellen. Man prüft auf diese Weise natürlich nur den Zähler selbst; für die Feststellung des Fehlers des Meßsatzes muß man noch die bekannten Eigenschaften der Wandler berücksichtigen.

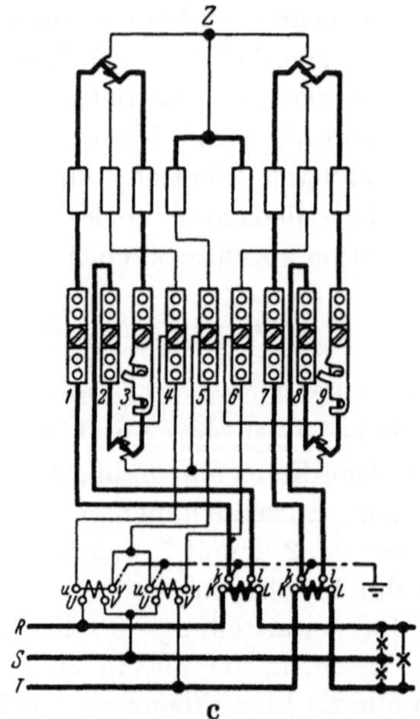

Abb. 139. Prüfklemme für Dreileiter-Drehstrom: *a* Betriebsschaltung, *b* Übergangsschaltung, *c* Prüfschaltung.

X. Prüfung der Strom- und Spannungswandler.

Im In- und Ausland sind eine große Anzahl von Meßschaltungen für die Prüfung von Strom- und Spannungswandlern angegeben worden, die mit den verschiedensten Mitteln das gleiche Ziel erreichen wollen[1]. Wir wollen hier nur einige der gebräuchlichsten Einrichtungen beschreiben.

[1] Übersicht vgl. G. KEINATH: Die Technik elektrischer Meßgeräte. Bd. I. 3. Aufl., S. 592. München u. Berlin: Oldenbourg 1928. Ferner: Arch. techn. Messen 1921, Z 224—1, 1932 Z 224—1, 1934 Z 224—4, 1938 Z 224—9, 1938 Z 33—1.

1. Absolutes Verfahren von Schering und Alberti[1].

Wohl das genaueste Verfahren ist das Kompensationsverfahren von SCHERING und ALBERTI. Es hat sich für Laboratoriumsmessungen allgemein durchgesetzt.

a) Stromwandler.

Abb. 140 zeigt schematisch die Schaltung für die Prüfung von Stromwandlern. Der zu prüfende Stromwandler X ist mit seinen Sekundärklemmen über die Bürde B an den Normalwiderstand R_2 angeschlossen. Dieser hat für 5 A sekundären Nennstrom den Wert 0,1001 Ω, für 1 A 0,5025 Ω. Parallel zu ihm liegt der Teiler $R_x = 100\,\Omega$.

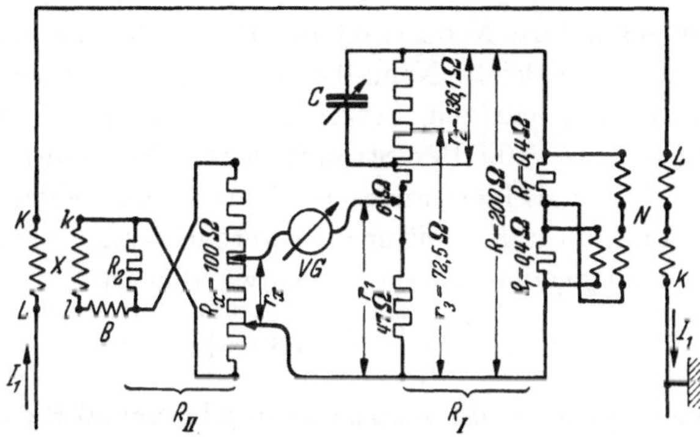

Abb. 140. Prüfeinrichtung für Stromwandler nach SCHERING und ALBERTI.

Der Kombinationswiderstand $R_{II} = \dfrac{R_2 \cdot R_x}{R_2 + R_x}$ ist dann im einen Falle genau 0,1000 Ω, im anderen Falle 0,5000 Ω, allgemein $R_{II} = \dfrac{0{,}5}{I'_{x2}}$, wobei I'_{x2} der sekundäre Nennstrom ist.

Als Normalwandler N dient ein Zweistufenwandler nach BROOKS und HOLTZ höchster Präzision. Sein Sekundär- und Tertiärstrom sind in den beiden gleichen Normalwiderständen $R_1 = 0{,}4008\,\Omega$ kombiniert. An seine Stelle tritt bei neueren Ausführungen ein Promille-Wandler, an dessen Sekundärwicklung ein einziger Widerstand von 0,4 Ω angeschlossen wird. Für kleine Stromstärken benutzt man an Stelle des Normalwandlers winkelfreie Normalwiderstände, wobei die übrige Anordnung die gleiche bleibt. Der Meßzweig vom Widerstand $R = 200\,\Omega$ ist in mehrere Teile unterteilt. Zu dem einen Teil $r_2 = 136{,}1\,\Omega$ liegt der Drehkondensator C parallel, der andere Teil besteht aus einem festen Widerstand von 47 Ω und einem Schleifdraht von 6 Ω, so daß mit dem Schleifkontakt ein Wert $r_1 = 50 \pm 3\,\Omega$ abgegriffen werden kann. Der Kombinationswiderstand $R_I = \dfrac{R_1 \cdot R}{R_1 + R} = 0{,}400\,\Omega$.

[1] Arch. Elektrotechn. Bd. 2 (1914), S. 263 und Gebrauchsanweisungen der herstellenden Firmen. — W. HOLLEUFER u. F. KOPPELMANN: ETZ 1950, S. 592.

Man mißt folgendermaßen: Nach Einstellung des Vibrationsgalvanometers *VG* auf Resonanz mit der Meßfrequenz stellt man $r_x = 20 \cdot I_{N2}$* ein, wobei I_{N2} der Sekundärstrom des Normalwandlers ist. Durch wechselweises Verstellen von r_1 und C bringt man nun den Ausschlag des Vibrationsgalvanometers auf Null. Dann sind die Spannungen an r_x und r_1 entgegengesetzt gleich:

$$I_{x2} \cdot R_{II} \cdot \frac{r_x}{R_x} = I_{N2} \cdot R_I \cdot \frac{r_1}{R}.$$

Der prozentuale Stromfehler ist

$$F_I = \frac{I_{x2} - I'_{x2}}{I'_{x2}} \cdot 100,$$

wobei I'_{x2} der sekundäre Nennstrom ist. Haben Normalwandler und zu prüfender Wandler gleiche Nennübersetzung, so kann man an allen Stellen I'_{x2} durch I_{N2} ersetzen. Setzt man die obengenannten Werte ein, so wird $F_I = 2r_1 - 100$. Den Stromfehler des Normalwandlers oder den Fehler des Normalwiderstandes muß man zum Fehler F_I hinzuzählen. Meist kann diese Korrektur aber vernachlässigt werden.

Der Fehlwinkel gegenüber dem Normalwandler ist

$$\delta_I = \frac{r_2^2 \cdot \omega \cdot C}{R} \cdot \frac{180}{\pi} \cdot 60 \text{ min}.$$

ω ist die Kreisfrequenz, C die Kapazität in μF. Bei 50 Hz wird unter Einsetzung der Widerstände $\delta_I = 100 \cdot C$, allgemein für eine Frequenz f $\delta_I = 100 \cdot f/50 \cdot C$. Zu diesem Winkel muß man den Fehlwinkel des Normalwandlers oder -widerstandes hinzuzählen, wenn dies erforderlich ist. Für negativen Fehlwinkel legt man C an $r_3 = 72{,}5\,\Omega$ und erhält $-\delta_I = 50 \cdot f/50 \cdot C$, also für 50 Hz $-\delta_I = 50 \cdot C$.

Die Meßbereiche der Einrichtung sind: für den Stromfehler $\pm 6\%$, für den Fehlwinkel $+\delta_I$ 0,1 bis 99,9 min, für $-\delta_I$ 0,05 bis 49,9 min.

Der Meßfehler der Einrichtung selbst ist höchstens $\pm 0{,}01\%$ für den Stromfehler und $\pm 0{,}1$ min für den Fehlwinkel.

b) Spannungswandler.

Die Schaltung für die Prüfung von Spannungswandlern mit Normalwandler *N* zeigt Abb. 141. (Statt des Normalwandlers wird bei den absoluten Meßeinrichtungen der Physikalisch-Technischen Bundesanstalt ein Spannungsteiler aus induktionsfreien Widerständen verwendet.) Die mit r_x eingestellte Teilspannung von U_{x2} wird mit einer mit r_1 der Größe und mit dem Drehkondensator C der Phase nach eingestellten Teilspannung von U_{N2} verglichen. Im einzelnen

* Ist der Primärstrom I_1 für die Einstellung maßgebend, so setzt man $I_{N2} = I_1/\ddot{U}_N$, wobei $\ddot{U}_N$ die Nennübersetzung des Normalwandlers ist.

sei folgendes bemerkt: An den Niederspannungsklemmen des zu prüfenden Wandlers X liegt der Niederspannungsteiler $R_x = 100 \cdot U'_{x2}$, wobei U'_{x2} die sekundäre Nennspannung bedeutet (also z. B. 11000 Ω an 110 V). Der Normalwandler N ist mit seinen Niederspannungsklemmen über einen Widerstand $R_V = 500\,\Omega$ an den Meßwiderstand $R = 500\,\Omega$ angeschlossen, der mehrfach unterteilt ist: eine Anzapfung in der Mitte teilt ihn in $r_3 = 103{,}4\,\Omega$ und $r_4 = 396{,}6\,\Omega$; von r_4 ist wieder $r_2 = 304{,}4\,\Omega$, zu dem der Drehkondensator C parallel liegt, von r_3 ist 98 Ω und ein Schleifdraht von 4 Ω abgeteilt, so daß $r_1 = 100 \pm 2\,\Omega$ eingestellt werden kann. Das Vibrationsgalvanometer VG ist an den Schleifkontakt von r_1 und an den von r_x angeschlossen.

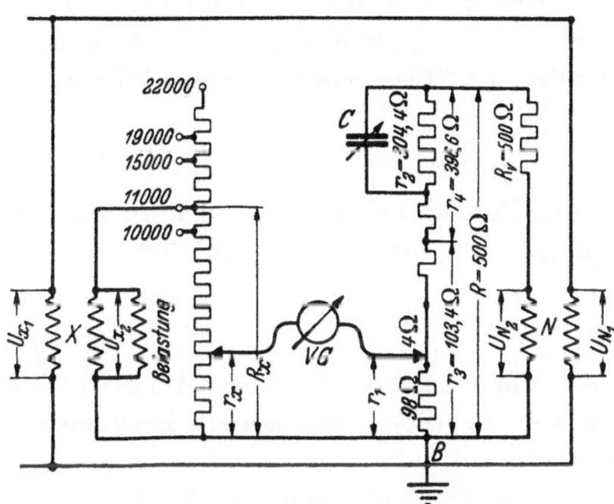

Abb. 141. Prüfeinrichtung für Spannungswandler nach SCHERING und ALBERTI.

Man mißt folgendermaßen: Nach Einstellung des Vibrationsgalvanometers auf Resonanz mit der Meßfrequenz stellt man $r_x = 10 \cdot U_{N2}$* ein, wobei U_{N2} die Sekundärspannung des Normalwandlers ist. Man bringt nun durch wechselweises Verstellen des Schleifkontaktes auf dem Schleifdraht 4 Ω und des Drehkondensators C den Ausschlag des Vibrationsgalvanometers auf Null. Dann sind die Spannungen an den Enden von r_x und r_1 entgegengesetzt gleich:

$$U_{x2} \cdot \frac{r_x}{R_x} = U_{N2} \cdot \frac{r_1}{R_V + R}\,.$$

Unter Einsetzen der obengenannten Werte der Widerstände wird der prozentuale Spannungsfehler gegenüber dem Normalwandler

$$F_U = \frac{U_{x2} - U'_{x2}}{U'_{x2}} \cdot 100 = r_1 - 100\,.$$

U'_{x2} ist die sekundäre Nennspannung des zu prüfenden Wandlers. Hat der Normalwandler die gleiche Nennübersetzung wie der zu prüfende Wandler, so kann man für U'_{x2} auch U_{N2} setzen. Die an dem Schleifkontakt des Schleifdrahtes (4 Ω) angebrachte Skala ist in Prozenten beziffert, so daß man F_U direkt ablesen kann. Hat der Normalspan-

* Ist die Hochspannung U_1 für die Einstellung maßgebend, so setzt man $U_{N2} = U_1/\ddot{U}_N$, wobei $\ddot{U}_N$ die Nennübersetzung des Normalwandlers ist.

nungswandler einen Spannungsfehler F_{UN}, so muß man ihn zu F_U zuzählen, um den Spannungsfehler des zu prüfenden Wandlers zu erhalten:

$$F_{UX} = F_U \pm F_{UN}.$$

F_{UN} ist mit dem richtigen Vorzeichen einzusetzen.

Den Fehlwinkel gegenüber dem Normalwandler erhält man aus der Einstellung des Kondensators C mit

$$\delta_U = \frac{r_2^2 \cdot \omega \cdot C}{R+R_V} \cdot \frac{180}{\pi} \cdot 60 \text{ min}.$$

ω ist darin die Kreisfrequenz, C die Kapazität in μF. Bei 50 Hz wird $\delta_U = 100 \cdot C$. Für andere Frequenzen f muß man schreiben: $\delta_U = 100 \cdot f/50 \cdot C$. Zu diesem Wert muß man den Fehlwinkel des Normalwandlers zuzählen, um den Fehlwinkel des zu prüfenden Wandlers zu erhalten:

$$\delta_{UX} = \delta_U \pm \delta_{UN}.$$

Ist der Fehlwinkel negativ, so muß man den Kondensator C an den Widerstand r_3 anlegen und erhält dann

$$-\delta_U = r_2 \cdot \omega \cdot C \left(1 - \frac{r_3}{R+R_V}\right) \cdot \frac{180}{\pi} \cdot 60 \text{ min}.$$

Unter Einsetzung der Werte wird wieder für 50 Hz $-\delta_U = 100 \cdot C$ und $\delta_{UX} = -\delta_U \pm \delta_{UN}$. Für andere Frequenzen f gilt wieder $-\delta_U = 100 \cdot f/50 \cdot C$.

Die Meßbereiche der beschriebenen Einrichtung sind: für den Spannungsfehler $\pm$ 2%, für den Fehlwinkel $\pm$ 0,1 bis 99,9 min bei 50 Hz.

Der Meßfehler der Einrichtung selbst ist höchstens $\pm$0,01% für den Spannungsfehler und $\pm$0,1 min für den Fehlwinkel.

2. Gegenschaltungsverfahren von W. Hohle[1].

Bei allen Gegenschaltungsverfahren muß man zwei Meßwandler mit gleichen Übersetzungsverhältnissen haben, den zu prüfenden Wandler X und einen Normalwandler N, dessen Fehler man genau kennt. Ein Vorteil der Gegenschaltungsverfahren ist, daß man mit ihnen auch Stromwandler mit sehr hoher primärer Stromstärke messen kann.

a) Stromwandler.

Die grundsätzliche Schaltung für den Vergleich zweier Stromwandler zeigt Abb 142. Der zu prüfende Wandler X und der Normal-

[1] Arch. Elektrotechn. Bd. 27 (1933), S. 849. — Phys. Z. 1934, S. 844. — Arch. techn. Messen 1934 Z 224—4, 1938 Z 224—10. — A. KELLER: ETZ—A 1953, S. 105. — Archiv techn. Messen Z 224—11, Februar 1954.

wandler N sind primär hintereinander, sekundär so geschaltet, daß durch die Ausgleichleitung, in der der Widerstand r und der Strommesser I liegen, der Differenzstrom der beiden Sekundärströme fließt. Der Strommesser I darf nur den kleinen Differenzstrom anzeigen, dann ist die Schaltung richtig; zeigt er den Summenstrom an, so ist die Schaltung falsch. Die Bürde B, bei der der Wandler X geprüft werden soll, liegt in seinem sekundären Stromkreis. Ferner sind zwei Schleifdrähte r_2 und r_3 angeordnet: der eine, r_2, wird vom

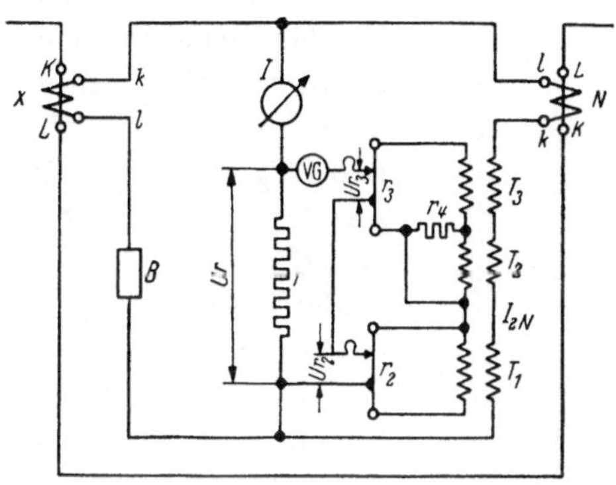

Abb. 142. Prüfeinrichtung für Stromwandler nach W. HOHLE.

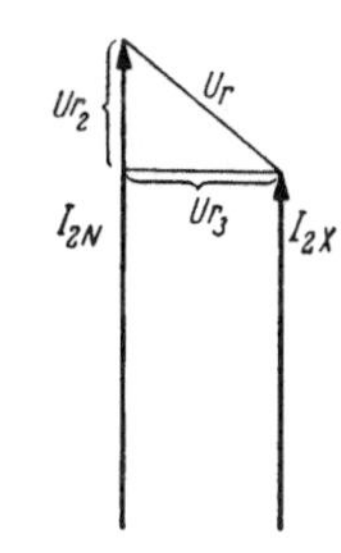

Abb. 143. Diagramm zur Schaltung Abb. 142.

Sekundärstrom I_{2N} des Normalwandlers über den kleinen Transformator T_1 gespeist und von einem Strom durchflossen, der phasengleich mit I_{2N} oder um 180° verschoben ist. Der zweite, r_3, wird von einem Strom durchflossen, der um 90° gegen den Strom I_{2N} verschoben ist. Der Widerstand r_4 und die kleinen Transformatoren T_2 und T_3 sind so bemessen, daß die 90°-Verschiebung zustande kommt.

Die Messung geht folgendermaßen vor sich: Man verschiebt die Schleifkontakte auf den beiden Schleifdrahtwiderständen r_2 und r_3 abwechselnd so lange, bis das Vibrationsgalvanometer VG Null zeigt. Dann ist die Spannung U_r am Widerstand r, die dem Differenzstrom entspricht, durch die beiden an den Widerständen r_2 und r_3 abgegriffenen Teilspannungen U_{r2} und U_{r3} kompensiert, Abb. 143. Die Spannung U_{r2} am Widerstand r_2, die in Phase mit dem Sekundärstrom I_{2N} des Normalwandlers N ist, entspricht dem Stromfehler, die senkrecht dazu stehende Spannung U_{r3} am Widerstand r_3 dem Fehlwinkel. Die Teilungen an den Schleifdrähten sind so beziffert, daß man direkt den Stromfehler und den Fehlwinkel ablesen kann. Der Stromfehler und der Fehlwinkel des Normalwandlers müssen zu den Ablesungen an den Teilungen noch hinzugezählt werden, um die absoluten Werte zu erhalten. Die Meßbereiche sind: für den Stromfehler — 1,5% bis + 1,5%, für den Fehlwinkel — 20 min bis + 80 min. Durch einen nicht gezeichneten Umschalter können die Bereiche um den fünffachen Betrag erweitert werden. Der Meßfehler der Einrichtung selbst ist etwa $\pm$ 0,01% für den Stromfehler und etwa $\pm$ 0,3 min für den Fehlwinkel.

b) Spannungswandler.

Eine entsprechende Anordnung zur Prüfung von Spannungswandlern zeigt Abb. 144. Die beiden Spannungswandler X und N sind primär parallel, sekundär gegeneinander geschaltet. Mit Hilfe der Transformatoren T_1, T_2 und T_3 und des Widerstandes r_4 einerseits und der Kapazität C und des Widerstandes r_c andererseits werden die Abgleichungen so getroffen, daß die Spannung U_{r_2} an r_2 in Phase mit der Sekundärspannung des Normalwandlers N, die

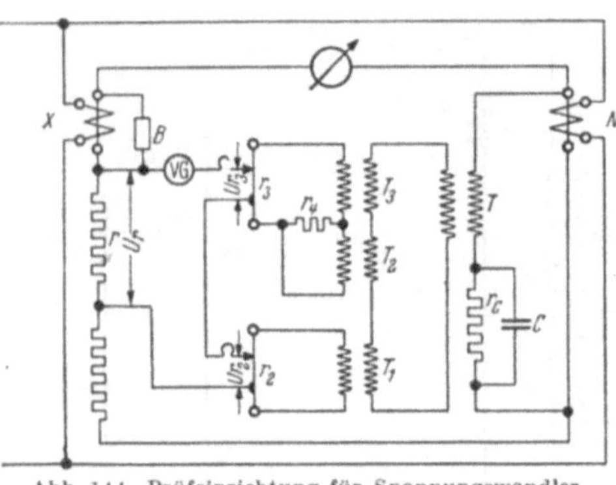

Abb. 144. Prüfeinrichtung für Spannungswandler nach W. HOHLE.

Abb. 145. Prüfeinrichtung für Strom- und Spannungswandler nach W. HOHLE.

Spannung U_{r3} am Widerstand r_3 senkrecht dazu steht. Am Widerstand r kann ein Teil U_r der Differenzspannung abgenommen werden. Man kompensiert diese Spannung dadurch, daß man ebenso wie bei der Stromwandlermessung die Schleifkontakte auf r_2 und r_3 so lange verschiebt, bis das Vibrationsgalvanometer *VG* Null zeigt. An den Teilungen der Schleifdrähte r_2 und r_3 kann man direkt den Spannungsfehler und den Fehlwinkel ablesen. Den Spannungsfehler und den Fehlwinkel des Normalwandlers muß man sinngemäß zu diesen Ablesungen hinzuzählen, um die absoluten Werte zu erhalten.

Meßbereiche und Meßfehler der Einrichtung sind die gleichen wie bei der Stromwandler-Prüfeinrichtung.

Die beiden Einrichtungen werden in einem tragbaren Kasten zusammengebaut geliefert, so daß man wahlweise Stromwandler oder Spannungswandler prüfen kann; dabei werden verschiedene Elemente der Einrichtung für beide Prüfungen benutzt. Eine solche Anordnung zeigt die Abb. 145.

3. Gegenschaltungsverfahren von O. Zwierina[1].

Bei dem Gegenschaltungsverfahren von O. ZWIERINA wird die Kompensation nicht auf rein elektrischem Wege, sondern indirekt durch magnetische Verkettung der zu kompensierenden Ströme vorgenommen.

a) Stromwandler.

In Abb. 146 ist X der zu messende Stromwandler, N der Normalwandler. An die Sekundärwicklung des Wandlers X ist die Bürde B und die Wicklung a des Ringkernes E aus Material hoher Anfangspermeabilität angeschlossen. An die Sekundärwicklung des Normalwandlers N ist die Wicklung b des Ringkernes E angeschlossen, die die gleiche Windungszahl wie a hat. In Reihe damit liegen die Widerstände r_1 und r_2 (zusammen 0,2 Ω); r_1 dient zur Grobeinstellung, r_2 zur Feineinstellung. Durch Schleifkontakte werden an diese Schleifdrähte die Wicklungen c und d des Ringkernes E angeschlossen. In dem Stromkreis von c liegt ein Widerstand r (1000 Ω),

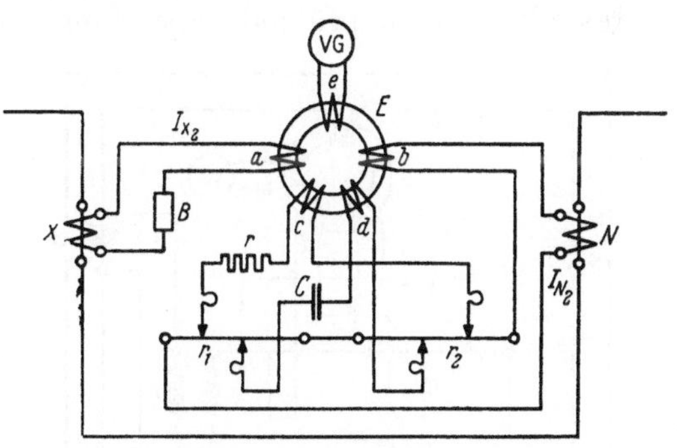

Abb. 146. Prüfeinrichtung für Stromwandler nach O. ZWIERINA.

[1] Elektrotechn. u. Masch.-Bau Wien 1937, H. 1, S. 1.

in dem Stromkreis von d ein Kondensator C. Der Strom in r_1 und r_2 ist in Phase mit dem Sekundärstrom I_{N2} des Normalwandlers N, desgleichen der Strom in der Wicklung c des Ringkernes E; dagegen ist der Strom in der Wicklung d senkrecht dazu.

Da die Wicklungen a und b gegengeschaltet sind, entspricht der von ihnen erzeugte Fluß im Ringkern E dem Differenzstrom von I_{N2} und I_{X2}. Dieser Fluß wird nun durch Verschieben der Schleifkontakte auf den Widerständen r_1 und r_2 kompensiert, bis das an die Wicklung e angeschlossene Vibrationsgalvanometer VG Null zeigt. Der in der Wicklung c erzeugte Fluß entspricht der Komponente des Differenzstromes, die in Phase mit I_{N2} ist, der in der Wicklung d erzeugte Fluß steht senkrecht dazu. Die Verhältnisse liegen ebenso wie für die Methode von HOHLE in Abb. 143 dargestellt. Die Teilung der Schleifdrähte r_1 und r_2 ist so beziffert, daß man an der Entfernung der in der Abbildung oben liegenden Schleifkontakte den Stromfehler, an der Entfernung der unteren den Fehlwinkel ablesen kann. Für die Messung des Stromfehlers sind drei Meßbereiche vorgesehen: $\pm$ 1,1%, $\pm$ 2,2%, $\pm$ 11%; für den Fehlwinkel ebenfalls drei Meßbereiche: $\pm$ 60 min, $\pm$ 120 min, $\pm$ 600 min. In der Abb. 146 sind die dazu notwendigen Schaltungen nicht eingezeichnet. Die Teilung an den Schleifkontakten ist so groß, daß 20 mm Skalenlänge 0,01% Stromfehler und 1 min Fehlwinkel entspricht.

b) Spannungswandler.

In Abb. 147 ist die Anordnung zur Prüfung von Spannungswandlern dargestellt. Der zu prüfende Spannungswandler X und der Normalwandler N sind primär parallel, sekundär über die Wicklung a des Ringkernes E und einen Widerstand R gegeneinander geschaltet. An die Sekundärwicklung des Normalwandlers N ist außerdem der Transformator T angeschlossen, der die gleiche Kompensationseinrichtung speist, die wir bei der Stromwandler-Prüfeinrichtung beschrieben haben. Die Schleifkontakte werden so lange auf den Schleifdrähten r_1 und r_2 verstellt, bis das Vibrationsgalvanometer VG Null zeigt. Dann kann man an der Entfernung der in der

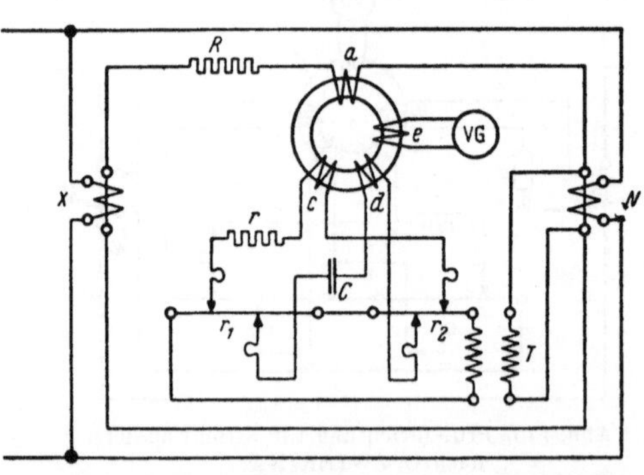

Abb. 147. Prüfeinrichtung für Spannungswandler nach O. ZWIERINA.

Abb. 147 oben liegenden Schleifkontakte den Spannungsfehler, an der Entfernung der unteren den Fehlwinkel ablesen.

Als Vorteile des Verfahrens können folgende angeführt werden: Da die von den Sekundärströmen durchflossenen Wicklungen des Ringkernwandlers E verschiedene Anzapfungen haben, können Wandler verschiedenen Übersetzungsverhältnisses miteinander verglichen werden, ohne daß die Empfindlichkeit der Messung leidet. Weiterhin ist bemerkenswert, daß dann, wenn die Wandler gegeneinander abgeglichen sind, das Feld im Ringkernwandler Null ist; es ist dann auch die Induktivität der Wicklungen Null, und sie können als Ohmsche Widerstände betrachtet werden. Man kann sie also in die Bürden der Wandler einbeziehen, so daß diese genau definiert sind. Die magnetische Verkettung durch den Ringkernwandler ergibt eine große Empfindlichkeit der Messung.

4. Gegenschaltungsverfahren mit Hilfswicklung auf dem Normalwandler[1].

Erwähnt werden soll noch ein Gegenschaltungsverfahren, das wesentlich von den beschriebenen abweicht und das für die Stromwandlerprüfung in Abb. 148 dargestellt ist. Die Abgleichung der beiden Wand-

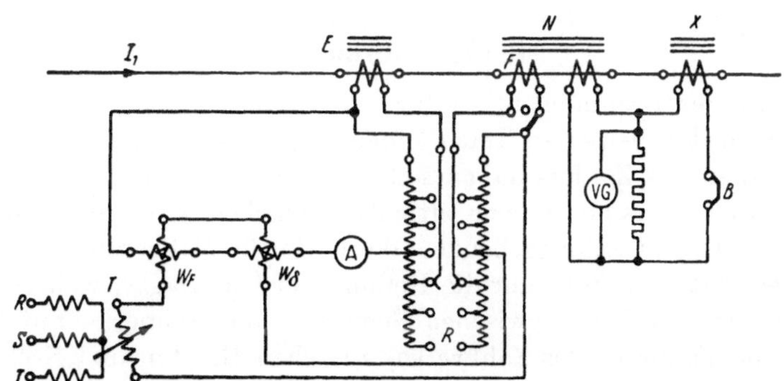

Abb. 148. Prüfeinrichtung für Stromwandler mit Hilfswicklung auf dem Normalwandler.

ler, des zu prüfenden X und des Normalwandlers N, wird durch eine Hilfswicklung F auf dem Normalwandler erreicht, der ein in seiner Größe durch den Stufentransformator R und in seiner Phase durch den Phasenschieber T einstellbarer Hilfsstrom zugeführt wird. Zur Messung der Größe des Hilfsstromes und des Fehlwinkels dienen ein Wirkleistungsmesser W_F und ein Blindleistungsmesser W_δ, deren eine Wicklung von dem Hilfsstrom und deren zweite von dem dem Wandler E

[1] „Wandler-Meßeinrichtungen". Mitt. a. d. Arbeitsgebiet der Koch & Sterzel A.-G., H. Nr. T, 20. Febr. 1938. Druckschrift VIII 326.

entnommenen Strom durchflossen wird. Die Größe und Phase des Hilfsstromes werden so lange verändert, bis das Vibrationsgalvanometer *VG* Null zeigt.

Für die Prüfung von Spannungswandlern ist eine entsprechende Einrichtung geschaffen worden.

XI. Einrichtungen und Schaltungen für die Messung besonderer Eigenschaften und Vorgänge.

Wir haben uns bisher mit den verschiedenen Einrichtungen und Schaltungen befaßt, die man zur Prüfung der Zähler und Meßwandler im Laboratorium, im Prüfraum oder an Ort und Stelle braucht. Es wird auch in den meisten Fällen genügen, daß man die Fehler der Zähler und Wandler feststellt. Will man darüber hinaus noch andere Eigenschaften der Zähler kennenlernen, die für die Beurteilung eines Zählers in mechanischer, magnetischer und elektrischer Hinsicht von Wert sind, so braucht man dazu noch verschiedene Einrichtungen und die Kenntnis einiger Meßverfahren, die im folgenden beschrieben werden sollen. Solche Untersuchungen werden in den meisten Fällen auf das Laboratorium beschränkt bleiben und nur an einzelnen Stücken vorgenommen werden.

1. Drehmoment.

Ein großes Drehmoment ist für jeden Zähler erwünscht, weil die Reibung in den bewegten Teilen einen möglichst kleinen Einfluß auf die Angaben des Zählers haben soll. Das Verhältnis Drehmoment zu Ankergewicht, das heute noch oftmals angegeben wird, ist für Zähler nicht von dem ausschlaggebenden Wert wie für Meßgeräte, denn das Ankergewicht beeinflußt nur die Reibung im Unterlager, während die Reibung im Oberlager, zwischen Schnecke und Schneckenrad (oder Ritzel und Zahnrad) des Zählwerks, zwischen Bürsten und Kollektor bei Gleichstromzählern, des Maximumzeigers bei Maximumzählern nicht vom Ankergewicht abhängen. Einige Verfahren und Vorrichtungen zur Messung des mechanischen Drehmoments an der Zählerachse werden im folgenden beschrieben, in einem weiteren Kapitel werden wir uns mit der Messung der Reibung befassen.

a) Kräftemesser.

Das Drehmoment des Zählers bestimmt man meist bei stillstehendem Zähler dadurch, daß man die Kraft am Umfang des Scheibenankers oder der Bremsscheibe mißt und sie mit dem Radius der Scheibe multipliziert.

Es sind eine Anzahl von Kräftemessern angegeben worden, die auf dem Waageprinzip[1], auf dem Prinzip des Kräfteparallelogramms[2] und auf der Ablenkung des Gewichts eines Fadenpendels[3] beruhen. Es wird aber meist dem Kräftemesser der Vorzug gegeben, der als Torsionswaage ausgebildet ist[4]. Eine Ausführung ist in Abb. 149 dargestellt. Eine Spiralfeder ist mit einem Ende an einem Drehknopf befestigt, der mit Reibung in dem festen Ständer gelagert ist, das andere Ende an einer Achse, die sich in ihren Lagern fast reibungslos drehen kann. Der Drehknopf trägt einen Zeiger, unter ihm liegt eine an dem Ständer befestigte Kreisskala (in der Abbildung herausgenommen und unten liegend). Die drehbare Achse trägt einen Hebel, an dessen Ende die zu messende Kraft angreift. Außerdem ist an ihr ein Zeiger befestigt, der über der genannten Skala spielen kann.

Abb. 149. Kräftemesser als Torsionswaage.

Greift an dem Hebel keine Kraft an, so müssen beide Zeiger auf dem Nullpunkt der Skala stehen. Wenn nun auf das Ende des Hebels eine Kraft einwirkt, bewegt sich der Hebel aus seiner Nullage. Nun verdreht man den Reibungszeiger so lange, bis der Zeiger des Hebels wieder auf Null zu stehen kommt. Der Drehwinkel des Reibungszeigers, den man an der Skala abliest, ist der an dem Hebel angreifenden Kraft proportional. Die Skala wird man am besten mit einer Teilung in *g* versehen, um das Drehmoment leicht ausrechnen zu können. An Stelle des Hebels kann man auch eine Schnurrolle auf die drehbare Achse setzen, über die eine dünne Schnur läuft, die man am Umfang der Zählerscheibe mit einer Reibungsklammer befestigt. Bei der Messung muß man darauf

[1] Portable torque balance, Gen. El. Co. Bulletin Nr. 4331, June 1930.

[2] SCHMIEDEL: Z. Instrumentenkde 1913, S. 373.

[3] AGNEW: Bull. Bur. Stand, Wash. Bd. 7 (1910), Nr. 1.—Electr. Rev. Chicago, Bd. 57, S. 375.

[4] STERN: ETZ 1902, S. 777.

achten, daß die Kraft tangential am Scheibenumfang angreift, sonst können große Fehler auftreten. Wenn die drehbare Achse gut gelagert ist und der Kräftemesser so ausgeführt ist, daß die Achse des Drehknopfes und die drehbare Achse genau zusammenfallen, so kann man mit einem Meßfehler von 1% oder weniger rechnen. Der Kräftemesser muß mit einem Normaldynamometer oder mit Gewichten, die man z. B. an eine über eine Rolle laufende Schnur hängt, geeicht werden.

b) Selbsttätige Vorrichtung zur Aufzeichnung des Drehmoments über den ganzen Umfang, insbesondere für Gleichstromzähler.

Bei Gleichstromzählern schwankt das Drehmoment bei verschiedenen Ankerstellungen sehr erheblich. Besonders in den Wendepunkten der Drehmomentkurve hält es schwer, eine stabile Einstellung des Kräftemessers zu erhalten. ALBERTI[1] hat deshalb eine Vorrichtung geschaffen, die es gestattet, in jeder Ankerstellung die Kraft am Umfang der Bremsscheibe nicht nur zu messen, sondern auch selbsttätig aufzuzeichnen. Abb. 150 zeigt das Prinzip der Anordnung. Der Vorgang bei der Messung spielt sich folgendermaßen ab: Man schaltet den Strom des Zählers g ein, die Scheibe b fängt an, sich zu drehen. Der Faden f

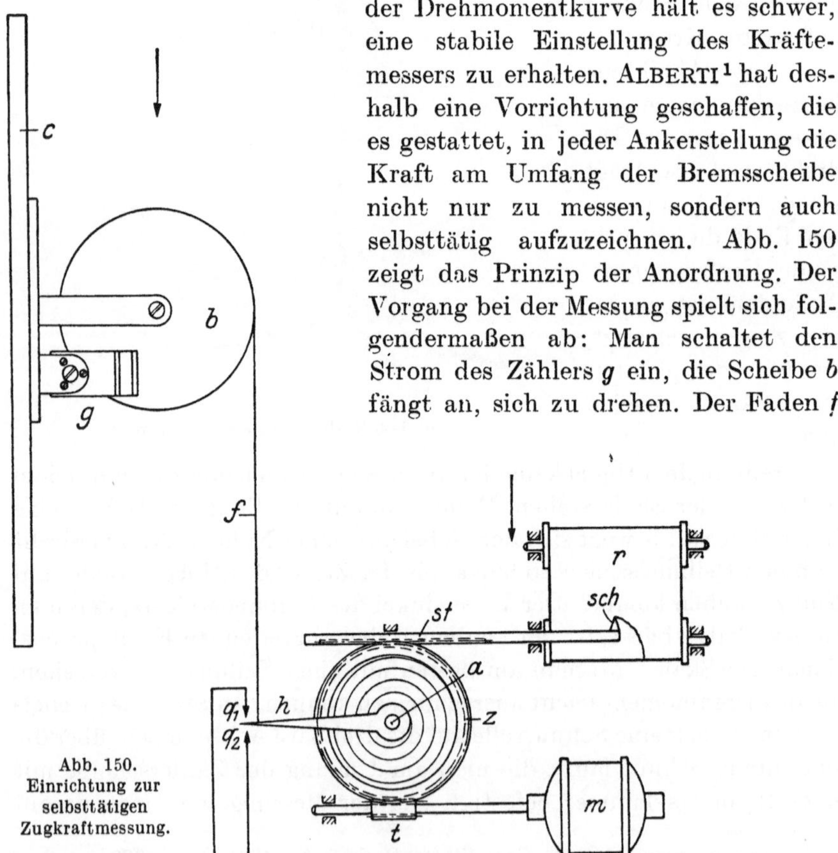

Abb. 150. Einrichtung zur selbsttätigen Zugkraftmessung.

[1] ETZ 1916, S. 285. Dort sind auch eine größere Anzahl von mit dem Apparat aufgenommenen Kurven wiedergegeben.

wird angezogen oder losgelassen, je nachdem ob die Umfangskraft an der Scheibe b größer oder kleiner ist als die Kraft der am Hebel h angreifenden Spiralfeder. Berührt der Hebel h den Kontakt q_1, so wird der Motor m derart gesteuert, daß er das Zahnrad z in einer solchen Richtung antreibt, daß die Federkraft vergrößert wird; berührt er den Kontakt q_2, so wird der Motor umgesteuert und verkleinert die Federkraft. Der Bewegung des Zahnrades z entspricht der Hub des mit ihm durch die Zahnstange *st* gekuppelten Schreibstiftes *sch*. Ist in einer der beiden Richtungen das Gleichgewicht zwischen den Zugkräften erreicht, so pendelt der Hebel h zwischen den beiden Kontakten q_1 und q_2 hin und her. Je kleiner die Entfernung der Kontakte ist, desto geringer sind die Pendelbewegungen des Hebels h und damit des Schreibstiftes *sch*. Bewegt man nun den Zähler g langsam auf seiner Gleitbahn c und gleichzeitig damit den Registrierstreifen r, so wird auf diesem der Verlauf des Drehmoments in Abhängigkeit von der Ankerstellung als Zickzackkurve aufgezeichnet, deren Zacken um so kleiner sind, je geringer die Pendelbewegung des Hebels h ist.

c) Bestimmung des Drehmoments durch Rechnung aus der elektrisch zugeführten Leistung.

Bei Gleichstrom-Amperestundenzählern kann man nach v. KRUKOWSKI[1] das mittlere Drehmoment bei Bewegung und Stillstand aus der elektrisch zugeführten Leistung bestimmen. Die vom Anker in mechanische Leistung umgewandelte elektrische Leistung ist

$$U_a \cdot I_a = M \cdot 2\pi \cdot n \cdot 10^{-7}\,\text{W}.$$

Dabei ist U_a die Gegen-EMK des Ankers in Volt, die man aus der Differenz der Klemmenspanung und dem Ohmschen Spannungsabfall berechnen kann; I_a der Ankerstrom in Ampere; n die zu den elektrischen Größen gehörende sekundliche Drehzahl. Diese drei Größen bestimmt man und kann daraus das Drehmoment M in Dyn cm finden. Um es in gcm zu erhalten, dividiert man noch durch 981, die Beschleunigung durch die Erdschwere in cm $\cdot$ s^{-2}. Von dem so gemessenen Drehmoment muß man noch das Reibungsmoment abziehen[2].

Das mit dieser Methode im Bewegungszustande gemessene Drehmoment ist etwas kleiner als das mit den oben beschriebenen Methoden bei Stillstand gemessene. Und zwar ist das mittlere Drehmoment bei Stillstand im Verhältnis $I_0 : I_a$ größer als das bei Bewegung gemessene. Dabei bedeutet I_0 den Ankerstrom bei Stillstand und der gleichen Klemmenspannung, bei der der Ankerstrom bei Bewegung gleich I_a ist.

[1] MÖLLINGER: Wirkungsweise der Motorzähler und Meßwandler 2. Aufl. S. 43. Berlin: Springer 1925. — [2] Siehe folgendes Kapitel.

2. Reibung.

Wie schon oben gesagt, ist die Kenntnis des Reibungsmoments der Lager, des Zählwerks, der Bürsten auf dem Kollektor, des Maximumzeigers für die Beurteilung des Zählers wünschenswert. Die Vorrichtungen und Methoden zu seiner Bestimmung sollen deshalb ausführlich behandelt werden.

Die gleichen Methoden können natürlich auch dazu verwendet werden, die Zunahme der Reibung im Verlaufe längerer Betriebszeiten zu bestimmen[1].

a) Drehmoment-Torsionswaage.

Abb. 151 zeigt die schematische Anordnung der Torsionswaage von BRUCKMANN und REYNST[2]. Der Zähler Z ist in einem Rahmen R aufgehängt, der in einem Bügel B verschoben werden kann. Am Bügel B ist ein Stahldraht D angebracht, dessen anderes Ende am Torsionskopf K befestigt ist. Am Torsionskopf K sitzt ein Zeiger A_1, der über der festen Skala S verstellt werden kann, ebenso am Bügel B ein Zeiger A_2. Am unteren Ende des Rahmens R sind zwei Stromzuführungen angebracht, die in zwei mit Quecksilber gefüllte Näpfe Q tauchen. Diese Anordnung braucht man nur dann, wenn man Messungen bei stromdurchflossenem Zähler machen will, z. B. zur Bestimmung der Dämpfung durch die Wechselflüsse. Vor Beginn der Messung wird der Rahmen R im Bügel B so verschoben, daß die Zählerachse P mit der Achse des Stahldrahtes D zusammenfällt und mit Hilfe des Laufgewichtes G und einer Wasserwaage so eingestellt, daß die Zählerscheibe in die horizontale Lage kommt.

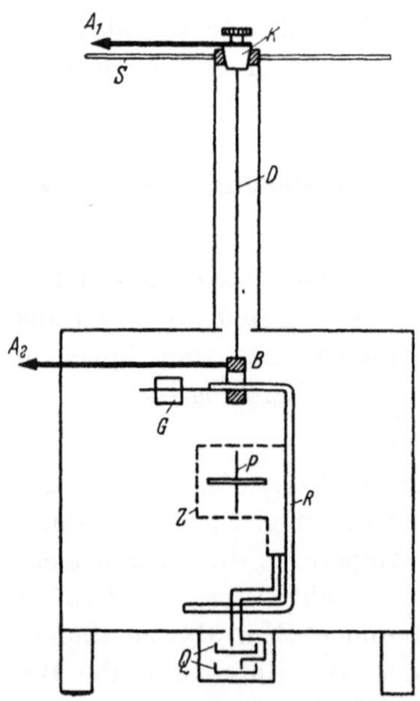

Abb. 151. Drehmoment-Torsionswaage nach BRUCKMANN und REYNST.

Will man nun das Reibungsmoment des Zählers messen, dann bläst man seine Scheibe z. B. mit einem Luftstrom von einigen cm Wasser-

[1] WACHSMANN, F.: Untersuchung der Reibungsverhältnisse in Elektrizitätszählern unter besonderer Berücksichtigung der Veränderlichkeit der Reibungswerte im Verlaufe längerer Betriebszeiten. Dissert. München 1934.

[2] Elektrotechn. u. Masch.-Bau Wien 1937, H. 50, S. 609.

säule an, den man mit Hilfe eines Manometers konstant hält. Dann läuft die Scheibe mit konstanter Drehzahl um, der Zeiger A_2 bewegt sich aus seiner Nullage. Nun verdreht man den Torsionskopf K so lange, bis der Zeiger A_2 wieder auf Null steht. Da die Masse des Rahmens mit dem darauf befestigten Zähler sehr groß ist, ist die Schwingungsdauer sehr lang (2 min). Deshalb wird eine Dämpfung sehr stark sein müssen, wenn sie wirksam sein soll. Der an der Stellung des Zeigers A_1 auf der Skala S abgelesene Torsionswinkel ist ein Maß für das Reibungsmoment: $M_R = C \cdot \alpha$. Man macht Messungen bei verschiedenen Drehzahlen und kann dann das Reibungsmoment in Abhängigkeit von der Drehzahl als Kurve auftragen.

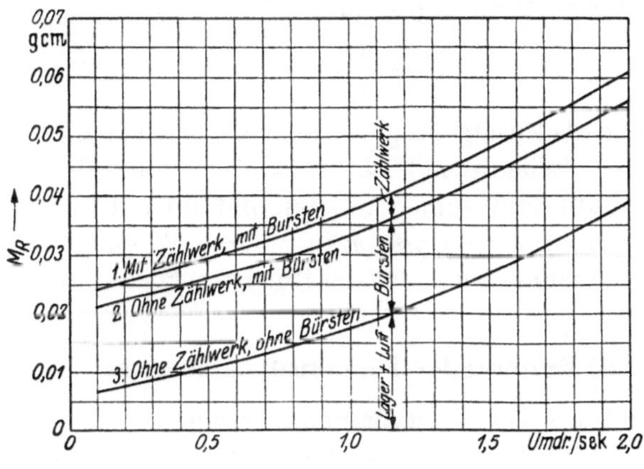

Abb. 152. Reibungskurven.

Um bei einem Gleichstromzähler die Reibungsmomente der Lagerung, des Zählwerks und der Bürsten getrennt zu erhalten, macht man drei Versuchsreihen, vgl. Abb. 152:

1. Mit gekuppeltem Zählwerk und anliegenden Bürsten.
2. Mit abgenommenem Zählwerk und anliegenden Bürsten.
3. Ohne Zählwerk und Bürsten.

Die Differenz zwischen Kurve 1 und 2 ergibt die Zählwerksreibung, die zwischen 2 und 3 die Bürstenreibung, Kurve 3 die Lager- plus Luftreibung.

Will man die Luftreibung noch von der Lagerreibung trennen, so kann man dies mit der beschriebenen Einrichtung nur dadurch erreichen, daß man den Kasten, in dem sich die Einrichtung befindet, luftleer macht und bei elektrisch angetriebenem Zähler eine Meßreihe macht. Mit gleichem Antrieb macht man eine zweite Meßreihe bei normalem Luftdruck. Die Differenz der beiden aufgenommenen Kurven ergibt dann die Luftreibung.

Auf die gleiche Weise wie die Zählwerksreibung kann man durch Differenzbildung auch die Reibung eines Maximumwerkes und sonstiger den Zähler belastender Einrichtungen feststellen.

Die Eichung der Torsionswaage nimmt man mit Hilfe von zwei Schwingungsversuchen vor. Man mißt die Schwingungsdauer τ_1 des Apparates allein und die Schwingungsdauer τ_2 des Apparates unter Hinzufügung eines bekannten (polaren) Trägheitsmoments Θ_R. Ist Θ das Trägheitsmoment der Torsionswaage allein, so gelten die Beziehungen:

$$\tau_1 = 2\pi \sqrt{\frac{\Theta}{C}}, \qquad \tau_2 = 2\pi \sqrt{\frac{\Theta + \Theta_R}{C}},$$

woraus sich die Konstante ergibt zu

$$C = \frac{4\pi^2 \cdot \Theta_R}{\tau_2^2 - \tau_1^2}.$$

Benutzt man als Zusatz-Trägheitsmoment einen ringförmigen Körper (der an allen Stellen die gleiche Dicke haben und dessen Material homogen sein muß), mißt seinen äußeren und inneren Radius r_a und r_i in cm und bestimmt seine Masse m in g durch Wägung, so berechnet sich das (polare) Trägheitsmoment des Ringes zu $\Theta_R = \frac{1}{2} m (r_i^2 + r_a^2)$ gcm^2.

b) Rotierendes Torsionsdynamometer.

Abb. 153 ist das Torsionsdynamometer von H. ZIEMENDORFF in schematischer Darstellung[1]. Man kann mit dieser Einrichtung Reibungsmomente einzelner Zählerteile messen. In Abb. 153a ist es z. B. das Unterlager U, dessen Reibungsmoment bei verschiedenen Ankergewichten gemessen werden soll. Das Unterlager U ist in einen Träger T eingeschraubt, die zylinderförmige Glocke R ist so auf der Achse D befestigt, daß ihr Schwerpunkt unter dem Drehpunkt des Lagers liegt. Durch ringförmige Gewichte G kann die Belastung des Lagers verschieden groß gemacht werden. Das Dynamometer selbst besteht aus einem nicht gezeichneten regelbaren Motor, der die Achse E in Pfeilrichtung antreibt. Auf der Achse E ist eine kreisrunde Skala S angebracht, an deren unterer Fläche das eine Ende der Spiralfeder F befestigt ist. Das andere Ende der Feder F ist am oberen Teil der Achse D angeklemmt. An der Achse D sitzt ein Zeiger A, der über der Skala S spielen kann. An der unteren Fläche der Skala S sitzen zwei kleine permanente Magnete M, in deren Luftspalt die auf der Achse D sitzende kleine Bremsscheibe B hineinragt. Diese Anordnung dient zur aperiodischen Dämpfung der Schwingungen und erleichtert

[1] Es wird bei den Siemens-Schuckert-Werken zur Messung der Reibungsmomente benutzt.

die Ablesung. Zeiger A, Scheibe B, Achse D und Glocke R wiegen zusammen etwa 10 g; dies ist also die niedrigste Belastung, bei der die Reibung gemessen werden kann.

Bei der Messung wird die Achse E mit konstanter Drehzahl angetrieben; dann bewegt sich der Zeiger A so lange aus der Nullage, bis das Reibungsmoment des Lagers und das Torsionsmoment der Feder F im Gleichgewicht sind. Der Torsionswinkel α, den man an der Skala S ablesen kann, ist dann ein Maß für das Reibungsmoment des Lagers: $M_R = C \cdot \alpha$. Die Konstante C bestimmt man am besten

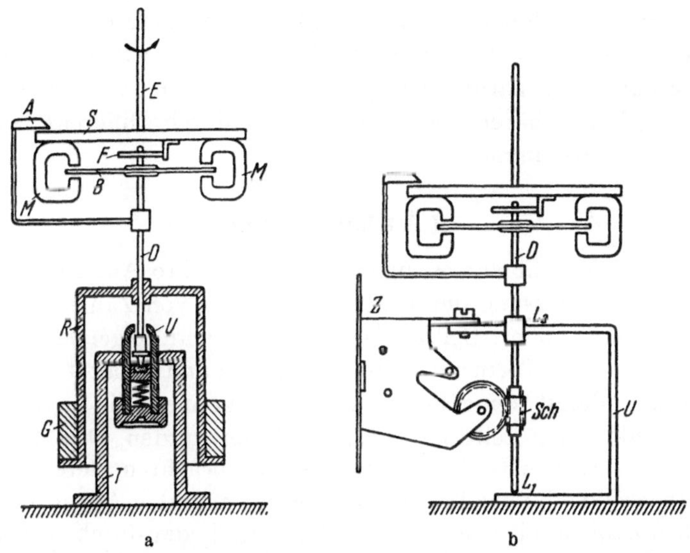

Abb. 153. Rotierendes Torsionsdynamometer nach ZIEMENDORFF. *a* Anordnung für Reibungsmessung am Unterlager, *b* Anordnung für Reibungsmessung am Zählwerk.

durch Eichung des Dynamometers mit einem bekannten Drehmoment, z. B. durch Ablenkung eines Fadenpendels. Während der Messung drehen sich natürlich Zeiger A und Skala S mit gleicher Winkelgeschwindigkeit. Da diese aber bei den üblichen Zählern sehr klein ist, kann man während der Bewegung den Zeigerausschlag bequem ablesen.

In Abb. 153b ist eine Hilfsvorrichtung zur Messung von Zählwerksreibungen dargestellt. Die Achse D trägt oben die gleichen Teile wie in Abb. 153a. Sie ist in dem Bügel U in den Lagern L_1 und L_2 gelagert. Außerdem ist auf ihr die Schnecke *Sch* des zu prüfenden Zählermusters befestigt. Das Zählwerk Z wird am Träger U angeschraubt. Man macht zwei Messungen, eine mit Zählwerk und eine ohne Zählwerk, diese zur Bestimmung des Reibungsmomentes der beiden Lager L_1 und L_2. Die Differenz aus der ersten und zweiten Messung ergibt die Zählwerksreibung.

Auf ähnliche Weise kann man auch die Reibung von Maximumwerken und anderen den Zähler belastenden Zählerteilen messen.

Die gesamte Zählerreibung kann man messen, wenn man das Dynamometer an dem oberen freien Achsenende des Zählers befestigen kann. Sonst muß man das Oberlager entfernen und das Dynamometer durch ein Zwischenglied mit der Zählerachse verbinden. Die Luftreibung der Scheibe kann man dadurch bestimmen, daß man z. B. in der Vorrichtung Abb. 153a eine Meßreihe mit auf die Achse D aufgesetzter Triebscheibe macht, eine zweite Meßreihe mit einem Ersatzgewicht für die Triebscheibe, das möglichst kleine Oberfläche und damit eine verschwindend kleine Luftreibung hat. Die Differenz aus beiden Messungen ergibt die Luftreibung. Ebenso wie bei der Torsionswaage kann man natürlich auch zwei Meßreihen im luftleeren Raum und bei Atmosphärendruck machen und durch Differenzbildung die Luftreibung bestimmen.

c) Auslaufmessungen.

Die bei Maschinenmessungen viel gebrauchte Auslaufmethode ist auch auf die Messung der Reibungsmomente von Zählern erfolgreich angewendet worden[1]. Bei der Messung geht man folgendermaßen vor: Man entfernt die Bremsmagnete des Zählers und schaltet seine Stromkreise aus, damit keine Felder entstehen können, die zusammen mit kurzgeschlossenen Leitern bremsend wirken würden. Dies ist auch bei dynamometrischen Gleichstromzählern zu beachten, deren Anker geschlossene Wicklungen haben. Nun bringt man den Anker des Zählers durch Anstoßen mit einem feinen Haarpinsel oder durch Anblasen mit einem Luftstrahl auf eine Drehzahl, die etwas über der Drehzahl liegt, bis zu der man die Reibung messen will, und läßt ihn auslaufen. Während des Auslaufs wird beim jedesmaligem Vorbeigehen einer auf der Zählerbremsscheibe angebrachten Marke an einer feststehenden Marke der Taster eines Doppelzeitschreibers (S. 109) niedergedrückt, wodurch auf dessen in Bewegung befindlichem Papierstreifen eine Marke entsteht. Läuft der Anker sehr rasch, so wird man nach je zwei oder vier Durchgängen der beweglichen an der festen Marke den Taster niederdrücken. Der Papierstreifen des Doppelzeitschreibers zeigt dann nebeneinander die Sekundenmarken der Normaluhr und die Umdrehungsmarken. Die Auswertung wird in der weiter unten geschilderten Art vorgenommen. Hat man genügende Übung, so kommt man auf diese einfache Weise zu brauchbaren Resultaten. Bequemer ist es, wenn man eine der oben (S. 107) beschriebenen

[1] SCHMIEDEL: Verh. d. Vereins z. Beförd. d. Gewerbefleißes 1910, S. 571, 655; 1911, S. 111. — Elektrotechn. u. Masch.-Bau 1911, S. 955, 978.

selbsttätigen Zählvorrichtungen zur Verfügung hat. So haben z. B. FITCH und HUBER[1] bei ihren Reibungsmessungen an amerikanischen Zählern die Methode der überspringenden Funken mit gutem Erfolg benutzt.

Will man aus den so gewonnenen Auslaufkurven, die die Umdrehungen als Funktion der Zeit, $u = f(t)$ darstellen, das Drehmoment der Reibung berechnen, so hat man noch die im folgenden beschriebenen Überlegungen zu machen. Es gilt die Beziehung: Drehmoment der Reibung = Trägheitsmoment der rotierenden Ankermasse × Winkelverzögerung

$$M_R = \Theta \cdot \frac{d\omega}{dt} \cdot \frac{1}{981} = \Theta \cdot 2\pi \cdot \frac{d^2u}{dt^2} \cdot \frac{1}{981} \text{ gcm}^*.$$

Man muß also die zweite Ableitung der aufgenommenen Kurve $u = f(t)$ nach der Zeit bilden und das Trägheitsmoment Θ des Ankers bestimmen. Außerdem muß man die erste Ableitung du/dt kennen, weil man die Abhängigkeit des Drehmoments der Reibung von der sekundlichen Drehzahl des Ankers $n = du/dt$ sucht.

Man kann die Auslaufkurven auch dadurch aufnehmen, daß man bei abgenommenem Bremsmagnet den Zähler durch Erregung des Hauptstrom- und Spannungskreises auf verschiedene konstante Drehzahlen bringt, diese zählt, dann den Strom in beiden Kreisen abschaltet und die Zeit vom Abschalten bis zum Stillstand des Ankers mißt. Diese von H. W. L. BRÜCKMANN[2] angegebene Methode hat jedoch den Nachteil, daß sowohl die konstante Drehzahl als auch der Stillstandspunkt nicht sehr exakt bestimmt werden können. Immerhin hat man bei ihr den Vorteil, daß man sofort die sekundlichen Umdrehungen als Funktion der Zeit erhält.

Graphische Auswertung. Rein graphisch kann man die Auslaufkurven $u = f(t)$ folgendermaßen auswerten: Man zeichnet die aufgenommene Kurve $u = f(t)$ in möglichst großem Maßstab auf Millimeterpapier; dabei sollte man darauf achten, daß der Maßstab so gewählt wird, daß die Steigung der Kurve in dem meist interessierenden Teil um 45° gegen die Abszissenachse geneigt verläuft, Abb. 154. Dann zieht man eine Schar von strahlenförmigen Geraden so, daß die trigonometrischen Tangenten ihrer Winkel α mit der Abszissenachse bestimmten Werten der sekundlichen Drehzahlen entsprechen:

$$k \cdot \operatorname{tg} \alpha = \frac{du}{dt} = 0{,}1,\ 0{,}2,\ 0{,}3,\ \ldots$$

[1] Bull. Bur. Stand., Wash. Bd. 10 (1913).

* 981 ist die Beschleunigung durch die Erdschwere in cm · s^{-2}, die eingesetzt werden muß, weil das Trägheitsmoment in cm^2 · g Masse bestimmt wird.

[2] ETZ 1910, S. 861.

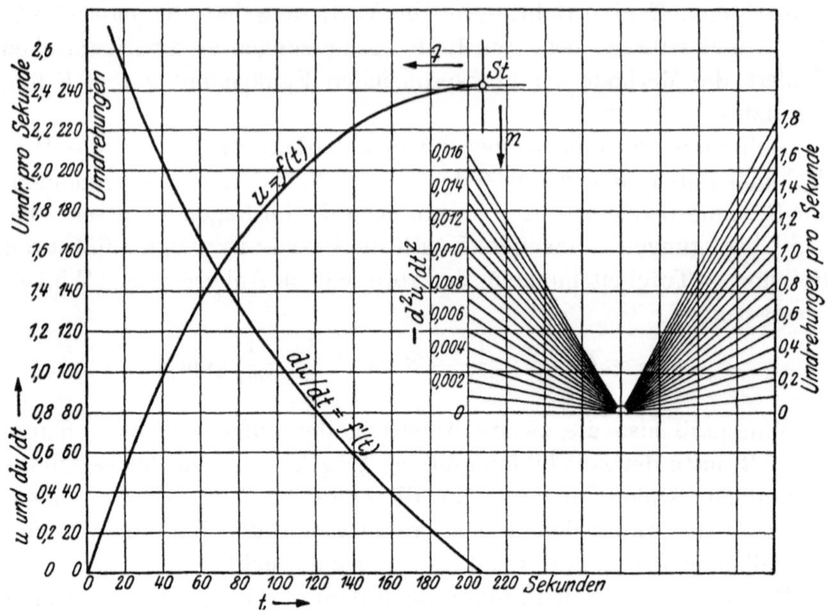

Abb. 154. Auslaufkurve.

Durch Parallelverschiebung eines Lineals findet man die Berührungspunkte der Tangenten mit der gezeichneten Kurve $u = f(t)$ und daraus die den Tangenten zugeordneten Abszissenwerte t. Nun zeichnet man die gleichfalls in Abb. 154 ersichtliche Kurve $du/dt = f'(t)$ und wiederholt das beschriebene graphische Verfahren, so daß man $-d^2u/dt^2 = f''(t)$ erhält. Diese Werte multipliziert man mit $2\pi\Theta : 981$ und trägt sie als Funktion der zugeordneten du/dt auf. So erhält man die Reibungskurve $M_R = f(du/dt)$, Abb. 152. Die Methode hat den Nachteil, daß sie sehr mühsam ist, wenn man gute Resultate erzielen will. Die Kurven müssen sehr sorgfältig gezogen werden. Die Bestimmung der Berührungspunkte der Tangenten erfordert viel Geduld und Übung.

Auswertung durch Differenzbildung. Greift man einen kleinen Teil der Kurve $u = f(t)$ zwischen den Werten u_a und u_b heraus und nimmt man zwischen diesen Werten einen geradlinigen Verlauf an, so ist zwischen diesen Werten die Drehzahl

$$\frac{du}{dt} \approx \frac{\Delta u}{\Delta t} = \frac{u_b - u_a}{t_b - t_a},$$

wobei t_b und t_a die den Ordinaten u_b und u_a zugeordneten Abszissen sind[1].

---

[1] Eingehende Beweisführung s. SCHMIEDEL: Verh. d. Vereins z. Beförd. d. Gewerbefleißes 1910, S. 574.

Dem gefundenen du/dt ordnet man einen mittleren Wert

$$t_m = \frac{t_a + t_b}{2}$$

zu. Bei der praktischen Anwendung der Methode muß man eine Anzahl Kunstgriffe anwenden, die in der angezogenen Arbeit ausführlich zahlenmäßig behandelt sind.

Vereinfachte Auslaufmethode. Für viele Zwecke wird die vereinfachte Auslaufmethode von HOMMEL[1] genügen, die allerdings nicht sehr genau ist. Multipliziert man die Bewegungsgleichung des auslaufenden Ankers $M_R = \Theta \cdot d\omega/dt$ auf beiden Seiten mit ω, so kann man sie in eine Arbeitsgleichung verwandeln:

$$M_R \cdot \omega \cdot dt = \Theta \cdot \omega \cdot d\omega \cdot \frac{1}{981}.$$

Da man die linke Seite der Gleichung nicht integrieren kann, weil die gesetzmäßige Abhängigkeit des Drehmoments M_R und der Winkelgeschwindigkeit von der Zeit nicht bekannt ist oder zum mindesten zu einer komplizierten Darstellung führen würde, so ersetzt man das Produkt $M_R \cdot \omega$ durch das Produkt aus dem mittleren Reibungsmoment M_m und der mittleren Winkelgeschwindigkeit ω_m und kommt so auf die Gleichung

$$M_m \cdot \omega_m \cdot dt = \Theta \cdot \omega \cdot d\omega \cdot \frac{1}{981}.$$

Die Integration ergibt

$$M_m \cdot \omega_m \cdot t = \Theta \cdot \frac{\omega_1^2}{2} \cdot \frac{1}{981} \text{ gcm.}$$

ω_1 ist dabei diejenige Winkelgeschwindigkeit, die der Anker zu Beginn des Auslaufversuchs hat, t die gesamte Auslaufzeit. Die Gleichung bedeutet, daß die gesamte Reibungsarbeit während des Auslaufversuches gleich der kinetischen Energie des Ankers bei Beginn des Auslaufversuches ($t = 0$) ist.

Wählt man ω_1 nicht zu groß, so kann man die gering gekrümmte Auslaufkurve durch eine gerade Linie ersetzen und $\omega_m = \omega_1/2$ schreiben. Es ist dann

$$M_m = \frac{\Theta \cdot \omega_1}{t} \cdot \frac{1}{981} \text{ gcm.}$$

Dieser Wert gibt einen guten Annäherungswert für das Reibungsmoment. Mit dieser Methode kann man auch die Trennung der Verluste vornehmen.

Rechnerische Auswertung. FITCH und HUBER[2] haben es mit Erfolg versucht, die Auslaufkurve $u = f(t)$ in eine Gleichung zu bringen und

---

[1] Elektrotechn. u. Masch.-Bau Wien 1920, S. 81.

[2] Vgl. oben S. 187.

diese Gleichung durch Differentiation rein rechnerisch auszuwerten. Sie betrachten die Auslaufkurve zu dem Zweck von „rückwärts“, d. h. sie setzen den Fall, daß der Zähler vom Stillstand aus sich bis zu einer bestimmten Drehzahl beschleunigt. Diese Kurve ergibt sich z. B. aus Abb. 154, wenn man den Stillstandspunkt *St* als Koordinatenanfangspunkt betrachtet und das Buch umdreht, so daß die bei richtiger Lage des Buches auf dem Kopf stehenden Ordinatenbezeichnungen u und t aufrecht zu stehen kommen. Diese Kurve soll sich durch die Gleichung

$$u = a t^2 + b t^4$$

ausdrücken lassen[1]. Um die Konstanten a und b zu finden, muß man die zwei verschiedenen Umdrehungszahlen der Kurve entsprechenden Gleichungen lösen:

$$u_1 = a t_1^2 + b t_1^4,$$
$$u_2 = a t_2^2 + b t_2^4.$$

Es ergibt sich:

$$a = \frac{u_1 t_2^4 - u_2 t_1^4}{t_1^2 t_2^4 - t_1^4 t_2^2},$$

$$b = \frac{u_2 t_1^2 - u_1 t_2^2}{t_1^2 t_2^4 - t_1^4 t_2^2}.$$

Die sekundliche Drehzahl ist

$$\frac{du}{dt} = 2at + 4bt^3$$

und das Drehmoment ergibt sich zu

$$M_R = \Theta \cdot 2\pi \cdot \frac{d^2u}{dt^2} \cdot \frac{1}{981} = \frac{2\pi\Theta}{981}(2a + 12bt^2) \text{ gcm}.$$

Bestimmung des Trägheitsmoments des Ankers. Das Trägheitsmoment des Ankers bestimmt man am einfachsten durch zwei Schwingungsversuche. Man hängt den Anker vermittels einer das obere Achsenende umfassenden Klemmvorrichtung an einem etwa 2 m langen Stahldraht von etwa 0,2 mm Durchmesser auf und läßt ihn hin und her schwingen. Man zählt eine Anzahl von Vorbeigängen der auf dem Anker angebrachten Marke an einer festen Marke (indem man bei „Null“ zu zählen anfängt) und bestimmt die zugehörende Zeit. Die daraus ermittelte Zeit zwischen zwei Vorbeigängen ist die Schwingungsdauer τ_1 [2]. Man macht einen zweiten Schwingungsversuch unter Zufügung eines Zusatzringes von bekanntem Trägheitsmoment Θ_R, den man konzentrisch zur Drehachse auf die Bremsscheibe des Zählers auflegt und bestimmt die

---

[1] Erstmalig wurde diese Darstellung der Auslaufkurve von KUHLMANN angegeben. ETZ 1901, S. 393.

[2] Für sehr genaue Schwingungsmessungen vgl. man KOHLRAUSCH: Praktische Physik. 19. Aufl. Leipzig: Teubner 1950, Bd. I, S. 75.

Schwingungsdauer τ_2. Das Trägheitsmoment des Ankers berechnet sich dann zu

$$\Theta = \Theta_R \cdot \frac{\tau_1^2}{\tau_2^2 - \tau_1^2}.$$

Ist das Trägheitsmoment der Klemmvorrichtung nicht zu vernachlässigen, so muß man noch einen dritten Schwingungsversuch mit der Klemmvorrichtung allein machen, wobei sich die Schwingungsdauer τ_3 ergibt. Dann ist

$$\Theta = \Theta_R \cdot \frac{\tau_1^2 - \tau_3^2}{\tau_2^2 - \tau_1^2}.$$

Zur Berechnung des Trägheitsmoments des Zusatzringes (der an allen Stellen die gleiche Dicke haben und dessen Material homogen sein muß) mißt man seinen äußeren und inneren Radius, r_a und r_i, in cm und bestimmt durch Wägung seine Masse in g. Das Trägheitsmoment des Ringes ist dann

$$\Theta_R = \tfrac{1}{2} \cdot m \cdot (r_i^2 + r_a^2) \text{ gcm}^2.$$

Kann man aus irgendeinem Grunde den Anker nicht aus dem Zähler entfernen, so macht man zwei Auslaufversuche unter folgenden Bedingungen: An den Spannungskreis des Zählers legt man eine Spannung, die etwa den fünften Teil der Nennspannung beträgt. Die Vorrichtungen zur Kompensation der Reibung macht man zweckmäßig unwirksam. Den Hauptstromkreis erregt man einmal mit einem Strom, der etwa ein Zehntel des Nennstroms beträgt, das andere Mal etwa ein Zwanzigstel des Nennstromes. Bei Wechselstromzählern sollen diese Ströme I_1 und I_2 gleichphasig mit der Spannung sein. Die Stromkreise werden so geschaltet, daß die entstehenden Drehmomente den Anker rückwärts zu treiben suchen. Die Auslaufversuche wertet man nur für ein kurzes Drehzahlintervall aus, für das man die Kurvenstücke aufzeichnet, die den folgenden beiden Gleichungen entsprechen:

$$\left(\frac{d^2u}{dt^2}\right)_1 = f_1\left(\frac{du}{dt}\right) \text{ für } I_1 \text{ beim Drehmoment } M_1$$

und

$$\left(\frac{d^2u}{dt^2}\right)_2 = f_2\left(\frac{du}{dt}\right) \text{ für } I_2 \text{ beim Drehmoment } M_2.$$

Es gilt die Beziehung

$$\Theta \cdot \frac{2\pi}{981} \cdot \left[\left(\frac{d^2u}{dt^2}\right)_1 - \left(\frac{d^2u}{dt^2}\right)_2\right] = M_1 - M_2,$$

wobei die in der Klammer stehenden Verzögerungen ein und derselben Drehzahl entsprechen müssen.

Im allgemeinen kann man bei dem kleinen Unterschied zwischen den Strömen I_1 und I_2 Proportionalität zwischen Drehmoment und

Produkt aus Strom und Spannung annehmen. Annähernd gilt dies bis zum Drehmoment M_n bei Nennstrom I_n und Nennspannung U_n. Also

$$\frac{M_1 - M_2}{M_n} = \frac{(I_1 - I_2) \cdot U}{I_n \cdot U_n}.$$

Das Drehmoment M_n kann man in bekannter Weise[1] messen. Aus den beiden letzten Gleichungen erhält man:

$$\Theta \cdot \frac{2\pi}{981} \cdot \left[\left(\frac{d^2u}{dt^2}\right)_1 - \left(\frac{d^2u}{dt^2}\right)_2\right] = M_n \cdot \frac{(I_1 - I_2) \cdot U}{I_n \cdot U_n}.$$

In dieser Gleichung sind alle Größen mit Ausnahme des Trägheitsmoments Θ bekannt[2].

Trennung der Verluste. Die Trennung der Verluste wird in der gleichen Weise ausgeführt, wie im Abschnitt a bei der Drehmoment-Torsionswaage beschrieben.

Der Vollständigkeit halber sei die Methode von FITCH und HUBER zur gesonderten Bestimmung der Luftreibung angegeben. Sie hängen den Anker an einem dünnen Draht frei auf und lassen den sonst feststehenden Teil des Zählers um den Anker rotieren. Das Torsionsmoment des Drahtes ist dann proportional dem Drehmoment der Luftreibung des Ankers.

Die Luftreibung kann man natürlich auch dadurch messen, daß man außer dem Auslaufversuch unter normalem Luftdruck noch einen solchen in einem luftleer gemachten Raum vornimmt und die Differenz der beiden Reibungskurven bildet.

d) Methode des geeichten Motors.

Entfernt man bei einem Gleichstrom-Wattstundenzähler die Bremsmagnete und legt an seinen Anker eine kleine Spannung U_k, so erhöht sich seine Drehzahl so lange, bis Gleichgewicht zwischen der mechanischen Reibungsleistung und dem Teil der elektrischen Leistung besteht, die im Anker in mechanische umgewandelt wird[3]:

$$M_R \cdot 2\pi \cdot n \cdot 10^{-7} = U_a \cdot I_a.$$

Dabei ist I_a der den Anker durchfließende Strom in A, U_a die durch Rotation des Ankers im feststehenden Felde induzierte EMK. in V, n die sekundliche Drehzahl des Ankers. Man mißt n, I_a und U_k und berechnet $U_a = U_k - I_a R_a$ aus dem Ankerwiderstand R_a in Ω. Da $U_a : n$ ein konstanter Wert ist, so erhält man aus obiger Gleichung

---

[1] S. oben S. 178.

[2] Über mögliche Fehlerquellen s. Verh. d. Vereins z. Beförd. d. Gewerbefleißes 1910, S. 658.

[3] Siehe V. KRUKOWSKI: Vorgänge in der Scheibe eines Induktionszählers usw. Berlin: Springer 1920.

$M_R = c \cdot I_a$ in Dyn cm. Um das Reibungsmoment in gcm zu erhalten, muß man noch durch 981 dividieren.

Die Methode ist für alle Gleichstrom-Wattstundenzähler mit rotierendem Anker anwendbar. Die Trennung der Bürstenreibung von der Lager- und Luftreibung ist dabei natürlich nicht möglich.

e) Methode der Synchrondrehzahl bei Induktionszählern[1].

Betrachtet man den Induktionszähler als Drehfeldmotor, so verläuft sein Drehmoment M in Abhängigkeit von der Drehzahl n nach der in Abb. 155 gezeichneten Geraden. Bei Stillstand ist das Drehmoment M_0, es kann mit einem Kräftemesser gemessen werden. Entfernt man den Bremsmagnet, so stellt sich die Drehzahl n' ein, das Drehmoment ist Null. Das Bremsmoment M_B des Bremsmagnets wächst proportional mit der Drehzahl. Der Schnittpunkt S der beiden Drehmomentgeraden zeigt den Gleichgewichtszustand an, bei dem der Läufer die Nenndrehzahl n_n hat. Es ergibt sich die Beziehung

$$\frac{M_B}{M_0} = \frac{n' - n_n}{n'}, \text{ also ist}$$

$$M_B = M_0 \cdot \frac{n' - n_n}{n'}.$$

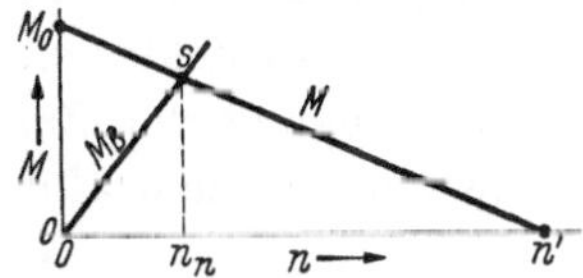

Abb. 155. Drehmoment- und Bremsmomentkennlinien des Induktionszählers.

Dabei kann man das Reibungsmoment vernachlässigen.

Wenn man das Reibungsmoment messen will, baut man den Bremsmagnet aus und betreibt den Zähler mit einer so kleinen Spannung U und mit einem so kleinen Strom I, daß sich annähernd die Drehzahl n_a, für die man das Reibungsmoment bestimmen will, einstellt. Das Verhältnis $I:U$ soll so gewählt werden, daß das Verhältnis der Flußdichten ihrer magnetischen Flüsse etwa $= 1$ ist (Kreisdrehfeld). Das Stillstandsmoment M_0, das man bei der Nennspannung U_n und dem Nennstrom I_n gemessen hat, muß man mit $\frac{U \cdot I}{U_n \cdot I_n}$ multiplizieren.

Nun vergrößert man I und U unter Beibehaltung des vorigen Verhältnisses von $I:U$ um das 10- bis 20fache und mißt die Drehzahl n', bei der das Reibungsmoment keine Rolle mehr spielt. Dann ist

$$M_R = M_0 \cdot \frac{U \cdot I}{U_n \cdot I_n} \cdot \frac{n' - n_a}{n'}.$$

Die Gleichung gilt unter der Annahme, daß das Reibungsmoment M_R proportional n zunimmt. Der Verlauf des Reibungsmomentes in Abhängigkeit von der Drehzahl ist aber eine gekrümmte Kurve (siehe

[1] GROSSE-BRAUCKMANN und HUETER, ETZ-A, 1953, S. 505.

Abb. 152). Um diese Kurve aufzeichnen zu können, muß man deshalb die Messung bei einer Anzahl von verschiedenen Drehzahlen machen, wobei der Proportionalitätsfaktor M_R/n jedesmal eine andere Größe hat.

3. Reibungskompensation.

a) Gleichstrom-Wattstundenzähler.

Bei Gleichstrom-Wattstundenzählern kompensiert man die Reibung meist durch die sogenannte Kompensationsspule, die mit dem Anker in Reihe geschaltet ist und vom Strom des Spannungskreises durchflossen wird.

Der motorisch wirksame Fluß der Kompensationsspule verläuft konaxial mit dem Fluß der Hauptstromspulen und ist proportional dem Strom im Spannungskreis, also auch der Klemmenspannung U. Der motorisch wirksame Fluß des Ankers ist gleichfalls proportional der Klemmenspannung. Also ist das Kompensationsmoment $M_k = c_k \cdot U^2$. Die mit dem Fluß der Kompensationsspule konaxial verlaufende Komponente des Erdfeldes erzeugt ein Drehmoment $M_H = c_H \cdot U$. Je nach der Aufhängung des Zählers ist dieses Drehmoment dem Kompensationsmoment zuzuzählen oder von ihm abzuziehen[1]:

$$M' = M_k \pm M_H = c_k \cdot U^2 \pm c_H \cdot U .$$

Die Konstante c_k ist abhängig von der Ausführung der Kompensationsspule und ihrer Lage im Zähler, c_H kann verschieden sein, je nach der Stellung der Kompensationsspule im Erdfeld. Die Konstanten c_k und c_H kann man leicht dadurch bestimmen, daß man zwei Drehmoment-Bestimmungen bei ausgeschaltetem Hauptstromkreis, aber eingeschaltetem Spannungskreis mit einer in dem vorigen Kapitel unter a) bis c) beschriebenen Methode vornimmt. Die eine Messung macht man bei normaler Lage des Zählers, die andere bei um 180° veränderter Lage; oder man beläßt den Zähler in seiner normalen Lage und macht die Messung bei zwei verschieden großen Spannungen.

Änderung der Lage des Zählers. Erste Messung: Der Spannungskreis ist normal geschaltet, nur in der Kompensationsspule ist die Stromrichtung umgeschaltet, so daß das von ihr erzeugte Drehmoment verzögernd wirkt. Die Klemmenspannung ist die normale, die Bürsten liegen am Kollektor an, Bremsmagnet und Zählwerk sind entfernt, der Hauptstromkreis ist abgeschaltet. Die Messung ergibt nach Abzug des bekannten Drehmoments der Reibung:

$$M_{k1} = c_k \cdot U^2 + c_H \cdot U .$$

---

[1] Vgl. Elektrotechn. u. Masch.-Bau 1911, S. 978. — Ferner SCHMIEDEL: Wirkungsweise und Entwurf der Motorelektrizitätszähler. S. 113. Stuttgart: Enke 1916.

Eine zweite Messung macht man unter sonst gleichen Bedingungen, nachdem man den Zähler um 180° um seine vertikale Achse gedreht aufgehängt hat. Diese Messung ergibt nach Abzug des bekannten Drehmoments der Reibung:

$$M_{k2} = c_k \; U^2 - c_H \cdot U .$$

Die Konstanten c_k und c_H und damit den reinen Wert des Kompensationsmoments kann man dann berechnen. Man erhält:

$$c_k = \frac{M_{k1} + M_{k2}}{2 \cdot U^2} \text{ und } c_H = \frac{M_{k1} - M_{k2}}{2 \cdot U} .$$

Änderung der Spannung. Anstatt die Lage des Zählers für die beiden Messungen verschieden zu wählen, kann man auch unter Beibehaltung der Lage des Zählers bei zwei verschiedenen Spannungen messen. Man erhält dann die beiden Drehmomente:

$$M_{k1} = c_k \cdot U_1^2 \pm c_H \cdot U_1 ,$$
$$M_{k2} = c_k \cdot U_2^2 \pm c_H \cdot U_2 ,$$

und daraus

$$c_k = \frac{M_{k1} - M_{k2} \cdot \frac{U_1}{U_2}}{U_1^2 - U_1 \cdot U_2} \text{ und } c_H = \frac{-M_{k1} \cdot U_2^2 + M_{k2} \cdot U_1^2}{U_1 \cdot U_2 (\pm U_1 \mp U_2)} .$$

b) Wechselstrom-Induktionszähler und Gleichstromzähler.

Bei Wechselstrom-Induktionszählern erzeugt man zur Kompensation der Reibung meist durch Unsymmetrien am Spannungseisen ein von der Klemmenspannung abhängiges Zusatzdrehmoment[1]. Man kann dieses Zusatzdrehmoment mit den im vorigen Kapitel unter a) und b) genannten Methoden messen. Die unter c) genannte Auslaufmethode ist nicht anwendbar, weil der Spannungskreis voll erregt sein muß und also auch die Eigenbremsung, die um ein Vielfaches größer ist als das Kompensationsmoment, in die Erscheinung tritt. Dies gilt auch für Gleichstrom-Amperestundenzähler, weil bei diesen der Bremsmagnet vorhanden sein muß, wenn die Kompensation zur Wirkung kommen soll.

Die im folgenden beschriebene Methode gestattet, das Kompensationsmoment indirekt aus zwei Fehlermessungen zu bestimmen. Das Kompensationsmoment wirkt immer in der gleichen Drehrichtung auf den Anker ein. Bestimmt man nun bei konstant gehaltenen elektrischen Größen den Fehler des Zählers einmal für Vorwärtslauf bei einer Phasenverschiebung φ, das andere Mal für Rückwärtslauf bei einer Phasenverschiebung $180° + \varphi$ zwischen Hauptstrom und Klemmen-

[1] Vgl. z. B. SCHMIEDEL: Wirkungsweise und Entwurf. S. 88. — MÖLLINGER: Wirkungsweise der Motorzähler. 2. Aufl., S. 90.

spannung, so ist die Fehlerdifferenz $F_1 - F_2$ proportional dem Kompensationsmoment. Seine Größe findet man unter Zugrundelegung der bekannten Fehlergleichung mit

$$M_k = \frac{(F_1 - F_2)}{2} \cdot \frac{M_n}{K} \cdot \frac{I}{I_n} \cdot \cos\varphi .$$

Dabei ist M_n der Nennwert des treibenden Drehmoments, I_n der Nennstrom, I der Strom, bei dem die Messung gemacht ist, K eine Konstante, deren Wert in der Nähe von 1,1 liegt. Voraussetzung ist ferner, daß bei Nennspannung und Nennfrequenz gemessen wurde. Der Meßfehler bei der Bestimmung von M_k ist etwa $\pm$ 20%, was in praktischen Fällen genügen wird. Die gleiche Methode kann man natürlich auch für Gleichstrom-Wattstundenzähler anwenden.

4. Anlauf und Leerlauf.

So wichtig wie die Untersuchung der Reibung und der Reibungskompensation für die genaue Kenntnis einer Zählertype ist, interessiert doch letzten Endes die Elektrizitätswerke nur die meßtechnische Auswirkung dieser Eigenschaften. Diese drückt sich im Anlaufstrom oder in der Anlaufleistung aus. Bei Gleichstromzählern mißt man den Anlaufstrom mit einem hochempfindlichen Strommesser, bei Wechselstrom meist dadurch, daß man den Zähler wie im Netz schaltet und als Belastung einen induktionsfreien einstellbaren Widerstand bekannter Größe benutzt. Den Anlaufstrom kann man dann aus Klemmenspannung und Widerstand berechnen. Bei der Messung des Anlaufstroms muß man darauf achten, daß der Zähler erschütterungsfrei aufgehängt ist; auch schon geringe Gebäudeerschütterungen erleichtern den Anlauf. Hängt der Zähler etwas schief, so spielt natürlich auch die Schwerpunktlage des beweglichen Ankers eine erhebliche Rolle; auch bei gut ausbalancierten Ankern ist der Schwerpunkt immer ein wenig außerhalb der Drehachse. Besonders muß man auf die Stellung der Leerlaufhemmung achten; man soll den Anlauf immer in der Ankerstellung messen, in der die Leerlaufhemmung am wirksamsten ist.

Die Kontrolle darüber, ob der Zähler bei erhöhter oder erniedrigter Spannung leerläuft, ist möglichst bei nicht gänzlich erschütterungsfrei aufgehängtem Zähler vorzunehmen; je stärker die Erschütterungen sind, desto leichter läuft der Zähler leer. Auch auf schiefe Aufhängung muß man Rücksicht nehmen, denn je nach der Lage des Schwerpunkts des beweglichen Ankers wird der Leerlauf erleichtert oder erschwert. Wenn früher die amtlichen Vorschriften einen gewissen Betrag für den Vorlauf zuließen, so stellt man heute doch immer die Anforderung, daß der Zähler keinen Leerlauf haben darf, wenn sich die Spannung um $\pm$ 10% gegen den Nennwert ändert.

5. Eigenbremsung.

Die Eigenbremsung wird bei Wechselstrom-Induktionszählern durch Bewegung der Scheibe in den Wechselflüssen des Hauptstrom- und Spannungskreises hervorgerufen. Sie beträgt bei Vollast meist mehrere Prozente des treibenden Drehmoments. Bei dynamometrischen Zählern kann eine Eigenbremsung bei geschlossener Schaltung der Ankerwicklung auftreten, jedoch ist sie wegen des meist recht hohen Ankerwiderstandes nicht erheblich. Bei Amperestundenzählern spielt die Eigenbremsung keine Rolle, weil das feststehende Feld des permanenten Magnets konstant ist und die Eigenbremsung daher ebenso wie die Gesamtbremsung proportional der Drehzahl steigt.

Man kann die Eigenbremsung mit den gleichen Meßmethoden bestimmen wie die Reibung: um die Eigenbremsung allein zu erhalten, muß man in allen Fällen natürlich die Reibung abziehen. Jedoch gibt es auch noch einige andere Möglichkeiten, die Eigenbremsung zu bestimmen, wie im folgenden gezeigt wird.

a) Auslaufmethode.

Bei Wechselstrom-Induktionszählern ist die Eigenbremsung durch die Flüsse des Hauptstrom- und insbesondere des Spannungskreises so groß, daß es meist nicht möglich ist, bei deren Nennwerten Auslaufversuche zu machen, weil der Zähleranker schon nach einigen wenigen Umdrehungen stillsteht. Man mißt deshalb besser bei solchen Werten, die erheblich unter dem Nennwert liegen und extrapoliert auf diesen. Um eine geradlinige Extrapolation anwenden zu können, stellt man folgende Überlegung an: Nach den Gesetzen der Eigenbremsung kann man mit genügender Genauigkeit setzen:

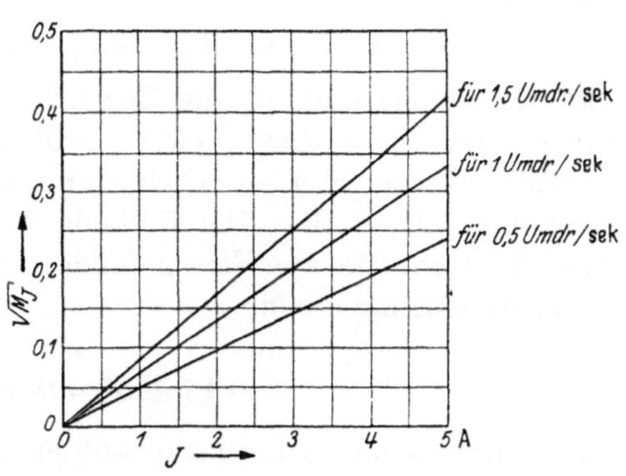

Abb. 156. Eigenbremsung durch den Hauptstromfluß.

$$M_I = c_I \cdot n \cdot I^2,$$

wobei M_I das Drehmoment der Eigenbremsung des Hauptstromflusses, c_I eine Konstante, n die sekundliche Drehzahl und I der Hauptstrom sind. Aus mehreren Auslaufversuchen bei verschiedenen Stromstärken (wobei die Bremsmagnete und das Zählwerk abgenommen sind, der Spannungskreis ausgeschaltet ist) greift man die zu gleichen n gehörenden Werte des Drehmoments M_I heraus und trägt die Quadratwurzeln von M_I als Funktion von I auf. Die so erhaltenen Geraden kann man bis zum Nennwert I_n ziehen. Ein Beispiel für eine solche Extrapolation zeigt Abb. 156.

In gleicher Weise verfährt man bei der Auswertung der Auslaufversuche für die Eigenbremsung des Spannungsflusses, für die die analoge Beziehung gilt:

$$M_U = c_U \cdot n \cdot U^2.$$

Da M_I, M_U und n aus den Auslaufmessungen bestimmt, I und U bekannt sind, kann man die Bremskonstanten c_I und c_U berechnen.

b) Methode des geeichten Motors.

Die Methode des geeichten Motors, die durch v. KRUKOWSKI[1] angewendet wurde, um systematische Versuche über die Eigenbremsung von Wechselstromzählern anzustellen, kann man nur dann verwenden, wenn man den Zähler nicht im normalen Zustand, wie er die Fabrikation verläßt, prüfen will; man muß sein Oberlager entfernen und auf seine verlängerte Achse den Anker eines Gleichstrommotors setzen. Dieser besteht aus einer Scheibe aus Isoliermaterial, welche die Wicklung eines Amperestundenzählers trägt und die sich in den Luftspalten zweier permanenter Magnete bewegen kann (ungedämpfter Flachankerzähler). Die vom Motor abgegebene mechanische Leistung ist $I_a \cdot U_a$; sie ist gleich der durch die Eigenbremsung und die Reibung vernichteten Leistung:

$$I_a \cdot U_a = (M_B + M_R) \cdot 2\pi \cdot n \cdot 10^{-7}\,\mathrm{W}.$$

I_a ist der Ankerstrom, U_a die Gegen-EMK des Gleichstromantriebsmotors. Mißt man diese beiden Größen und bestimmt noch die sekundliche Drehzahl n, so erhält man direkt das zu diesen gehörende Drehmoment $M_B + M_R$. Die Reibung bestimmt man, wie oben beschrieben, zieht sie von dem gefundenen Werte ab und erhält dann die Eigenbremsung allein.

c) Einlaufmethode.

Für Wechselstrom-Induktionszähler hat H. W. L. BRÜCKMANN[2] folgende Methode zur Bestimmung der Eigenbremsung angegeben. Man beseitigt den Bremsmagnet und das Zählwerk, erregt z. B. den Spannungskreis mit der vollen Nennspannung, den Hauptstromkreis mit einem passend kleinen Strom bei $\cos\varphi = 1$ und läßt den Zähler so lange laufen, bis er eine konstante Drehzahl annimmt. Für diese

---

[1] Vorgänge in der Scheibe eines Induktionszählers, S. 55.

[2] ETZ 1910, S. 859. — Vgl. auch SCHMIEDEL: Elektrotechn. u. Masch.-Bau 1911, S. 980; ferner ebenda 1912, Heft 7, S. 156.

Drehzahl ist das treibende Drehmoment gleich den bremsenden Drehmomenten:

$$M = M_U + M_I + M_R.$$

Nimmt man an, daß das treibende Drehmoment M proportional dem Produkt aus Strom und Spannung ist und daß M_I und M_R im Verhältnis zu M_U zu vernachlässigen sind, so ist

$$M = M_n \cdot \frac{U \cdot I}{U_n \cdot I_n} = M_U.$$

Hat man das Nenndrehmoment M_n gemessen, so kann man aus einer solchen einfachen Messung, da die Nennspannung U_n und der Nennstrom I_n bekannt sind, die Eigenbremsung M_U annähernd bestimmen. In gleicher Weise verfährt man bei der Messung der Eigenbremsung des Hauptstromkreises. Auf die Feinheiten der Messung und die möglichen Fehlerquellen soll hier nicht weiter eingegangen werden, sie sind in der angezogenen Literatur behandelt.

d) Methode der Synchrondrehzahl[1].

Nach der Drehfeldtheorie ist das Drehmoment eines Induktionszählers

$$M = c \cdot [n_0 \cdot B_I \cdot B_U \cdot \cos\varphi - n_n (B_I^2 + B_U^2)/2].$$

Dabei ist c eine Konstruktionskonstante, n_0 die synchrone Drehzahl (Drehzahl des Drehfeldes), B_I und B_U die Flußdichten des Strom- und Spannungsflusses, n_n die Nenndrehzahl (Betriebsdrehzahl) des Läufers.

Man kann die Gleichung auch so schreiben:

$$M = c \cdot n_0 \cdot B_I \cdot B_U \cdot \cos\varphi - c \cdot n_n \cdot \frac{B_I^2}{2} - c \cdot n_n \cdot \frac{B_U^2}{2} = M_0 - M_I - M_U$$

M_0 ist das Drehmoment, das man bei stillstehendem Läufer mit dem Kräftemesser bestimmen kann, M_I ist das Bremsmoment des Stromflusses, M_U das Bremsmoment des Spannungsflusses.

Nimmt man den Bremsmagnet aus dem Zähler heraus und läßt den Rotor bis zur synchronen Drehzahl hochlaufen, so wird $M = 0$ und man kann schreiben: $M_0 = M_I + M_U$.

Je nach dem Verhältnis von $B_I : B_U$ läuft der Zähler mit verschiedenen Drehzahlen. Seine maximale Drehzahl n_{max} erreicht der Läufer, wenn $B_I = B_U$ ist, d. h. wenn das Drehfeld ein Kreisdrehfeld ist. Dann wird $M_I = M_U = \frac{M_0'}{2}$, wobei M_0' das Drehmoment ist, das sich für den Strom I' ergibt, für den $n = n_{max}$ wird.

Bei der Messung geht man folgendermaßen vor: Bei konstant gehaltener Nennspannung U_n erhöht man stufenweise den Strom I und trägt

[1] Grosse-Brauckmann und Hueter, ETZ-A, 1953. S. 505.

n als Funktion von I auf. Die Kurve $n = f(I)$ zeigt ein Maximum für $I = I'$. Für die Nenndrehzahl n_n ist dann

$$M_U = \frac{M_0'}{2} \cdot \frac{n_n}{n_{\max}}, \quad M_I = \frac{M_0'}{2} \cdot \frac{n_n}{n_{\max}} \cdot \left(\frac{I_n}{I'}\right)^2.$$

Für einen modernen Zähler ergibt ein Zahlenbeispiel folgende Werte:

Es sei $U_n = 220$ V, $I_n = 10$ A. Die Kurve $n = f(I)$ zeige das Maximum $n_{\max} = 750$ U/min bei $I' = 18{,}5$ A. Das im Stillstand bei 18,5 A und 220 V gemessene Drehmoment sei $M_0' = 9{,}8$ cmg. Die Nenndrehzahl sei $n_n = 44$ U/min. Dann ist das Drehmoment der Bremsung durch den Spannungsfluß bei $U_n = 220$ V

$$M_U = \frac{9{,}8}{2} \cdot \frac{44}{750} = 0{,}29 \text{ cmg}.$$

Das Drehmoment der Bremsung durch den Stromfluß bei $I_n = 10$ A ist

$$M_I = \frac{9{,}8}{2} \cdot \frac{44}{750} \cdot \left(\frac{10}{18{,}5}\right)^2 = 0{,}085 \text{ cmg}.$$

e) Indirekte Bestimmung der Eigenbremsung.

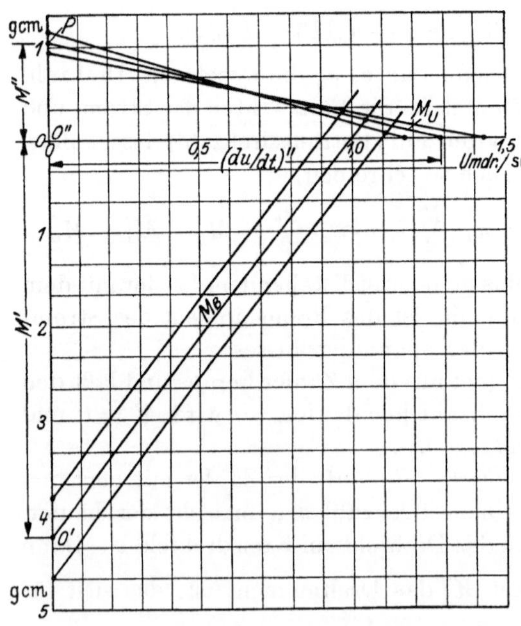

Abb. 157. Indirekte Methode zur Bestimmung der Eigenbremsung.

Den durch die Eigenbremsung hervorgerufenen Fehler kann man nach GENKIN und SCHILLES[1] durch folgendes Verfahren feststellen: Man bestimmt z. B. für einen kleinen Strom I'' und die Nennspannung U_n das Drehmoment M'' bei Stillstand des Zählers; sodann läßt man den Zähler mit abgenommenem Bremsmagnet laufen und mißt die Drehzahl $(du/dt)''$, die sich für die gleichen Werte von Strom und Spannung einstellt. Die gefundenen Werte M'' und $(du/dt)''$ trägt man als Ordinate und Abszisse in einem recht-

[1] Lumière Electr. (2) Bd. 15 (1911), S. 7. — Elektrotechn. u. Masch.-Bau 1911, S. 704.

winkligen Koordinatensystem auf. Die in Abb. 157 eingetragene Verbindungslinie der beiden markierten Punkte ergibt den Verlauf des Drehmoments M_U der Eigenbremsung durch den Spannungsfluß in Abhängigkeit von der sekundlichen Drehzahl. Ferner trägt man von O'' aus den Wert M' ab, der dadurch bestimmt ist, daß er sich mit M'' zum Nenndrehmoment M_n ergänzt. Den Punkt O' verbindet man mit dem Punkte der Geraden für M_U, der der Nenndrehzahl (in unserem Beispiel 1,042) entspricht. Diese Gerade stellt die Abhängigkeit des Bremsmoments des Bremsmagnets M_B von der Drehzahl dar. Es gilt nun für die Beschleunigungsperiode folgende Beziehung:

$$M_n = M_B + M_U + 2\pi\Theta \cdot \frac{d^2u}{dt^2}.$$

Der Ordinatenabschnitt zwischen den beiden Geraden für M_U und M_B stellt also für jede Drehzahl das Drehmoment der Beschleunigung der Ankermasse dar. Θ ist dabei das Trägheitsmoment des Ankers. Der stationäre Zustand wird erreicht, wenn die Beschleunigung Null wird, also im Schnittpunkt der beiden Geraden für M_U und M_B. Hat man die Konstruktion für die Nennspannung durchgeführt, so ist es einfach, auch für andere Spannungen die entsprechenden Geraden einzuzeichnen.

In unserem Beispiel ist die Nennspannung 500 V, für 450 und 550 V sind gleichfalls die Geraden für M_U gemessen und aufgetragen. Der Strom I'' ist für alle drei Fälle zu 20% des Nennstroms eingesetzt. Der Punkt O' wird ebenfalls bestimmt, wobei zu beachten ist, daß das Drehmoment von den neuen Punkten P an abgetragen werden muß. Die Neigung der Geraden für M_B bleibt natürlich immer dieselbe, da die Flüsse des Bremsmagnets und des Hauptstromkreises gleich bleiben. Die Schnittpunkte der zugehörenden Geraden ($M_B = f'\,(du/dt)$ und $M_U = f''\,(du/dt)$ ergeben die Drehzahlen 0,965 für 450 V, 1,042 für 500 V, 1,100 für 550 V. Die entsprechenden Solldrehzahlen unter der Annahme, daß die Angaben proportional der Spannung sind, ergeben sich für 450 V und 550 V zu

$$1{,}042 \cdot \frac{450}{500} = 0{,}938 \quad \text{und} \quad 1{,}042 \cdot \frac{550}{500} = 1{,}144$$

und die Abweichungen gegenüber den Angaben des Zählers bei 500 V zu

$$\frac{0{,}965 - 0{,}938}{0{,}938} = +\,2{,}9\% \text{ für } 450\text{ V},$$

$$\frac{1{,}100 - 1{,}144}{1{,}144} = -\,3{,}8\% \text{ für } 500\text{ V}.$$

Hat der Zähler eine so große Eigenbremsung, daß man auch beim Nennstrom die Einlaufdrehzahlen noch bestimmen kann, so fallen die Punkte O' und O'' zusammen und man hat für M_B nur eine einzige

Gerade durch den gemeinsamen Koordinatenanfangspunkt zu ziehen[1]. Die Eigenbremsung des Hauptstromkreises stört bei den Messungen nicht, da sie immer die gleiche ist.

In analoger Weise kann man die Änderung der Eigenbremsung bei der Änderung der Frequenz oder des Hauptstromes bestimmen.

6. Stoßweise Belastung.

Stromstöße und Spannungsstöße wirken nur auf solche Motorzähler ein, deren bremsende Drehmomente beim Anwachsen des Stromes oder der Spannung größer sind als beim Abnehmen der elektrischen Größen. Es kann infolgedessen nur der Fall eintreten, daß ein Motorzähler bei stoßweiser Belastung zu viel zeigt[2]. Bei dynamometrischen Zählern und bei Magnetmotorzählern mit Bremsung ist auch bei geschlossener Ankerwicklung der Unterschied der Bremsmomente bei stoßweiser Belastung so klein, daß die Beeinflussung nicht merkbar ist[3]. Bei Pendelzählern kann nur dann, wenn die Belastungsstöße in Resonanz mit den Pendelschwingungen sind, eine wesentliche Beeinflussung der Angaben eintreten[4].

Zur Prüfung des Einflusses von Belastungsstößen unterbricht man meist den Strom vollständig und schaltet ihn dann mit seinem Höchstwert ein, da man andernfalls auch bei Wechselstromzählern so kleine Abweichungen vom Sollwert erhält, daß diese nur schwer nachzumessen sind. Als Zeitdauer zwischen Unterbrechung und Einschaltung wählt man meist 1 Sekunde. Um ein allmähliches Anwachsen des Stromes zu erhalten, kann man bei der Prüfung von Gleichstromzählern einen variablen elektrolytischen Widerstand[3] verwenden.

Abb. 158 zeigt eine Schaltung für die Prüfung bei stoßweiser Belastung. Z_1, Z_2, Z_2, Z_4 sind die zu prüfenden Zähler, N ist der zum Vergleich dienende Normalzähler. Bei Gleichstrom nimmt man dazu zweckmäßig einen Elektrolytzähler oder ein Voltameter[3], bei Wechselstrom einen Pendelzähler, dessen Eigenschwingung nicht in Resonanz mit der Periode der Unterbrechungen ist. U ist ein Umschalter, der z. B. aus einer rotierenden Scheibe besteht, die zur Hälfte aus Metall, zur anderen Hälfte aus Isoliermaterial besteht und auf der die Bürsten B_1 und B_2, die genau um 180° versetzt sind, gleiten. Der Widerstand R ist ein Ausgleichwiderstand, der an Stelle der Zähler eingeschaltet ist, während diese ausgeschaltet sind. Wird die Scheibe des

---

[1] Vgl. Abb. 10 der obengenannten Arbeit von GENKIN und SCHILLÈS.

[2] Vgl. SCHMIEDEL: Elektrotechn. u. Masch.-Bau 1911, S. 555. — ROBERTSON: The Institution of Electrical Engineers, Sept. 1, 1911.

[3] Vgl. ORLICH u. G. SCHULZE: Elektrotechn. u. Masch.-Bau 1909, S. 801.

[4] Vgl. ROBERTSON: siehe[2].

Umschalters mit $^1/_2$ U/s angetrieben, so werden die Zähler 1 s ein- und 1 s ausgeschaltet.

Man macht zunächst eine Messung bei stillstehendem Umschalter, wobei alle Zähler in Serie geschaltet sind und bestimmt durch Zählwerks-

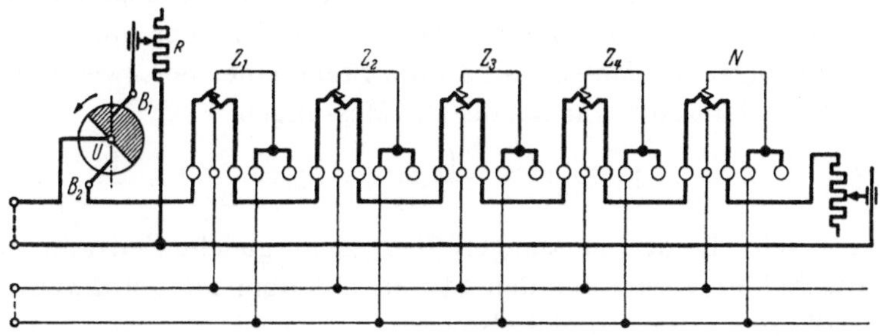

Abb. 158. Schaltung für stoßweise Belastung durch Vergleich mit einem Normalzähler.

ablesung die Fehler F_1, F_2, F_3, F_4 der vier Prüflinge bezogen auf die Ablesung des Normalzählers. Eine zweite Zählwerksablesung macht man bei rotierendem Umschalter und findet die Fehler F_1', F_2', F_3', F_4' bei stoßweiser Belastung. Die Differenz $F_1' - F_1$ usw. ist dann der Fehler durch stoßweise Belastung. Mit dieser Anordnung kann man Zähler verschiedener Bauart miteinander vergleichen, wenn sie nur annähernd gleichen Meßbereich haben.

Hat man mehrere gleiche Zähler zur Verfügung und will man den Einfluß der Belastungsschwankungen für diesen einen Typ prüfen, so ist die Schaltung nach Abb. 159 mit Vorteil zu verwenden[1]. Die Zähler Z_1 und Z_2 werden durch den Umschalter U stoßweise belastet, der Zähler Z_3 dagegen gleichmäßig. Hat man die drei Zähler vorher für den Strom, mit dem man stoßweise belasten will, auf genau gleiche Angaben eingestellt, so müßte die Summe der Angaben $A_1 + A_2$ der Zähler Z_1 und Z_2 gleich den Angaben A_3 des Zählers Z_3 sein, wenn die Angaben durch Stromstöße nicht beeinflußt würden. Man liest aber an den Zählwerken der Zähler Z_1 und Z_2 die Angaben A_1' und A_2' ab.

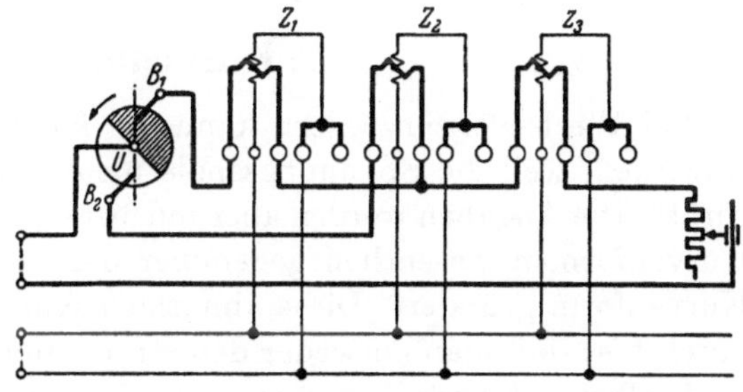

Abb. 159. Schaltung für stoßweise Belastung mit Auswechslung der Zähler.

[1] MÖLLINGER u. v. KRUKOWSKI: ETZ 1917, S. 332.

Der durch Stromstöße hervorgerufene Fehler ist

$$F = \frac{(A_1' + A_2') - (A_1 + A_2)}{A_1 + A_2} = \frac{A_1' + A_2' - A_3}{A_3} = \frac{A_1' + A_2'}{A_3} - 1.$$

Die Schaltung kann man auch für Zähler verschiedener Typen mit gleichem Meßbereich benutzen, wenn man den bei Z_3 eingeschalteten Zähler als Normalzähler benutzt. Jeder der drei Zähler muß bei drei aufeinanderfolgenden Messungen an die Stelle eines der zwei anderen treten. Man erhält so nacheinander die Messungen

$$\frac{F_1 + F_2}{2} = \frac{A_1' + A_2'}{A_3} - 1, \frac{F_1 + F_3}{2} = \frac{A_1' + A_3'}{A_2} - 1, \frac{F_2 + F_3}{2} = \frac{A_2' + A_3'}{A_1} - 1.$$

Man macht die drei Messungen über genau gleiche Zeiträume und stellt die Zähler vorher für den Strom, mit dem man stoßweise belasten will, gleich ein[1], so daß also

$$A_1 = A_2 = A_3.$$

Dann erhält man, wenn die Ausschaltezeit des Stromes gleich der Einschaltezeit ist,

$$F_1 = \frac{A_1' - A_1/2}{A_1/2} = \frac{2A_1' - A_1}{A_1} = \frac{2A_1'}{A_1} - 1.$$

Ebenso

$$F_2 = \frac{2A_2'}{A_2} - 1 \text{ und } F_3 = \frac{2A_3'}{A_3} - 1.$$

7. Kurvenform.

Bei Wechselstromzählern kann die Kurvenform auf die Angaben einwirken, weil die Spannungsspule nicht wie eine reine Induktivität wirkt[2]. Die Angaben werden aber nur bei sehr flachen oder sehr spitzen Kurvenformen wesentlich gegenüber den Angaben bei sinusförmiger Kurvenform geändert. Diese abnormen Kurvenformen stellt man dadurch her, daß man entweder den stromliefernden Generator mit auswechselbaren Polschuhen ausrüstet oder zwei Generatoren verwendet, von denen einer die sinusförmige Grundwelle, der andere eine Welle dreifacher oder fünffacher Frequenz erzeugt. Verändert man sowohl die Amplitude der dritten oder fünften Oberschwingung als auch ihre Phasenverschiebung gegen die Grundwelle, so kann man fast jede gewünschte Kurvenform herstellen. Ausführliche Untersuchungen an Zählern älterer Bauart haben zu dem Resultat geführt, daß nur in ganz

---

[1] Man kann auch die Angaben auf den Sollwert korrigieren, wenn man von der genau gleichen Einstellung absehen will.

[2] Vgl. ROGOWSKI u. VIEWEG: Z. Instrumentenkde. 1913, S. 122. — HURBIN, M.: Schweiz. Bull. 1929, Nr. 19, S. 669. — W. BEETZ: ETZ 1934, S. 1223. — ETZ 1941, S. 528. — ETZ 1942, S. 173.

besonderen Fällen die Kurvenform die Angaben wesentlich beeinflußt[1]. Bei Zählern mit magnetischem Nebenpfad am Stromeisen kann der Einfluß der Kurvenform wirksam werden, jedoch treten auch bei starken Kurvenverzerrungen, wie sie z. B. bei Stromrichtern vorkommen, kaum Fehler über 1% auf.

8. Äußere Felder.

b) Absichtliche Fälschung der Angaben.

Durch Nähern eines starken permanenten Magnets kann man fast alle Zähler, auch wenn deren Kappe aus Stahlblech ist, von außen beeinflussen.

Bei Wechselstrom-Induktionszählern ist die Beeinflussung durch Gleichfelder am geringsten, weil der Luftspalt des Bremsmagnets sehr klein ist, dagegen können sie gegebenenfalls von großen Wechselfeldern, z. B. einem offenen Elektromagnet beeinflußt werden.

Von den Magnetmotorzählern sind diejenigen der Flachankertype meist weniger durch böswillige Näherung eines permanenten Magnets zu beeinflussen als die mit Trommelanker, weil bei den ersteren der magnetische Kreis besser geschlossen ist. Mit einem starken Hufeisenmagnet von der Maulweite 70 mm, einer gesamten Eisenlänge von 200 mm und einem Eisenquerschnitt von 10 × 40 mm kann man die Angaben der Flachankerzähler um etwa ± 2%, die der Trommelankerzähler um etwa ± 6% beeinflussen.

Sehr stark beeinflussen lassen sich die Gleichstrom-Wattstundenzähler, zumal wenn sie kein Eisen in den Stromspulen, aber Eisen im beweglichen System haben. Je kleiner das Feld der Hauptstromspulen ist, desto empfindlicher sind sie.

b) Unabsichtliche Einwirkung stromführender Leitungen.

Wechselstrom-Induktionszähler werden durch äußere Wechselfelder stromdurchflossener Leiter wenig beeinflußt, weil ihr Eisenkreis bis auf den kleinen Luftspalt für die Triebscheibe geschlossen ist und ihr Gehäuse meist aus Stahl besteht.

Gleichstrom-Magnetmotorzähler sind ebenso fast störungsfrei in dieser Hinsicht.

Eisenlose elektrodynamische Wattstundenzähler dagegen werden von äußeren Gleichfeldern stark beeinflußt; wenn sie mit astatisch

---

[1] ROSA, LLOYD u. REID: Bull. Bur. Stand., Wash. Bd. 1, Nr. 3, S. 421; Referat ETZ 1906, S. 635. — RATCLIFF u. MOORE: J. Instn. electr. Engrs. Bd. 47 (1911), S. 3 (insbes. S. 41—43); Referat Electrician Bd. 66 (1911), S. 938. — Vgl. auch die Bemerkungen von IRWIN: Electrician Bd. 67 (1911), S. 9.

geschaltetem Doppelanker gebaut sind, sind sie nur durch inhomogene Felder zu beeinflussen. Man muß deshalb darauf achten, daß sie nicht in der Nähe von starke Ströme führenden Leitungen aufgehängt werden. Bei Zählern für große Stromstärken müssen die Zuleitungen möglichst eng beieinander liegen, damit die um die Hin- und Rückleitung entstehenden Felder nach außen unwirksam werden.

Bei eisenlosen elektrodynamischen Gleichstromzählern genügt schon das Erdfeld, um so große Fehler hervorzurufen, daß sie bei kleinen Belastungen, also kleinem Hauptstromfeld, nicht mehr vernachlässigt werden können ($\pm$ 1 bis 2% für $^1/_{10}$ des Nennstromes bei den üblichen Ausführungen). Bei der Installation solcher Zähler muß man diesem Umstande Rechnung tragen. Bei elektrodynamischen Zählern mit eisengeschlossenem Triebwerk ist der Einfluß auch starker äußerer Fehler bis etwa 25 Gauß zu vernachlässigen[1].

Das Maß der Beeinflußbarkeit eines eisenlosen elektrodynamischen Zählers durch äußere Felder drückt man zweckmäßig durch die „Beeinflussungskonstante“[2] aus. Sie ist definiert durch die Gleichung

$$\Delta F = \frac{c \cdot w_A \cdot I_A}{a \cdot w \cdot I}.$$

Darin bedeutet ΔF die Fehlerdifferenz, die sich für einen Zähler ergibt, wenn der beeinflussende Strom einmal in der einen Richtung, das andere Mal in der entgegengesetzten Richtung fließt; $w \cdot I$ sind die Amperewindungen der Hauptstromspulen, bei denen ΔF gemessen wird, I_A ist der äußere, beeinflussende Strom, w_A die Leiterzahl dieses Stromes (meist $= 1$), a der Abstand des beeinflussenden Stromleiters von der Ankerachse des Zählers, c die Beeinflussungskonstante. Zu deren Bestimmung braucht man also nur folgende Größen zu messen: den Hauptstrom I, den beeinflussenden Strom I_A, seine Entfernung a vom Zähler und die Fehler F_1 und F_2 für zwei Stromrichtungen von I_A. Die Windungszahl w der Hauptstromwicklung muß bekannt sein. Es ist dann die Beeinflussungskonstante

$$c = \Delta F \cdot a \cdot \frac{w \cdot I}{w_A \cdot I_A}.$$

Bei den üblichen Ausführungen von elektrodynamischen Gleichstrom-Wattstundenzählern liegt die Beeinflussungskonstante zwischen 1 und 4.

Bei der Prüfung auf Fremdfeldeinfluß nach REZ § 54 (s. S. 13) wird der Zähler im Zentrum einer Spule von 100 cm Durchmesser auf-

---

[1] HAASE, F.: Fachberichte VDE, 16. Bd., 1952, I, S. 30. — Siemens-Z. 1954, S. 24.

[2] Vgl. SCHMIEDEL: Elektrotechn. u. Masch.-Bau 1911, S. 955. — Wirkungsweise und Entwurf, S. 114.

gehängt, deren Durchflutung 100 AW ist. Das Feld in ihrem Mittelpunkt ist etwa 1,25 Oersted. Es ist ungefähr gerade so groß wie das Feld, das in einem Abstand von 50 cm von einem Leiter, der 200 A führt, erzeugt wird. Es werden drei Prüfungen in den drei räumlichen Koordinatenrichtungen gemacht. Bei der Prüfung von Gleichstromzählern wird die Spule von Gleichstrom durchflossen, bei Wechselstromzählern von einem Wechselstrom, der gleichphasig mit dem Zählerstrom ist.

9. Temperatur.

Zur Messung der Raumtemperatur außerhalb des Zählers genügt ein gewöhnliches Quecksilberthermometer. Will man das Verhalten des Zählers bei höheren und niedrigeren Raumtemperaturen kennen, so verwendet man Heiz- oder Kühlschränke bekannter Bauart, in deren Innerem man den Zähler anschließt. An verschiedenen Stellen hängt man Quecksilberthermometer auf, um festzustellen, ob die Temperaturverteilung gleichmäßig ist.

Im Innern des Zählers kann man nur Thermometer kleiner Abmessungen anbringen, mit denen die Temperatur des ganzen Zählers gemessen wird. Da man sie selten von außen ablesen kann, nimmt man besser kleine Fieberthermometer, die den Höchstwert der Temperatur festhalten. Will man an ganz bestimmten Stellen des Zählers die Temperatur feststellen, so verwendet man am besten ein Thermoelement[1] Eisen-Konstantan, dessen Drähte man durch eine kleine Öffnung der Kappe einführen kann. Ein solches Thermoelement kann man sich leicht selbst herstellen, indem man zwei etwa 1 m lange Drähte aus Eisen und Konstantan an einem Ende mit Weichlot zusammenlötet und sie auf ihrer Länge gegeneinander isoliert zusammendreht. Am anderen Ende jeden Drahtes lötet man einen Kupferdraht an. Diese Lötstellen hält man dauernd auf konstanter Temperatur, indem man sie z. B. in ein mit Eis gefülltes Gefäß steckt. Man eicht das so hergestellte Thermoelement zusammen mit dem Zeigergalvanometer, das man an die freien Enden der Kupferdrähte anschließt. Die Temperatur der Eisenteile der Zähler und die Außentemperatur der Wicklungen kann man damit ebensogut bestimmen wie die Temperatur des Innenraumes des Zählers.

Die Eigentemperatur der Wicklungen bestimmt man am besten durch Widerstandsmessungen. Ist r_0 der Widerstand einer Wicklung bei $t_0 = 0°$, so ist bei der Temperatur t_1, z. B. bei der Zimmertemperatur, der Widerstand der Wicklung

$$r_1 = r_0 (1 + \alpha t_1).$$

[1] KEINATH, G.: Thermoelemente. Arch. techn. Messen 1933 J 241—1.

Erwärmt sich nun die Wicklung auf t_2, so wird ihr Widerstand

$$r_2 = r_0 (1 + \alpha t_2).$$

Hat man für r_1 die Zimmertemperatur t_1 gemessen, so kann man die erhöhte Temperatur berechnen als

$$t_2 = \frac{r_2 - r_1}{\alpha \cdot r_1} + \frac{r_2}{r_1} \cdot t_1.$$

Dabei ist angenommen, daß der Temperaturkoeffizient α des Materials der Wicklung auf $t_0 = 0°$ bezogen ist. Bezieht man ihn auf die Zimmertemperatur, so wird

$$t_2 = \frac{r_2 - r_1}{\alpha \cdot r_1} + t_1,$$

oder die Erwärmung[1] (Temperaturerhöhung)

$$t_2 - t_1 = \frac{r_2 - r_1}{\alpha \cdot r_1}.$$

Da die Zimmertemperatur meist sehr nahe bei 18° C liegt, wird man praktischerweise die bei dieser Temperatur liegenden Temperaturkoeffizienten benutzen. Man kann α bei 18° C für verschiedene Materialien aus den Handbüchern entnehmen. Die wichtigsten Werte von α für Zähler sind[2]

Kupfer	0,0043
Aluminium	0,0049
Nickel	≈ 0,0069
Eisen	≈ 0,0056
Konstantan	—0,00003 bis + 0,00005
Manganin	≈ 0,00002

Bei Gleichstromzählern mißt man den Widerstand am einfachsten durch Strom- und Spannungsmessung während des Betriebes. Bei Wechselstrom baut man einen Umschalter ein, mit dem man die Wicklung, deren Widerstand bestimmt werden soll, einmal in den Betriebsstromkreis einschaltet, das andere Mal an den Meßkreis der Meßbrücke oder der Anordnung für die Strom- und Spannungsmessung mit Gleichstrom anschließt.

10. Kurzschlußsicherheit.

a) Thermische Kurzschlußsicherheit.

Für die thermische Belastbarkeit eines Zählers ist der Kupferquerschnitt der Hauptstromwicklung maßgebend. Die REZ schreiben in § 34 nur vor, daß der zu prüfende Zähler nach einer Belastung von zwei

---

[1] VDE 0418/6. 52, § 35.

[2] Vgl. z. B. KOHLRAUSCH: Praktische Physik. 1944. 19. Aufl., Bd. II, S. 541. — Die Werte gelten für reine Metalle.

Stunden mit seinem Grenzstrom bei dem 1,2fachen der Nennspannung und nach seiner Abkühlung sämtliche Bestimmungen der REZ noch einhalten muß. Die meisten Zähler halten aber eine weit höhere thermische Belastung aus. Es wird sich empfehlen, für Zähler ähnlich wie für Wandler als Maß für die thermische Kurzschlußfestigkeit den Strom festzusetzen, den die Hauptstromwicklung 1 Sekunde lang, ohne Schaden zu nehmen, aushalten kann, d. h. bei der die Wicklung eine Endtemperatur von beispielsweise 200° C nicht überschreitet. Diesen „Sekundenstrom" stellt man mit einem Strommesser und einer Ersatzimpedanz ein und schaltet dann an Stelle dieser die Hauptstromwicklung durch einen Spezialschalter[1] 1 Sekunde lang ein. Die Erwärmung der Wicklung mißt man unmittelbar nach dem Versuch mit Gleichstrom aus der Widerstandszunahme oder mit Thermoelementen.

b) Dynamische Kurzschlußsicherheit.

Der Zähler soll auch starke dynamische Beanspruchungen bei hohen Kurzschlußströmen aushalten, ohne daß sich seine Angaben wesentlich ändern. Nach REZ § 36 sollen die Kurzschlußversuche mit den für jede Stromstärke vorgeschriebenen Sicherungen in einer angegebenen Schaltung vorgenommen werden. Eine etwas abweichende Schaltung ist in Abb. 160 dargestellt. Als Stromquelle dient eine ausreichende Gleichstrombatterie oder ein reichlich bemessener Gleichstromgenerator. *S* ist die für die Nennstromstärke des Zählers vorgeschriebene Sicherung, *U* ein Umschalter, *Z* der Zähler, *L* eine Ersatzimpedanz für den Zähler, *R* ein Meßwiderstand, *B* eine Anodenbatterie, *G* eine Glimmlampe bekannter Ansprechspannung. Man kann auch drei Glimmlampen verschiedener Ansprechspannung parallel schalten, um den Sollwert bequem eingrenzen zu können.

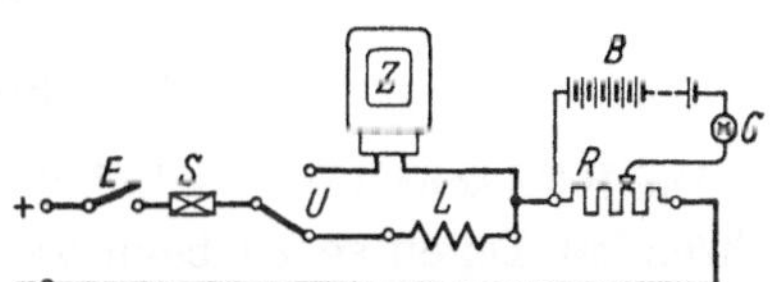

Abb. 160. Versuchsanordnung zur Einstellung des Stoßkurzschlußstroms.

Man schaltet zunächst den Umschalter auf die Ersatzimpedanz *L* und macht mehrere Kurzschlußversuche durch Einschalten des Schalters *E*. Dabei verstellt man jedesmal den Gleitkontakt am Meßwiderstand *R*. Für jeden Versuch muß man natürlich eine neue Sicherung einsetzen. Mit dem Versuch, bei dem die Glimmlampe anspricht, ist die Einstellung beendet. Nun schaltet man den Umschalter *U* auf den Zähler um und macht den eigentlichen Kurzschlußversuch. Die Anodenbatterie *B* hat den Zweck, der Glimmlampe eine Vorspannung zu

[1] Richter, H.: Kurzzeitmesser zur Relaisprüfung. Arch. techn. Messen 1937 J 154—8.

geben, so daß der Meßwiderstand R nur klein zu sein braucht. Hat die Glimmlampe z. B. eine Ansprechspannung von 90 V und die Anodenbatterie eine Spannung von 79 V, so spricht die Glimmlampe bei der Spannung 11 V an R an. Soll der Kurzschlußstrom 1000 A eingestellt werden, so braucht also der Meßwiderstand nur $R = \frac{11\text{ V}}{1000\text{ A}} = 0{,}011\,\Omega$ zu betragen. Würde die Glimmlampe direkt an R liegen, so müßte $R = \frac{90}{1000} = 0{,}09$ sein. Die Spannung der Stromquelle kann also bei der Anordnung mit Vorspannung kleiner sein als bei der ohne Vorspannung an der Glimmlampe.

Man kann die Versuche natürlich auch mit Wechselstrom machen, wenn ein Synchronschalter vorhanden ist, mit dem man den Wechselstrom z. B. bei seinem Scheitelwert einschaltet.

Bei diesen Versuchen muß mit großer Vorsicht vorgegangen werden, weil hohe Spannungen auftreten können. Der Schalter E muß sehr stark dimensioniert und ein Trockenschalter sein.

11. Isolation.

a) Durchschlagprüfung.

Die REZ schreiben vor[1], daß die Isolation zwischen den spannungsführenden Teilen so zu bemessen ist, daß eine Wechselspannung der Frequenz 50 Hz bei Wechsel-, Drehstrom- und Elektrolytzählern von 2000 V, bei Gleichstrommotorzählern von 1000 V Effektivwert 1 Minute lang ausgehalten wird. Die Spannung soll sinusförmigen Verlauf haben und allmählich gesteigert werden. Die Stromquelle soll eine Leistung von mindestens 500 VA haben. Abb. 161 zeigt die Schaltung einer Prüfeinrichtung. Der Regeltransformator kann wahlweise an eine Stromquelle von 220 oder 110 V durch Hintereinander- oder Parallelschaltung seiner Primärwicklungen angeschlossen werden. Der Überstromschalter dient dazu, die Einrichtung abzuschalten, wenn der Primärstrom des Hochspannungswandlers bei sekundärem Kurzschluß, also beim Durchschlag der Isolation, ansteigt. An der Primärwicklung liegt ein Spannungsmesser, an dem man unter Berücksichtigung des Übersetzungsverhältnisses des Hochspannungstransformators die Prüfspannung in kV ablesen kann. Die Sekundär-, also Hochspannungswicklung führt an die Klemmen U und V. An diese schließt man, wenn man die spannungsführenden Teile des Zählers gegeneinander prüfen will, zwei Prüfspitzen an, die isolierte Handgriffe haben.

Bei modernen Prüfeinrichtungen sind in die Handgriffe Druckknopfschalter eingebaut, die in zwei Stufen schalten. In der ersten Stufe

[1] VDE 0418/6. 52, § 37.

wird ein Niederspannungskreis geschlossen, in dem ein Elektromagnet liegt, der den Hauptschalter der Einrichtung einschaltet. Die Spitzen können also nur dann Hochspannung führen, wenn die Schalter auf die erste Stufe geschaltet sind. Werden sie losgelassen, so wird die Anlage abgeschaltet; werden sie dagegen weiter gedrückt, was z. B. durch eine Schreckreaktion der prüfenden Person eintreten kann, so wird ein zweiter Elektromagnet betätigt, der den Hauptschalter ausschaltet, wodurch die ganze Einrichtung stromlos wird.

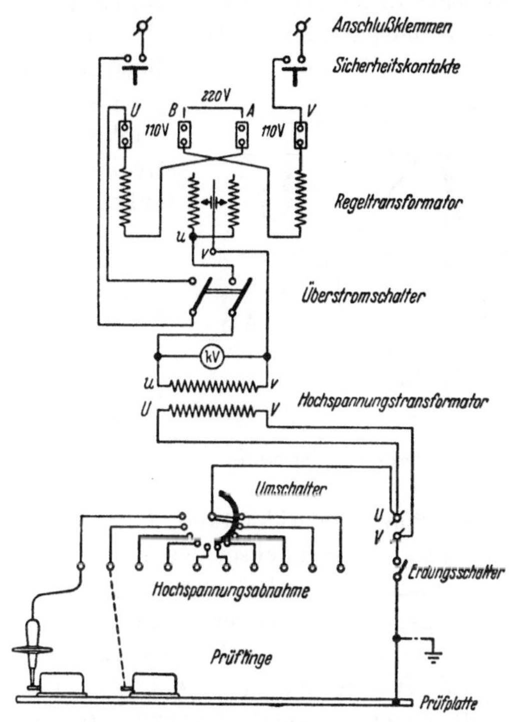

Abb. 161. Schaltung einer Isolations-Prüfeinrichtung.

In Abb. 161 ist die Prüfanordnung für die Wicklungen einer Anzahl von Zählern gegen ihr Gehäuse dargestellt. Eine geerdete metallische Prüfplatte ist an die Hochspannungsklemme V, die zu prüfenden Zählerwicklungen sind durch Drähte über den Hochspannungsumschalter an die Hochspannungsklemme U angeschlossen. Der Umschalter dient dazu, die Zähler der Reihe nach an Spannung zu legen.

b) Stoßspannungsprüfung[1].

Nicht nur in Hochspannungs-, sondern auch in Niederspannungsnetzen treten gelegentlich Stoßspannungen auf, die durch atmosphärische Entladungen oder beabsichtigte oder unbeabsichtigte Schaltvorgänge entstehen. Um diese Stoßspannungen für Prüfzwecke nachzubilden, muß man einen Spannungsstoß erzeugen, d. h. eine Spannungswelle, die sehr rasch bis zum Scheitelwert ansteigt und dann etwas langsamer wieder abfällt. Die Polarität kann positiv oder negativ

[1] Vgl. S. FRANCK: Meßentladungsstrecken (Ionenstrecken). Berlin: Julius Springer 1931. — Leitsätze für die Prüfung mit Spannungsstößen. VDE 0450/XI. 39. ETZ 1939, S. 887 u. 1388. — F. A. LENZE: ETZ — A 1953, S. 475.

gegen Erde sein. In Abb. 162 sind die Werte für die Normalwelle nach VDE eingezeichnet. Zur Prüfung von Zählern genügt die Erzeugung eines Spannungsstoßes bis etwa 20 kV Scheitelspannung. Dafür ist ein einfacher Entladekreis nach Abb. 163 geeignet. An die Klemmen a, b ist eine Gleichspannungsquelle, z. B. eine Influenzmaschine oder eine über Gleichrichter gleichgerichtete Wechselspannungsquelle angeschlossen. C_S ist der Stoßkondensator, SF die Schaltfunkenstrecke, P der Prüfling, MF die Meßfunkenstrecke, R_e ein Entladewiderstand,

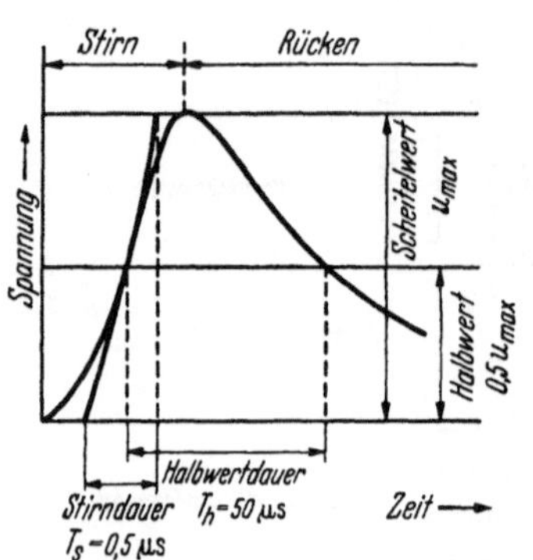

Abb. 162. Normal-Stoßspannungswelle.

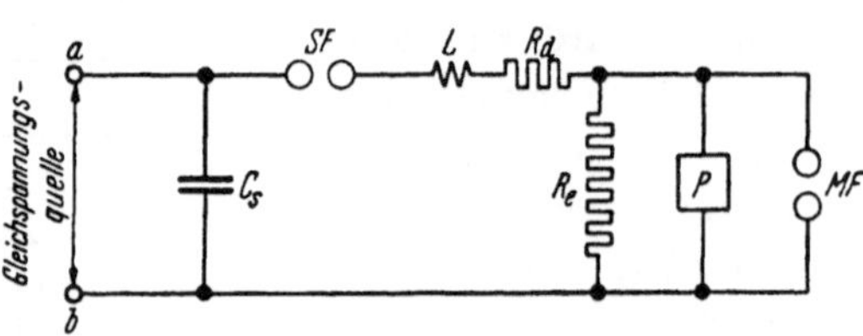

Abb. 163. Schaltung einer Stoßspannungs-Prüfeinrichtung.

R_d ein Dämpfungswiderstand. L ist die Induktivität des Stromkreises. Als Größen der Kondensatoren und Widerstände für einen Entladekreis, wie er praktisch zur Prüfung von Zählern brauchbar ist, ergeben sich z. B. folgende: Bei Verwendung eines Kondensators $C_s = 0{,}01\,\mu$F wird für die Normalwelle (bestimmend für die Halbwertdauer) $R_e = 7200\,\Omega$, $R_d = T_s/2C_p$, wobei $T_s = 0{,}5\,\mu s$ für die Stirndauer der Normalwelle, C_p die zu bestimmende Kapazität des Prüflings P ist. Die Größenordnung der Kapazität der Zählerspulen C_p ist etwa 10 bis $100 \cdot 10^{-6}\,\mu$F.

Bei der Messung geht man folgendermaßen vor: Der Scheitelwert der Stoßspannung wird, von kleinen Werten ausgehend, allmählich durch Steigerung der Spannung der Gleichspannungsquelle und Vergrößerung der Schaltfunkenstrecke SF so weit erhöht, bis etwa die Hälfte der erzeugten Spannungsstöße am Prüfling zu Überschlägen führt. Die Meßfunkenstrecke wird bei diesem Zustand so weit verkleinert, bis etwa die Hälfte der Überschläge an der Meßfunkenstrecke eintreten. Der dann an der Meßfunkenstrecke abgelesene Wert ist der Scheitelwert der Stoßspannung[1].

Die Werte der Stoßspannung, bei denen die Spannungsspulen der Zähler überschlagen, liegen zwischen 4 und 14 kV. Je nach dem Aufbau des Zählers und je nach der Form der Spannungswelle ist das Verhältnis der Stoßspannung zum Scheitelwert der Überschlagspannung bei Wechselstrom von einer Frequenz 50 (Stoßfaktor) etwa 1,4 bis 3.

[1] Stoßspannungswerte für Meßfunkenstrecken s. ETZ 1938, S. 1067, Tafel I bis III.

12. Eigenverbrauch der Wicklungen.

a) Gleichstrom.

Bei Gleichstrom kommt nur der Kupferverlust der Wicklungen in Betracht; man kann also aus Strom- und Spannungsmessungen den Eigenverbrauch bestimmen und benutzt dabei für die Messung des Eigenverbrauchs im Spannungskreis die Schaltung nach Abb. 164. Der Eigenverbrauch ist dann

$$N = i \cdot U_1 = i \cdot (U_n - i \cdot R_A).$$

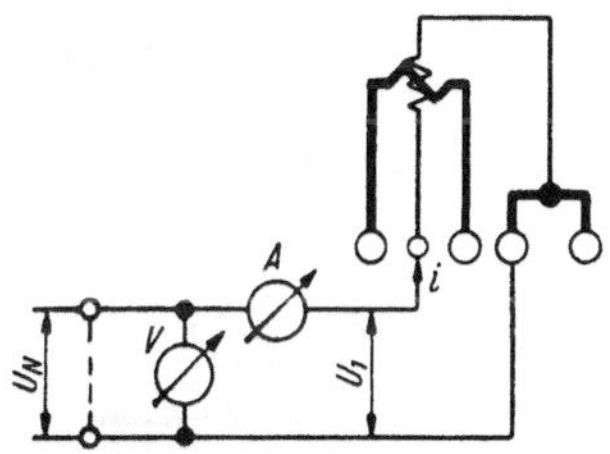

Abb. 164. Messung des Eigenverbrauchs im Spannungskreis bei Gleichstrom.

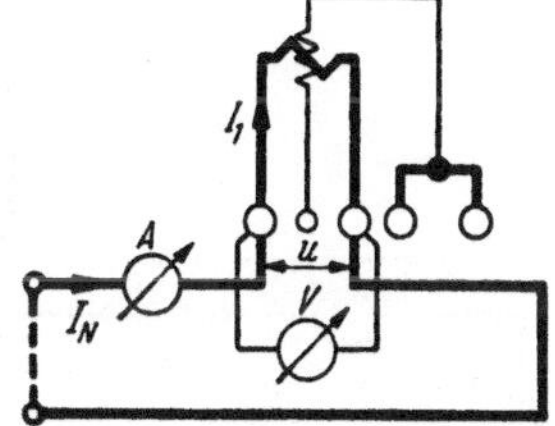

Abb. 165. Messung des Eigenverbrauchs im Hauptstromkreis bei Gleichstrom.

Dabei ist i der am Strommesser A abgelesene Strom, U_n die am Spannungsmesser V abgelesene Nennspannung, für die man den Eigenverbrauch kennen will, R_A der Widerstand des Strommessers A. Der Spannungsabfall $i \cdot R_A$ am Strommesser ist meist so klein, daß man U_n und U_1 gleichsetzen kann.

Für die Messung im Hauptstromkreis ist die Schaltung nach Abb. 165 geeignet. Man stellt mit dem Strommesser A den Nennstrom I_n ein, bei dem man messen will, und liest die Spannung u am Spannungsmesser V ab. Der Eigenverbrauch ist

$$N = I_1 \cdot u = \left(I_n - \frac{u}{R_V}\right) \cdot u = I_n \cdot u - \frac{u^2}{R_V}.$$

Ist der Widerstand R_V des Spannungsmessers groß, so kann man das Korrektionsglied vernachlässigen. Bei Zählern für kleine Stromstärken kann es vorkommen, daß man es berücksichtigen muß.

b) Wechselstrom.

Elektrodynamischer Leistungsmesser. Abb. 166 zeigt die Schaltung zur Messung des Eigenverbrauchs im Spannungskreis von Wechselstromzählern unter Verwendung eines elektrodynamischen Leistungsmessers mit kleinem Strommeßbereich. Der Eigenverbrauch in der Spannungsspule des Zählers ist $N_1 = N_n - i^2 \cdot R_W$. N_1 ist der Eigenverbrauch bei der Spannung U_1, N_n bei der Nennspannung U_n. Meist

ist $N_1 = N_n$ zu setzen, weil man das Korrektionsglied vernachlässigen kann.

Will man es berücksichtigen, so muß man noch den Ohmschen Widerstand R_W der Hauptstromspule des Leistungsmessers kennen und den Strom i in der Spannungsspule des Zählers messen. Hat man zu diesem Zweck einen Strommesser A mit der Stromspule des Leistungsmessers hintereinander geschaltet, so muß man zu R_W noch den Widerstand R_A des Strommessers hinzuzählen. Ist der Spannungsabfall in den Stromspulen des Leistungs- und Strommessers so groß, daß U_1 sehr viel kleiner wird als U_n, so muß man U_1 berechnen.

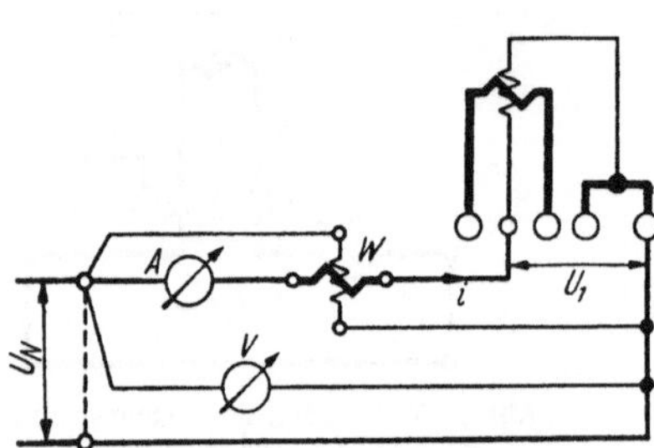

Abb. 166. Messung des Eigenverbrauchs im Spannungskreis bei Wechselstrom.

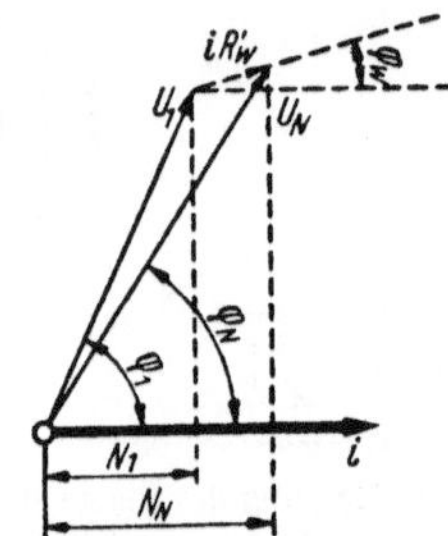

Abb. 167. Diagramm zur Schaltung Abb. 166.

Die Messung des Eigenverbrauchs nimmt man dann bei verschiedenen Spannungen U_n vor und trägt den korrigierten Eigenverbrauch als Funktion von U_1 auf. Aus dieser Kurve kann man den korrigierten Eigenverbrauch für die Spannung U_n (durch Interpolation) ablesen. U_1 berechnet sich nach Diagramm Abb. 167 zu

$$U_1 = \sqrt{U_n^2 + (i \cdot R'_W)^2 - 2\, U_n \cdot i \cdot R'_W \cdot \cos(\varphi_n - \varphi_W)}.$$

Darin sind U_n und i die nach der Schaltung Abb. 166 gemessenen Größen. R'_W ist der Scheinwiderstand des Leistungs- (und Strom-) Messers; zu seiner Berechnung muß man den Wirkwiderstand R_W und den Blindwiderstand $\omega \cdot L_W$ des Leistungs- (und Strom-) Messers kennen[1]. Die Frequenz f des zur Messung benutzten Wechselstromes wird man immer feststellen müssen. Dann berechnet sich der Scheinwiderstand

$$R'_W = \sqrt{R_X^2 + (2\pi f L_W)^2}.$$

Der Winkel φ_n ist gegeben durch

$$\cos\varphi_n = \frac{N_n}{U_n \cdot i},$$

der Winkel φ_W durch

$$\operatorname{tg}\varphi_W = \frac{2\pi f \cdot L_W}{R_W}.$$

[1] Nach den „Regeln für Meßgeräte“ VDE 0410/1. 53 sollen diese Werte auf Präzisionsmeßgeräten angegeben sein.

Den Eigenverbrauch im Hauptstromkreis kann man mit einem Leistungsmesser nicht bestimmen, weil der Spannungsabfall am Hauptstromkreis immer so klein ist (etwa 1 V und weniger), daß die Spannungsspule des Leistungsmessers nicht genügend Strom führen würde, um einen genügend großen Ausschlag zu erzeugen. Höchstens mit einem hochempfindlichen Spiegeldynamometer wird man eine brauchbare Messung ausführen können. Man muß also besser eine der im folgenden beschriebenen Anordnungen verwenden.

Will man nicht den Eigenverbrauch des Hauptstromkreises, sondern nur den Spannungsabfall am Hauptstromkreis kennen, so verwendet man ein hochempfindliches Hitzdraht- oder Thermoumformer- oder Gleichrichtermeßgerät, das als Spannungsmesser geeicht ist. Hat man einen Wechselstromkompensator zur Verfügung, so arbeitet es sich mit diesem natürlich weit angenehmer.

Elektrometer. Sehr genau kann man mit dem Elektrometer den Eigenverbrauch messen. Das Elektrometer von HUGO SCHULTZE[1] hat sehr wenig Eingang in die Laboratorien gefunden, weil es wegen seiner großen Empfindlichkeit eine vollständig erschütterungsfreie Aufstellung verlangt. Es soll deshalb davon abgesehen werden, hier auf die Messungen mit dem Elektrometer näher einzugehen. Wer sich dafür interessiert, sei auf die Arbeit von ORLICH[2] verwiesen.

Dreivoltmetermethode. Die Dreivoltmetermethode Abb. 168 eignet sich zur Messung des Eigenverbrauchs der Spannungsspule. Man schaltet mit dem induktiven Widerstand R der Spannungsspule einen induktionslosen Widerstand R_2 in Reihe und mißt mit einem statischen Spannungsmesser die Spannungen U_1 an dem unbekannten induktiven Widerstand R, U_2 an dem bekannten induktionslosen Widerstand R_2 und U_3 an den Enden beider hintereinandergeschalteter Widerstände (Summenspannung). Dann ist die im unbekannten induktiven Widerstand verbrauchte Leistung

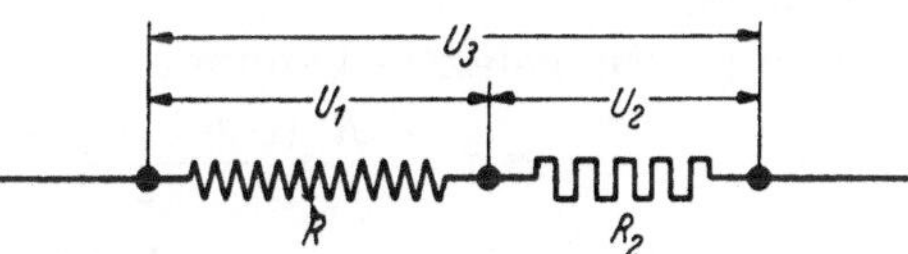

Abb. 168. Spannungen der Dreivoltmetermethode.

$$N = \frac{1}{2R_2}(U_3^2 - U_1^2 - U_2^2).$$

Der Leistungsfaktor wird

$$\cos\varphi = \frac{U_3^2 - U_1^2 - U_2^2}{2\,U_1 \cdot U_2}.$$

[1] Z. Instrumentenkde. 1907, S. 65.

[2] ETZ 1909, S. 435, 466. Besonders in Betracht kommen die Abb. 9, 10 u. 11, S. 438.

Will man genaue Resultate erhalten, so muß man sehr genau messen, weil man die Leistung aus Differenzbildung ermittelt.

Verwendet man an Stelle des statischen Spannungsmessers drei elektrodynamische Spannungsmesser oder einen an einen Voltmeterersatzschalter angeschlossenen, so muß man den Verlust im Spannungsmesser noch von der nach der obigen Gleichung berechneten Leistung abziehen[1].

Mit dem Wechselstromkompensator mißt man am besten in der Schaltung Abb. 169. Zur Spannungsspule parallel legt man einen sehr hohen induktionsfreien Widerstand R_1 (etwa 100000 Ω oder mehr) und zweigt von einem kleinen Teil R_1' die zu messende Spannung U_1' ab. Den Vorwiderstand R_2 wird man sehr klein wählen, so daß der Spannungsabfall U_2 etwa gleich U_1' wird, beide sollen in der Nähe von 0,5 V liegen. U_3' wird dann von der gleichen Größenordnung sein. U_3 kann man mit einem elektrodynamischen Spannungsmesser einstellen, es wird sich nur um einen kleinen Betrag von U_1 unterscheiden. Man mißt nacheinander U'_1, U_2 und U'_3. Der Verbrauch in der Spannungsspule des Zählers berechnet sich zu

$$N = \frac{R_1}{R_1'} \cdot \frac{1}{2 R_2} (U_3'^2 - U_1'^2 - U_2^2) - \left(\frac{U_1'}{R_1'}\right)^2 \cdot R_1 .$$

Das Korrektionsglied, das den Verlust im Spannungsteiler R_1 darstellt, kann man sehr klein machen, wenn man nur den Widerstand R'_1 groß genug wählt. Somit erhält man ziemlich genaue Werte für den Eigenverbrauch.

Den Leistungsfaktor kann man aus folgender Gleichung berechnen:

$$\cos\varphi = \frac{R_1' (U_3'^2 - U_1'^2 - U_2^2) - 2 U_1'^2 \cdot R_2}{2 \cdot U_1' \cdot U_2 \cdot R_1'} .$$

Der Strom in der Spannungsspule ist $i = U_2/R_2$.

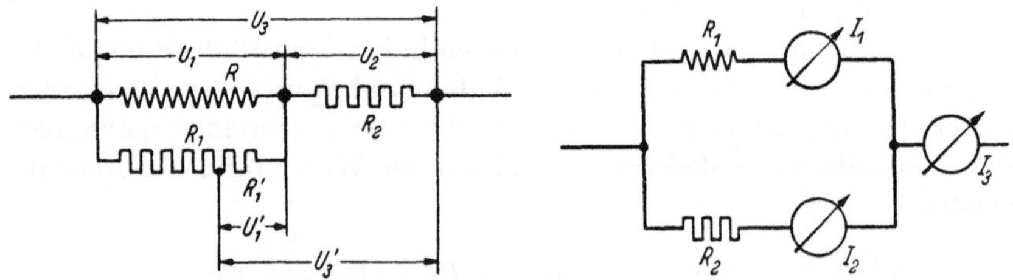

Abb. 169. Dreivoltmetermethode; Anordnung für die Messung mit dem Wechselstromkompensator.

Abb. 170. Dreiamperemetermethode.

Dreiamperemetermethode. Den Eigenverbrauch im Hauptstromkreis kann man mit der Dreiamperemetermethode messen. In Abb. 170 ist R_1 der Widerstand der Hauptstromspulen, R_2 ein induktionsfreier Widerstand; mit drei Strommessern mißt man die Ströme I_1, I_2 und den

[1] Wicht, H. H.: ETZ 1938, S. 561.

Summenstrom I_3. Die Leistung im Widerstand R_1 ist

$$N = \frac{R_2}{2} \cdot (I_3^2 - I_1^2 - I_2^2)\,.$$

Der Leistungsfaktor ist

$$\cos\varphi = \frac{I_3^2 - I_1^2 - I_2^2}{2 \cdot I_1 \cdot I_2}\,,$$

der Spannungsabfall an den Hauptstromspulen $U = I_2 \cdot R_2$.

Brückenmethoden. Abb. 171 zeigt eine von SCHERING[1] angegebene Brückenschaltung zur Messung des *Eigenverbrauchs im Spannungskreis* von Wechselstromzählern. Z ist die Spannungsspule des Zählers, R ein fester induktionsfreier Widerstand, M eine feste Gegeninduktivität, r und ϱ kleine verstellbare Widerstände, am besten Gleitdrähte, durch deren Verstellung der Ausschlag des Vibrationsgalvanometers VG auf Null gebracht wird. Durch Verstellen des Widerstandes ϱ wird die Amplitude der an ϱ liegenden Spannung, durch r vorwiegend die Phase der gegengeschalteten Spannung eingestellt. Der Eigenverbrauch in der Spannungsspule berechnet sich dann zu

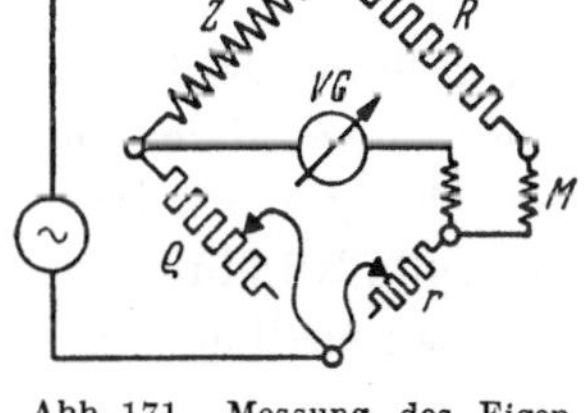

Abb. 171. Messung des Eigenverbrauchs im Spannungskreis nach der Brückenmethode.

$$N = \frac{U_n^2 \cdot r}{R \cdot \varrho}\,,$$

wenn U_n die Spannung an der Brücke ist und der Spannungsabfall in ϱ so klein ist, daß er vernachlässigt werden kann. Der Leistungsfaktor ist

$$\cos\varphi = \frac{r}{\omega M} \cdot \frac{1}{\sqrt{1 + \left(\frac{r}{\omega M}\right)^2}} = \frac{r}{\omega M} \cdot k\,.$$

Den Faktor k zeichnet man sich als Funktion von $r/\omega M$ auf. Als zweckmäßige Größen gibt SCHERING an: $R = 20000\ \Omega$, $r = 7$ bis $13\ \Omega$, $\varrho = 20$ bis $70\ \Omega$, $M = 1/4\pi = 0{,}08$ H. Um den Einfluß äußerer Streufelder zu vermeiden, sind die Wicklungen für die Gegeninduktivität auf zwei gleiche Rollen verteilt, deren Felder entgegengesetzt gerichtet sind (astatische Anordnung). Die Summe der Induktivitäten der Primärwicklungen wird klein gehalten, z. B. 0,04 H.

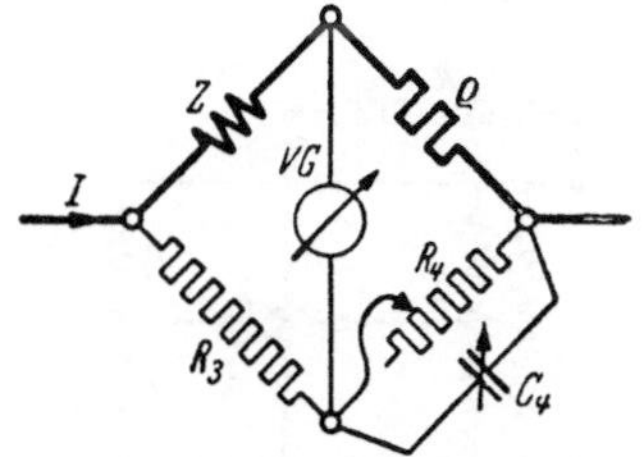

Abb. 172. Messung des Eigenverbrauchs im Hauptstromkreis nach der Brückenmethode.

Zur Messung des *Eigenverbrauchs im Hauptstromkreis* dient die Schaltung nach Abb. 172. Z ist die Hauptstromspule des Zählers, ϱ ein induktionsfreier Meßwiderstand (Normalwiderstand) von passendem Wert, R_3 und R_4 sind hohe induktionsfreie Widerstände,

[1] Z. Instrumentenkde. 1922, S. 106.

C_4 ist eine Kapazität von etwa 1 μF. Man nimmt dazu am besten einen Dreidekaden-Kurbelkondensator und für R_4 einen Kurbelwiderstand. Durch Veränderung von R_4 und C_4 kann man das Vibrationsgalvanometer G auf Null bringen. Der Eigenverbrauch in der Hauptstromspule ergibt sich zu

$$N = I^2 \cdot \varrho \cdot \frac{R_3}{R_4}$$

und der Leistungsfaktor

$$\cos\varphi = \frac{1}{R_4 \cdot \omega C_4} \cdot k,$$

dabei ist

$$k = \frac{1}{\sqrt{1 + (R_4\,\omega C_4)^2}}.$$

Für höhere Stromstärken als 10 A empfiehlt SCHERING die Verwendung eines Stromwandlers, wofür er ebenfalls die Gleichungen für den Eigenverbrauch und den Leistungsfaktor angibt.

13. Kurzschlußwindungen.

Durch ungewollte Kurzschlußwindungen in der Wicklung der Spannungsspule wird der Eigenverbrauch, das Drehmoment und die Phasenabgleichung verändert. Einige Vorrichtungen, welche wenige dünne Kurzschlußwindungen nachzuweisen gestatten, sollen im folgenden beschrieben werden.

a) Kurzschlußprüfer nach A. TÄUBER-GRETLER[1].

Abb. 173. Die Sekundärwicklung T_2 eines primär mit 50 Hz erregten Transformators ist mit zwei gleichen eisengeschlossenen Drosselspulen D_1 und D_2 zu einer Brückenschaltung verbunden. Zwischen dem Mittelpunkt der Transformatorwicklung T_2 und dem Mittelpunkt der Drosseln liegt die bewegliche Spule S_2 eines elektrodynamischen Meßgeräts. Die feste Spule S_1 ist eisengeschlossen, sie wird über einen Vorwiderstand R an die Netzspannung angeschlossen. Auf die Drosselspule D_2 wird die zu prüfende Spule Sp aufgesteckt. Der Ausschlag am Meßgerät ist dann in Teilstrichen $a = c \cdot w \cdot d^2/l$, wobei w die Windungszahl, l die Länge in m und

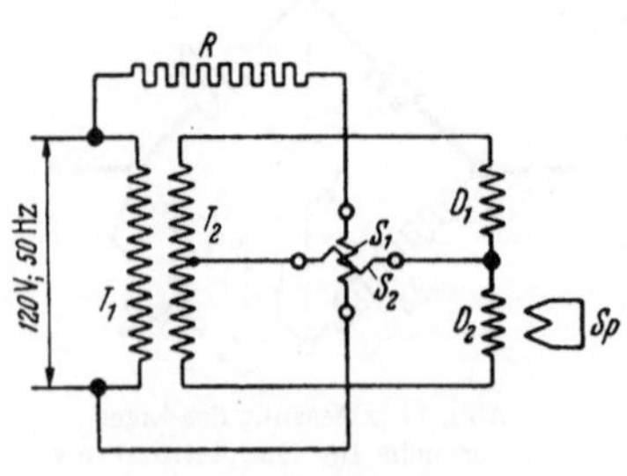

Abb. 173. Kurzschlußprüfer nach A. TÄUBER-GRETLER.

[1] TÄUBER-GRETLER, A.: Bull. schweiz. elektrotechn. Ver. Bd. 12 (1921), S. 217. — ETZ 1922, S. 438. Die Vorrichtung wird von der Firma Trüb, Täuber & Co. hergestellt.

d den Drahtdurchmesser in mm der Kurzschlußwindung bedeuten. Eine Kurzschlußwindung von 10 cm Länge bei 0,2 mm Drahtdurchmesser ergibt noch einen Ausschlag von 1,5 mm.

b) Schlußhorcher[1].

Abb. 174. Durch einen an eine kleine Gleichstromquelle angeschlossenen Summer *S* wird ein Wechselstrom von etwa 400 bis 500 Hz erzeugt. Dieser durchfließt die auf einem Eisenkern verschiebbar angeordnete Erregerspule *E*. Auf dem Eisenkern sitzen in Gegenschaltung zwei gleiche Spulen *A* und *B*, die über ein Telephon *T* geschlossen sind. Ein Kondensator *C* dient zur Funkenunterdrückung am Summer und zur Reinigung des Tones, ein Taster *K* zum Anlassen des Summers durch Kurzschließen des Unterbrechungskontaktes. Man stellt die Erregerspule *E* so ein, daß im Telephon kein Ton zu hören ist. Schiebt man nun über die eine der beiden Spulen (z. B. *A*) die zu prüfende Spule *Sp*, so spricht das Telephon an, wenn diese Kurzschlußwindungen hat. Die Anzahl der kurzgeschlossenen Windungen kann man annähernd durch Normalspulen mit bekannter kurzgeschlossener Windungszahl bestimmen. Entweder kompensiert man die Wirkung der zu prüfenden Spule durch die Normalspule, indem man sie auf die freie Spule *B* wirken läßt, oder man vergleicht die Tonstärke der Normalspule mit der zu prüfenden Spule. Bei richtiger Einstellung lassen sich 1 bis 2 Kurzschlußwindungen von je 7 cm Länge bei einem Drahtdurchmesser von nur 0,09 mm einwandfrei feststellen.

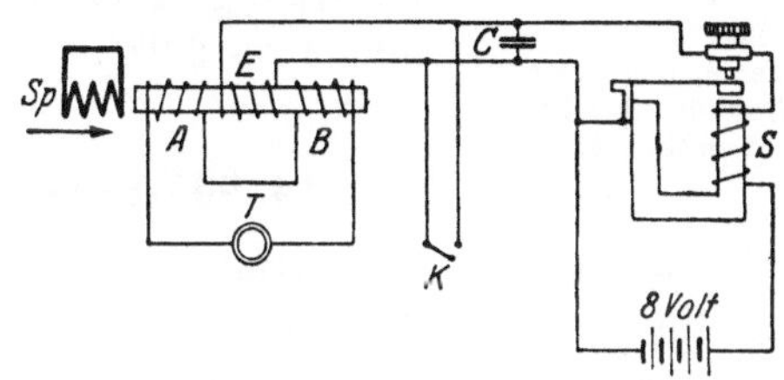

Abb. 174. Schlußhorcher nach G. MEYER.

c) Brücke mit Gleichrichtermeßgerät.

Unter Verwendung eines hochempfindlichen Gleichrichtermeßgerätes kann man auch mit einer einfachen Brückenschaltung nach Abb. 175 sehr wenige Kurzschlußwindungen dünnen Drahtes nachweisen. S_1 und S_2 sind offene Drosseln mit U-förmigem Eisenkern; sie sind entsprechend

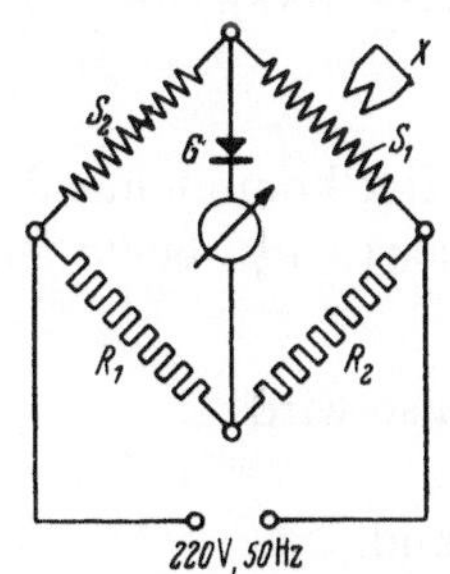

Abb. 175. Brücke mit Gleichrichtermeßgerät.

[1] MEYER, GEORG J.: ETZ 1923, S. 830. Der Apparat wurde früher von der Dr. Paul Meyer A.-G. hergestellt.

Abb. 176 rechtwinklig zueinander angeordnet, damit sie sich möglichst wenig beeinflussen. R_1 und R_2 sind Widerstände, G ein Gleichrichtermeßgerät. Die Brücke wird mit 50periodigem Wechselstrom vom Netz oder mit Tonfrequenz gespeist. Die zu prüfende Spule X wird auf den freien Schenkel des U-förmigen Eisens der Spule S_1 aufgeschoben. Bei 50 Hz ergeben 10 Windungen von 30 mm Windungsdurchmesser eines Drahtes von 0,1 mm Kupferdurchmesser einen Ausschlag von 1 Teilstrich, bei 500 Hz ergibt schon eine Windung gleicher Abmessung 1 bis 2 Teilstriche.

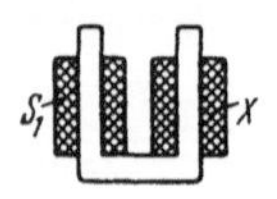

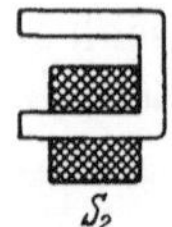

Abb. 176. Anordnung der Spulen S_1 und S_2 in der Schaltung Abb. 175.

14. 90°-Verschiebung.

Sollen Wechselstrom-Induktionszähler auch bei Phasenverschiebungen im Netz richtig zeigen, so muß die Bedingung erfüllt sein, daß sich der Winkel φ zwischen Netzstrom und Netzspannung mit dem Winkel ψ zwischen dem Hauptstromfeld und dem Spannungsfeld des Zählers zu 90° ergänzt, $\psi \pm \varphi = 90°$[1].

a) Stillstandsmethode.

Ist die genannte Bedingung erfüllt, so muß, wenn $\varphi = 90°$ ist, die mit dem Leistungsmesser gemessene Leistung $N = U \cdot I \cdot \cos\varphi = 0$ sein. Dann müßte zugleich auch das Drehmoment des Zählers, welches proportional $\sin\psi$ ist, Null werden, denn ψ müßte dann $= 0°$ sein. Nun ist aber, vor allem, wenn die Spannung oder die Frequenz vom Nennwert abweicht, $\psi \pm \varphi$ meist nicht genau $= 90°$, sondern weicht um einen kleinen Winkel δ von 90° ab: $\psi \pm \varphi = 90° + \delta$. Stellt man also den Zähler auf Stillstand ein, so muß ψ Null sein, der Leistungsmesser zeigt dann, da $\pm\varphi = 90° - \psi + \delta$:

$$N = U \cdot I \cdot \cos(90° + \delta).$$

Hier kommt nur das positive Vorzeichen in Frage, weil $\cos(+\varphi)$ und $\cos(-\varphi)$ beide positiv sind. Nun ist

$$\cos(90° + \delta) = -\sin\delta,$$

also wird

$$N = -U \cdot I \cdot \sin\delta$$

und

$$\delta \approx \sin\delta = -\frac{N}{U \cdot I}.$$

[1] Das obere Vorzeichen gilt für induktive, das untere für kapazitive Last. Ausführliche Theorie der 90°-Verschiebung s. SCHMIEDEL: Wirkungsweise und Entwurf, S. 15ff. — PFLIER: Elektrizitätszähler, S. 84.

Den Bogen δ kann man, da er meist sehr klein ist, sin δ gleichsetzen. Will man δ in Winkelgraden erhalten, so muß man schreiben

$$\delta = -\frac{N}{U \cdot I} \cdot \frac{180}{\pi} \text{ Winkelgrade.}$$

δ wird negativ, wenn N positiv ist. Dies tritt ein, wenn der Fluß des Spannungskreises Φ_U der Spannung U um weniger als 90° nacheilt. In dem Diagramm Abb. 177a ist dieser Fall dargestellt. Es ist dabei der Einfachheit wegen angenommen, daß der Fluß Φ_I des Hauptstromkreises mit dem Hauptstrom I in Phase ist. Φ_U und Φ_I fallen zusammen, $\psi = 0$, der Zähler steht still. Der Leistungsmesser zeigt dagegen nicht auf Null, sondern zeigt die kleine positive Leistung

$$N = U \cdot I \cdot \cos(90° - \delta)$$

an. δ wird dagegen positiv, wenn der Fluß des Spannungskreises um mehr als 90° der Spannung nacheilt, wie in Abb. 177b dargestellt ist.

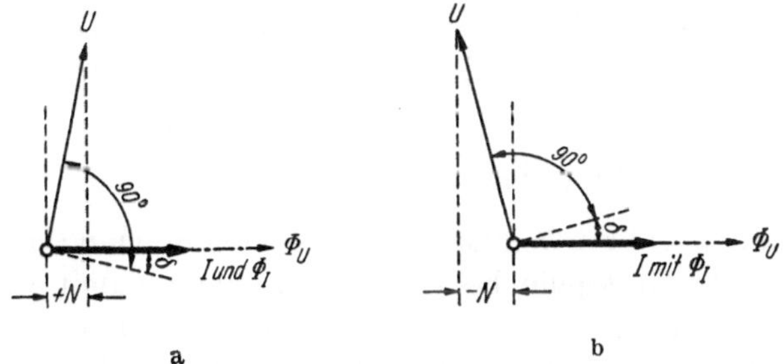

Abb. 177. Diagramme zur Stillstandsmethode für die Bestimmung von δ

Der Leistungsmesser zeigt dann die negative kleine Leistung

$$-N = U \cdot I \cdot \cos(90° + \delta).$$

Es sei darauf hingewiesen, daß man auf die geschilderte Art und Weise nur dann den wahren Winkel δ mißt, wenn kein störendes vorwärtstreibendes Drehmoment, wie man es zur Kompensation der Reibung benutzt, vorhanden ist. Wird dieses nicht beseitigt, so mißt man den „wirksamen" Winkel δ. Dieser ist es aber meist, den man sucht, weil er für die Angaben des Zählers bei Phasenverschiebung im Netz ausschlaggebend ist.

Zu beachten ist bei der Messung, daß man zur Bestimmung von δ am besten so vorgeht, daß man erst den Zähler vorwärtslaufen läßt, dann die Phase der Spannung mit dem Phasenschieber so lange gegen die Phase des Stromes vorschiebt, bis der Zähler gerade stillsteht und die Leistung am Leistungsmesser abliest, dann schiebt man im gleichen Sinne weiter, bis der Zähler deutlich rückwärtsläuft und kehrt erst dann die Richtung am Phasenschieber um. Man schiebt die Phase der

Spannung dann so lange nach rückwärts, bis der Zähler vom Rückwärtslauf gerade auf Stillstand kommt und liest wieder die Leistung am Leistungsmesser ab. Das Mittel aus beiden Ablesungen am Leistungsmesser benutzt man zur Berechnung von δ. Die Spannung U und der Strom I müssen natürlich für beide Messungen genau gleichbleiben. Zur Erhöhung der Genauigkeit der Messung entfernt man den Bremsmagnet.

Ferner muß jede Unsymmetrie im Hauptstromkreis, durch die ein Leerlauf des Zählers bei unerregtem Spannungskreis auftritt, sorgfältig vermieden werden. Man muß dies vor jeder Messung nachprüfen[1].

Eine erhebliche Verfeinerung der Messung erreicht man, wenn man die Triebscheibe mit ihrer Achse an einem dünnen Manganindraht aufhängt und ihre Nullage durch gegenseitiges Verschieben von Strom und Spannung in der beschriebenen Weise herbeiführt[2]. Dadurch, daß man den Stillstand einmal bei Voreilung, das andere Mal bei Nacheilung der Spannung gegen den Hauptstrom bestimmt und das Mittel aus beiden Messungen nimmt, kann man den Einfluß eines etwaigen Triebes durch Unsymmetrie des Hauptstromflusses beseitigen.

b) Winkelmessung mit Hilfsspule.

Will man den wahren Winkel δ messen, so kann man sich auch der Messung mittels Hilfsspule bedienen. Man kann damit sowohl die Phasenverschiebung zwischen der Spannung U und dem motorisch wirksamen Fluß Φ_U, als auch die zwischen dem Hauptstrom I und dem motorisch wirksamen Fluß Φ_I bestimmen. Da eine solche Messung nur Interesse für wissenschaftliche Untersuchungen hat, soll sie hier nur erwähnt werden[3].

15. Felder.

a) Gleichstrom.

Die Verteilung des Hauptstromfeldes kann man bei elektrodynamischen Wattstundenzählern durch Rechnung finden[4]. Man muß dazu allerdings die Abmessungen und die Windungszahlen der Hauptstromspulen kennen.

---

[1] Vgl. Elektrotechn. u. Masch.-Bau 1912, H. 7, S. 156. Schlußbemerkungen.

[2] SCHERING u. SCHMIDT: Z. Instrumentenkde. 1920, S. 138.

[3] Vgl. z. B. SCHMIEDEL: Wirkungsweise und Entwurf, S. 37. — MÖLLINGER: Wirkungsweise der Motorzähler, S. 186. — SCHERING u. SCHMIDT: Z. Instrumentenkde. 1923, S. 85.

[4] SCHMIEDEL: Wirkungsweise und Entwurf, S. 141ff.

Experimentell kann man Gleichfelder mit einer geeichten Wismutspirale[1], die man entweder mit einem hochempfindlichen Galvanometer in einem Stromkreis hintereinanderschaltet oder deren durch das Feld hervorgerufene Widerstandsänderung man in einer Brückenschaltung mißt, feststellen. Die Messung ist aber recht schwierig, weil die Widerstandsänderungen sehr klein sind und der Einfluß der Temperatur genau berücksichtigt werden muß. Die Methode ist nur für die Messung von sehr starken Gleichfeldern brauchbar.

Neuerdings sind Indium-Antimon-Verbindungen entwickelt worden, die einen sehr großen Halleffekt haben. Bringt man ein rechteckiges Blättchen aus einer solchen Verbindung in das zu messende Gleichfeld, schickt in einer Richtung einen konstanten Gleichstrom durch das Blättchen und mißt an zwei senkrecht zu dieser Richtung liegenden Stellen des Blättchens die Spannung mit einem empfindlichen Drehspulmeßgerät, so ist diese Spannung proportional der Stärke des Gleichfeldes. Man kann schon Felder von weniger als 100 Gauß messen.

Hat man ein hochempfindliches ballistisches Galvanometer[2] zur Verfügung, so kann man die ballistische Methode zur Feldmessung verwenden. Man bringt eine kleine Spule, deren Windungszahl und Abmessungen genau bekannt sind, an die Stelle, an der man das Feld messen will und schließt sie über einen passend bemessenen Vorwiderstand an das Galvanometer an. Beim Ein- oder Ausschalten der Hauptstromspulen des Zählers entsteht dann an den Enden der Meßspule eine Spannung $e = \mathrm{H} \cdot q \cdot w$, worin H die gesuchte Feldstärke, q den mittleren Windungsquerschnitt und w die Windungszahl der Meßspule bedeutet. Ist r der Gesamtwiderstand des Schließungskreises (Galvanometer + Vorwiderstand + Meßspule), so ist die durch das Galvanometer fließende Elektrizitätsmenge

$$\mathrm{Q} = \frac{\mathrm{H} \cdot q \cdot w}{r} = C \cdot \alpha.$$

C ist die „ballistische“ Galvanometerkonstante, die man durch Eichung mit einer Normalspule bestimmt hat[3], α der „ballistische“ Ausschlag des Galvanometers. Es wird also die Feldstärke

$$\mathrm{H} = \frac{C \cdot \alpha \cdot r}{q \cdot w}.$$

So kann man an jeder Stelle die Feldstärke bestimmen. Will man einen größeren Galvanometerausschlag erhalten, so kommutiert man den Hauptstrom von $+I$ auf $-I$.

---

[1] Bublitz, G.: Archiv techn. Messen V 391-2, Mai 1938.

[2] Pflier, P.: Elektrische Meßgeräte, S. 36.

[3] Vgl. z. B. Gumlich: Leitfaden der magnetischen Messungen, S. 57ff. Braunschweig: Vieweg 1918. — A. v. Engel: Archiv techn. Messen V 391-6, Dez. 1950.

Will man das Ankerfeld auf die gleiche Art messen, so macht man die Meßspule so groß, daß sie den ganzen Anker eng umschließt und verfährt auf die gleiche Weise. Man mißt dabei das mittlere Ankerfeld.

b) Permanente Magnete.

Um den Kraftfluß im Luftspalt eines permanenten Magnets (Bremsmagnets) zu messen, benutzt man eine flache Spule, deren Windungen den zu messenden Kraftfluß umfassen. Den die Spule durchsetzenden Kraftfluß bringt man zum Verschwinden, indem man den Magnet schnell über die Spule wegzieht oder umgekehrt die Spule durch den Luftspalt des Magnets. Die Enden der Spule sind an ein ballistisches Galvanometer angeschlossen. In gleicher Weise, wie unter a) beschrieben, kann man aus dem ballistischen Ausschlag den gesamten Kraftfluß bestimmen.

Man kann auch eine drehbar gelagerte flache Spule, deren Drehung ein Federdrehmoment wie bei den Drehspulmeßgeräten entgegenwirkt, in den Luftspalt des permanenten Magnets einbringen; wird die Spule von einem konstanten Strom durchflossen, so ist ihr vermittels Zeiger und Skala gemessener Ausschlag ein Maß für die Feldstärke[1].

Auch mit einem Indium-Antimon-Blättchen, das in den Luftspalt des permanenten Magnets eingeschoben wird, kann man dessen Feld auf die gleiche Weise wie unter a) beschrieben, messen.

In der Massenherstellung muß man eine große Anzahl von Magneten nach ihrer Stärke aussuchen und ordnen. Man benutzt dazu meist die Messung des Bremsmoments einer im Luftspalt des Magnets bewegten Aluminiumscheibe, so daß die Verhältnisse denen im Zähler selbst möglichst ähneln. Dieses Bremsmoment ist proportional dem Quadrat des Kraftflusses, wodurch die Messung genauer ausfällt, als wenn man nur den Kraftfluß in erster Potenz mißt. Zwei Vorrichtungen nach diesem Prinzip seien im folgenden beschrieben.

Magnetmotor und Bremsscheibe. Durch einen kleinen Magnetmotor, z. B. einen kleinen Amperestundenzähler ohne Bremsung, treibt man eine Bremsscheibe an, die der Zählerscheibe gleich ist, und läßt auf diese den zu messenden Bremsmagnet einwirken. Das Drehmoment des Motors ist dann gleich dem Bremsmoment: $M = c \cdot n \cdot \Phi^2$; dann ist Φ^2 umgekehrt proportional der Drehzahl. Die Drehzahl n bestimmt man entweder mechanisch oder elektrisch durch Messung der Spannung an den Enden einer Hilfswicklung, die man auf den Ankerkern des Motors gewickelt hat.

Magnetmeßapparat mit Anwurf der Scheibe durch Feder. Abb. 178 zeigt das Innere eines viel verwendeten Magnetmeßapparates[2]

---

[1] Apparate von Siemens & Halske, Hartmann & Braun.

[2] Der Apparat ist von der Firma H. Aron (jetzt Heliowattwerke) angegeben worden. Vgl. auch ETZ 1923, S. 352, wo ein ähnlicher Apparat beschrieben ist.

nach Entfernung der Schutzhüllen. Eine Scheibe *S* von den gleichen Abmessungen wie die Zählerscheibe ist an einer vertikalen Achse befestigt, die mit geringer Reibung gelagert ist und oben einen über einer Skala spielenden Zeiger *Z* trägt. Dreht man den auf der Achse sitzenden Kordelkopf *K* links herum, so schnappt der auf der Achse befestigte Arm *A* hinter den Anschlag *B*. Zugleich wird mittels eines in der Abbildung nicht sichtbaren gegen *A* auf der Achse versetzten Armes der Hebel *D* ausgelenkt und die Spiralfeder *F* gespannt. Drückt man auf den Taster *T*, so wird *B* zurückgezogen und der Arm *A* freigegeben, die Feder *F* wirft die Scheibe an, bis der Hebel *D* an dem Anschlag *H* anschlägt. Nun setzt sich die Bewegung der Scheibe nur unter dem Einfluß des in die Hülse *M* eingeschobenen Bremsmagnets bis zum Stillstand fort, bis der Anschlag *A* und der Zeiger *Z* in der in der Abb. 178 dargestellten Lage stehenbleiben. Der gemessene Ausschlag ist annähernd proportional dem reziproken Wert des Quadrats des Bremsflusses. Man eicht den Apparat mit Normalmagneten, die man nach Drehzahlen benennt, welche sie beim Einsetzen in einen Normalzähler machen.

Abb. 178. Magnetmeßapparat mit Anwurf der Bremsscheibe durch eine Feder.

c) Wechselstrom.

Wechselfelder kann man mit einer Meßspule messen, an deren Enden man die Spannung mit dem Wechselstromkompensator, mit dem Elektrometer oder einem Röhrenvoltmeter bestimmt. Auch mit einem stromverbrauchenden Meßgerät kann man die Messung vornehmen, wenn man die nötigen Korrektionen anbringt. Hat die Meßspule *w* Windungen und einen Windungsquerschnitt *q*, so ist die von der maximalen Induktion *B* in ihr hervorgerufene EMK:

$$e = 4{,}44 \cdot f \cdot B \cdot q \cdot w \cdot 10^{-8}\,\mathrm{V}.$$

4,44 ist dabei $4 \cdot \frac{\pi}{2\sqrt{2}}$, wo $\frac{\pi}{2\sqrt{2}}$ der Formfaktor unter Annahme von sinusförmigem Verlauf der Spannung ist, f die Frequenz des Wechselstromes. Daraus berechnet sich

$$B = \frac{e}{4{,}44 \cdot f \cdot q \cdot w} \cdot 10^8 \text{ Gauß.}$$

16. Strömung in der Scheibe.

Die Kenntnis des Verlaufs der Ströme in der Scheibe von Induktionszählern hat vorwiegend wissenschaftliches Interesse. BEETZ[1] hat an einem großen Modell, bei dem eine Kupferscheibe von 400 mm Durchmesser und 1,2 mm Dicke von dem Wechselfluß eines großen Eisenjochs mit einer Polfläche von 140 mm Durchmesser durchsetzt wurde, nach folgender Methode die Scheibenströme gemessen: Die Scheibe wird auf mehreren Radien mit Löchern von 1,1 mm Durchmesser in 10 mm Abstand durchbohrt. Ein kleiner Meßwandler hat zwei Schenkel von 1 mm Durchmesser, die in 10 mm Abstand an einem Joch befestigt sind, auf das eine Wicklung von 900 Windungen eines 0,05 mm starken Lackdrahtes aufgebracht ist. Die beiden Schenkel werden durch die Löcher in der Scheibe hindurchgesteckt und auf der anderen Seite der Scheibe durch ein zweites unbewickeltes Joch magnetisch geschlossen. Die an den Enden der 900 Windungen mit dem Wechselstromkompensator gemessene EMK ist dem Scheibenstrom in dem Querschnitt, den der Wandler umfaßt, proportional. Als Bezugsrichtung nimmt man am besten die EMK, die in einer um das Eisenjoch gelegten Wicklung induziert wird. Sie ist dem Fluß im Eisenjoch proportional. Da die Streuung der Pole des Joches den Wandler beeinflußt, muß eine Korrektur angebracht werden. Man stellt sich zu diesem Zweck eine Scheibe aus nicht leitendem Material, z. B. Repelit, her, die man genau wie die Kupferscheibe mit Löchern versieht. Durch diese steckt man die Schenkel des Wandlers und mißt die induzierte EMK nach Größe und Richtung. Diese muß geometrisch von der EMK abgezogen werden, die man am Wandler bei der Messung mit der Kupferscheibe erhalten hat. Da die bekannten Theorien meist mit Polen ohne Streuung rechnen, weicht der gemessene Stromverlauf wegen der Streuung nicht unerheblich vom berechneten ab. Die Phasenlage der Scheibenströme ändert sich nach der Mitte des Poles zu. Am Polrand ist die Phasenverschiebung schon etwa 25°, bei zentrisch zur Scheibe angeordnetem Pol ist sie im Mittelpunkt des Poles, wo der Scheibenstrom Null ist, 90°. Bei exzentrisch gelagertem Pol verschiebt sich dieser Punkt aus der Polmitte nach der Scheibenachse zu. In der angezogenen Arbeit sind noch einige andere Folgerungen aus den Messungen gezogen, die verschiedene Eigenschaften des Induktionszählers klarlegen.

[1] Archiv für Elektrotechnik 1943, S. 138 und dort angegebene Literaturhinweise.

17. Bürsten-Übergangswiderstand bei Gleichstrom-Amperestundenzählern.

Bei Gleichstrom-Amperestundenzählern führt der Bürsten-Übergangswiderstand oft zu Beanstandungen. Zumal nach längerem Betrieb wächst er durch Oxydation des Materials des Kollektors und der Bürsten, durch Materialtransport und durch Verschmutzung infolge mechanischen Verschleißes zu beträchtlichen Werten an. Man kann ihn bestimmen durch Messung des gesamten Widerstandes zwischen den Abzweigungen vom Nebenwiderstand (Shunt) und des reinen Ankerwiderstandes. Die Differenz beider ergibt den Bürsten-Übergangswiderstand. Bei der Messung des reinen Ankerwiderstandes muß man dabei besondere Kontakte an die Kollektorlamellen anlegen, was immer eine mißliche Sache ist, da man leicht an die Bürsten anstößt und den Berührungszustand ändert.

Das im folgenden beschriebene Verfahren ermöglicht es, die Messung nur an den Enden des von dem Nebenwiderstand gelösten Ankerstromkreises vorzunehmen.

Der reine Ankerwiderstand r_a und der Bürsten-Übergangswiderstand r_b können wie zwei hintereinandergeschaltete Widerstände entsprechend dem Schema der Abb. 179 betrachtet werden. Nun bringt man den Anker in eine solche Stellung, daß die Bürsten, wie in Abb. 180a für offene Schaltung gezeichnet, je eine Lamelle berühren. Dabei mißt man den Gesamtwiderstand $r_1 = r_a + r_b$. In dieser Lage ist $r_a = 2r$, wenn jeder Zweig der Ankerwicklung den Widerstand r hat. Berührt nun eine Bürste zwei Lamellen, entsprechend Abb. 180b, so tritt an Stelle von r_a der Wert $1{,}5r = \frac{3}{4} r_a$ und man mißt $r_2 = \frac{3}{4} r_a + r_b$. Aus beiden Messungen erhält man also den reinen Ankerwiderstand

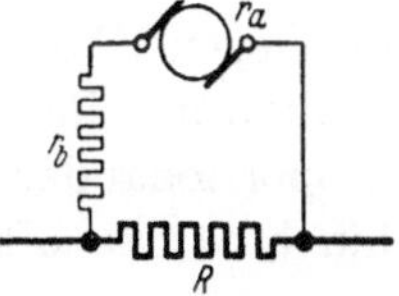

Abb. 179. Ersatzschaltung für den Bürstenübergangswiderstand.

$$r_a = 4\,(r_1 - r_2)$$

und den Bürsten-Übergangswiderstand

$$r_b = 4r_2 - 3r_1.$$

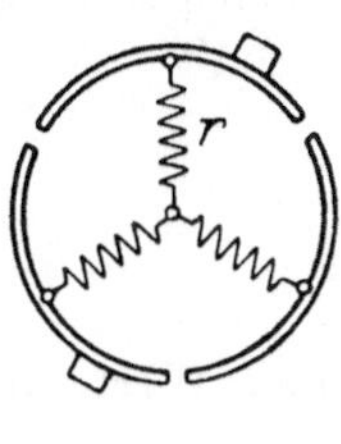

a b a b

Abb. 180. Offene Ankerschaltung. *a* Bürsten auf je einer Lamelle, *b* eine Bürste auf zwei Lamellen.

Abb. 181. Geschlossene Ankerschaltung. *a* Bürsten auf je einer Lamelle, b) eine Bürste auf zwei Lamellen.

Für geschlossene Schaltung eines dreiteiligen Ankers sind die Werte die gleichen, wie sich aus Abb. 181a und b ergibt. Es wird dabei $r_a = \frac{2}{3} r$ in der einen, $r_a = \frac{1}{2} r$ in der anderen Stellung; das Verhältnis der Widerstände ist wieder $\frac{3}{4}$.

Um die Größenordnung des Bürsten-Übergangswiderstandes zu verdeutlichen, sei im folgenden ein Zahlenbeispiel angeführt, das für einen Flachankerzähler nach Dauerschaltung von einigen Monaten ausgeführt wurde. Es wurde bei drei verschiedenen Strömen i gemessen.

i	r_1	r_2	r_a	r_b
0,0151 A	17,6 Ω	13,44 Ω	16,64 Ω	0,96 Ω
0,0082 A	17,57 Ω	13,43 Ω	16,56 Ω	1,01 Ω
0,00439 A	17,55 Ω	13,42 Ω	16,52 Ω	1,03 Ω

Als Mittelwert ergibt sich demnach etwa 1 Ω Bürsten-Übergangswiderstand.

18. Gegenelektromotorische Kraft bei Gleichstromzählern.

Die Klemmenspannung an den Enden des Ankerkreises einschließlich des Vorwiderstandes ist

$$U = i\,(r_a + r_v) + E,$$

r_a ist dabei der reine Ankerwiderstand, r_v der Vorwiderstand, i der Ankerstrom, E die Gegen-EMK des Ankers.

Bei Wattstundenzählern ist der Vorwiderstand r_v meist so groß, daß die Gegen-EMK des Ankers zu vernachlässigen ist. Bei Amperestundenzählern mit Bremsung ist sie jedoch ziemlich beträchtlich, da sie aber proportional der Drehzahl wächst, stört sie die Angaben nicht. Immerhin hat man oft Interesse daran, ihren Wert zu kennen. Man mißt einmal den Ankerstrom und die Klemmenspannung bei Stillstand und erhält

$$U_1 = i\,(r_a + r_v).$$

Das andere Mal mißt man beim gleichen Strom die Klemmenspannung bei einer bestimmten Drehzahl in der Sekunde und erhält

$$U_2 = i\,(r_a + r_v) + E.$$

Es ist also

$$E = U_2 - U_1.$$

Für einen Amperestundenzähler sind die gemessenen Werte in Abb. 182 zahlenmäßig aufgetragen.

Es sei bemerkt, daß man den Ankerwiderstand für *die* Stellung der Bürsten nehmen muß, wo jede Bürste nur eine Kollektorlamelle berührt. Denn bei der Bewegung des Ankers berühren die Bürsten nur kurzzeitig zwei Lamellen, so daß diese Stellung vernachlässigt werden kann.

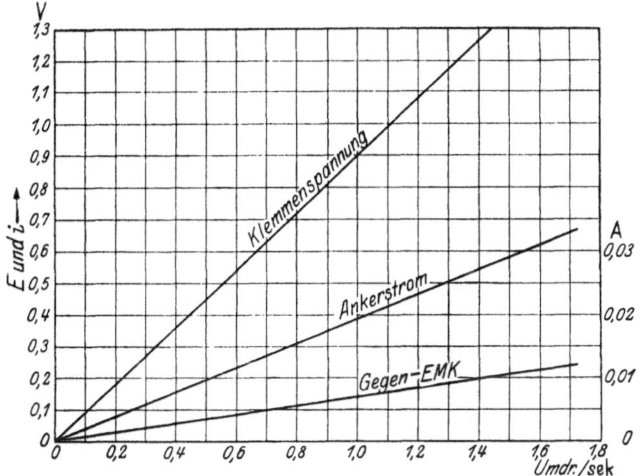

Abb. 182. Klemmenspannung, Ankerstrom und Gegen-EKM in Abhängigkeit von der Drehzahl.

19. Schiefe Aufhängung.

Schiefe Aufhängung der Zähler kann die Angaben erheblich beeinflussen, auch wenn sie nur einige Winkelgrade beträgt. Bei Zählern mit schwerem Anker, insbesondere bei Amperestundenzählern, ist die Reibung im Oberlager, das fast immer als Halslager ausgebildet wird, von

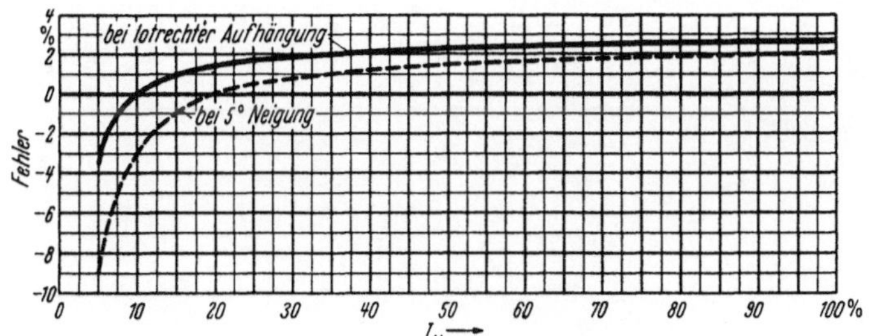

Abb. 183. Einfluß der schiefen Aufhängung.

dem wachsenden seitlichen Druck abhängig. Man bringt deshalb bei den Amperestundenzählern manchmal Pendellote an, um bei der Montage auf die Notwendigkeit richtiger Aufhängung hinzuweisen. In Abb. 183 ist der Einfluß einer um 5° schiefen Aufhängung auf die Angaben eines Amperestundenzählers gezeigt.

Berichtigungen.

Seite 4, 2. u. 3. Zeile v. unten: Statt $\pm$ 0,1 % **lies** $\pm$ 0,1 Teilstriche.

Seite 16, 3. Zeile v. unten: Statt Meßperiode **lies** Meßzeit.

Seite 21, 3. Zeile v. oben: Statt C_2' **lies** C_z'.

Seite 31, nach der letzten Zeile einfügen: Nur wenn die Spannung des Generators mit einem Regler, z. B. nach Abb. 28b, konstant gehalten wird, kann man den Strom ändern, ohne die Einstellung der Spannung zu beeinflussen und umgekehrt.

Seite 33, 11. Zeile v. unten: Statt . . . der Synchronmethode **lies** . . . dem Normalzählerverfahren.

Seite 61, 18. u. 19. Zeile v. unten: Statt . . . den Hilfsspulen, die . . . sind **lies** . . . der Hilfsspule, die . . . ist.

Seite 75, 12. Zeile v. oben: Statt Ausschlag **lies** Ausschlag α.

Seite 87, 4. Zeile v. oben u. Abb. 58b rechts: Statt I **lies** I' und statt $I \cdot R_4$ **lies** $I' \cdot R_4$.

Seite 113, 11. Zeile v. unten: Statt wie das **lies** wie für das.

Seite 114, 16. Zeile v. unten: Statt Elektronenstrahl **lies** Elektronenstrahl der Zählröhre.

Seite 136, Fußnote 1: Statt ESCHENBERG **lies** ESCHENBURG.

Seite 190, 13. Zeile v. unten: Statt α **lies** a.

Seite 210, 7. Zeile v. oben: Statt 0,09 **lies** 0,09 Ω.

Seite 213 u. Seite 214, Abb. 164 bis 167: Statt U_N, I_N, N_N **lies** U_n, I_n, N_n.

Seite 214, 5. Zeile v. unten: Statt $R\frac{2}{X}$ **lies** $R\frac{2}{W}$.

Seite 218, 4. Zeile v. oben: Statt G **lies** $\sqrt{G}$.

Namenverzeichnis.

AEG (Allgemeine Elektrizitäts - Gesellschaft) 86, 122, 167
Agnew 179
Alberti 169, 180
Aron 136, 224

Beetz, W. 43, 139, 149, 204, 226
Behn-Eschenburg 136
Blamberg, E. 89
Blathy 23
Blum, W. 122
Bogen, E. 47
Brauer, W. 86
Braunersreuther, E. 50
Brion 54, 74
Brooks 169
Brückmann, A. 82
Bruckmann, H. W. L. 41, 182, 187
Bublitz, G. 223

Callsen, A. 107, 116

Déguisne 42
Diesselhorst 57
Doericht 139

Eckstein, A. 122
Edler, H. 16
Eicke, H. 55
Elektrospezial G.m.b.H. 114
Engel, A. v. 223
Estel, F. 107, 116

Faber-Castell 9
Feußner 57
Fitch 107, 186, 189, 192
Förster 6
Franck, S. 73, 135, 211
Franke, R. 57
Friedländer, E. 45

Gen. El.Co. 179
Genkin 200, 202
Gewecke 108
Geyger, W. 44, 45, 63
Gossen 69
Graffunder, W. 92, 93
Greiner, R. 45
Grob, H. 46
Gröninger, K. 53
Grosse-Brauckmann 193, 199
Grosshans 48
Gumlich 223

Haase, F. 206
Hartel, W. 48, 50
Hauffe, G. 86
Hawkes, H. D. 58
Heinrich, R. O. 82
Heliowattwerke 224
Hochhäusler, P. 86
Hoffmann, H. 29
Hohle, W. 47, 69, 172
Holleuffer, W. 169
Holtz, F. C. 117, 169
Hommel 18, 97, 189
Huber 107, 186, 189, 192
Hueter 193, 199
H&B(Hartmann&Braun) 57, 224
Hurbin, M. 204

Irwin 205

Jaeger 54, 55

Kafka, W. 53
Kartak 86
Keinath, G. 54, 168, 207
Keller, A. 172
Keßler, W. 55
Koch & Sterzel 177
Kohler, J. W. L. 69
Kohlrausch, F. 2, 7, 91, 190, 208
Koppelmann, F. 169
Krönert, I. 54
Krukowski, W. v. 63, 108, 181, 192, 198, 203
Kuhlmann 190
Kulp, M. 30

Land- und Seekabelwerke 57
Langrehr, H. 74
Lenze, F. A. 211
Linke, H. 31
Lloyd 205

Maier, K. 29
Meyer, G. J. 219
Megede, zur 48
Mell 121
Mie, G. 1
Möllinger, J. A. 86, 181, 195, 203, 222
Moore 205
Musson 121

Nölke, O. E. 108, 116
Nützelberger, H. 60, 62, 102, 104, 149, 152

Orlich, E. 18, 40, 76, 141, 202, 215

Palm, A. 54
Pederzani, K. 31
Pflier, P. M. 2, 54, 93, 220, 223
Di Pieri, C. 139
Polek, H. 42, 85

Raps 57
Ratcliff 205
Reid 205

Resch, R. 111
Reynst 182
Rhode & Schwarz 93
Richter, H. 209
Riefler 89
Robertson 202
Rogowski 204
Rosa 205
Rübsaat, H. 86
Rump 69
Rziha, E. v. 29, 31

Shotter, G. F. 58
Skirl 54
Sorge, J. 59
SSW (Siemens-Schuckertwerke) 32, 165, 184
Stahl, H. 117
Stern 179
Storch, P. 117
Stubbings, G. W. 86, 141
S & H (Siemens & Halske) 57, 59, 165, 224
Schering, H. 69, 84, 157, 169, 217, 222
Schillès 200, 202
Schmidt, R. 13, 55, 57, 86, 157, 222
Schmiedel, K. 145, 179, 186, 188, 194, 195, 198, 202, 206, 220, 222
Schultze, H. 215
Schulze, G. 202

Tauber, G. 17, 102
Täuber-Gretler, A. 218
Thomson, G. 107
Trachmann, H. 31
Tritschler, E. 93

Vieweg, V. 54, 74, 204
Vogler, H. 6

Wachsmann, F. 182
Walcher, Th. 54
Walter, B. 90
Wechsung, H. 69
Wicht, H. H. 216
Wolf, Otto 57

Zawischa, R. 131
Ziemendorff, H. 85, 184
Zwierina, O. 68, 175

Sachverzeichnis.

Absolutes Verfahren zur Wandlerprüfung 160
Akkumulatoren 28
Anfangsziffernrolle 16
Anlauf 196
Anschlußprüfgerät für Drehstrom 85
Astatische Meßwerke 67, 70
Astronomische Pendeluhr 89
Asynchronmotor zur Frequenzeinstellung 39
Aufhängung, schiefe 229
Auslaufmessungen 186, 197
Äußere Felder 205

Ballistisches Galvanometer 223
Beeinflussung durch äußere Felder 205
— stromführende Leitungen 205
Beglaubigungsfehlergrenzen 7
Belastungsdiagramm 26
Belastungsstöße 27, 202
Belastungstransformatoren 37
Belastungswiderstände 36
Berichtigung 1
Blindleistungsmesser 68
Blindverbrauchzähler 149
Bremsmoment 193, 197ff.
Brückenschaltung zur Eigenverbrauchsmessung 217
— für Kurzschlußprüfung 219
— zur Phaseneinstellung 42
Bürstenreibung 183
Bürsten-Übergangswiderstand 227

Dauerschaltung 17
Differentialgetriebe 73, 116
Doppelgenerator 32, 39
Doppelpendelzähler 17
Doppelzeitschreiber 109
Dreheisenmeßgeräte 70
Drehfeldzeiger 85
Drehmoment 178
Drehmomentaufzeichnung 180
Drehspulmeßgeräte 64
Drehstrom-Arbeitswaage 102
Drehstromprüfzähler 95
Drehstrom, Schaltungen 131
Drehstromzähler für gleichbelastete Phasen 145
Drehtransformator 36
Drehzahlregelung 52
Dreiamperemetermethode 216
Dreifachgenerator 33
Dreileiter-Drehstrom, Schaltungen 135
Dreileiter-Gleichstrom 160
Dreileiter-Zweiphasenwechselstrom 131
Dreivoltmetermethode 215
Drosselspulen 41
Durchlaufzeit 17
Durchschlagsprüfung 210
Durchsichtsstroboskop 119

Eichordnung 7
Eichzähler 94
Eigenbremsung 197
Eigenverbrauch 213
Einlaufmethode zur Eigenbremsungsmessung 198
Einphasenmotor zur Phaseneinstellung 41
Einphasenwechselstrom, Schaltungen 127
Einstellwiderstände 34
Eisengeschlossene Leistungsmesser 68
Eisenwiderstand 43
Elektrodynamische Meßgeräte 65
Elektrolytzähler 17
Elektrometer 215
Elektronenröhre 50
Elektronische Zählröhrenkette 114
Elektrostatische Meßgeräte 71
Erdung 126 ff.
Erdfeld 206
Erschütterungen 196
Erwärmung 208

Fehler 1
Fehler, mittlerer 26
Fehlerbestimmung 15
Fehlergrenzen 7
Fehlerkurve 7
Fehlwinkel 15, 79, 170 ff.
Felder, äußere 205
Feldmessung 222
Fieberthermometer 207
Frequenzeinstellung 38
Frequenzmesser 72
Frequenzmesser mit Differentialgetriebe 73
Frequenzwandler 38
Funkenstrecke 212
Funkenübergang für Zählvorrichtungen 107

Galvanometer 58, 223
Geberzähler 107
Geeichter Motor
zur Reibungsmessung 192
zur Eigenbremsungsmessung 198
Gegen-EMK bei Gleichstromzählern 228
Gegenschaltungsverfahren zur Wandlerprüfung 172 ff.
Gitterspannung 50
Gitterwiderstände 37
Gleichlastprüfzähler 97, 163
Gleichlastverfahren 97, 101
Gleichrichter 29
Gleichrichtermeßgeräte 69
Gleichstromgeneratoren 31
Gleichstromkompensator 54 ff.
Gleichstromzähler 160
Glimmteiler 44
Glühkathodengleichrichter 30
Graetzschaltung 69
Großbereichzähler 12
Grundgrößen 3

Hellschreiber 117
Hilfsschalter 88
Hitzdrahtmeßgeräte 71
Hochspannungsgeneratoren 31
Hydraulischer Regler 47

Indium-Antimonblättchen zur Feldmessung 223
Internationale Elektrotechnische Kommission 15
Isolationsprüfung 210
Istgröße 1
Istwert der Angaben 105

Kadmiumelement 55
Kathodenstrahloszillograph 122
Kohledruckregler 46
Komparator 58
Kompensatoren 54 ff.
Konstante 18, 97, 99
Kontakteinrichtungen 107
Kontaktgleichrichter 30
Konstanthaltungseinrichtungen 43, 66
Konstantspannungsgerät 48
Korrektion 1
Korrektionsfaktor 2
Kräftemesser 178
Kühlvorrichtung für Widerstände 34
Kurvenform 204
Kurzprüfung 18, 21, 23
Kurzschlußprüfer 218
Kurzschlußsicherheit 208
Kurzschlußwindungen 218

Lagerreibung 183, 184
Langprüfung 16, 105
Leerlauf 196
Leistungsfaktor 74, 127, 137, 158
Leistungsmesser 66
Leistungsmesser-Umschalter 88
Lichtmarken-Leistungsmesser 67
Luftreibung 183, 186, 192

Magnetmeßapparat 224
Magnetverstärker 53
Meßbereiche, Erweiterung 74
Meßgenauigkeit 1
Meßwandler 13, 78, 168
Meßwandlerzähler 10, 11

Nebenwiderstände 76
Normalelement 55
Normalfrequenz 90
Normalwiderstand 3, 169
Normalzählerverfahren 105
Nullstellvorrichtung 71, 96, 98

Optisch-elektrische Kontaktvorrichtung 108, 120
Optischer Kompensator 121

Pendeluhr 89
Pendelzähler 17
Periodenumformer 38
Permanente Magnete 224
Phasenabgleichung 220
Phasenlage 80
Phasenmesser 73
Phasenschieber 40
Phasenverschiebungseinstellung 39
Photozelle 120, 122
Physik.-Techn. Bundesanstalt 7, 170
Polprüfer 82
Polreagenzpapier 80
Polumschaltbarer Generator 33
Präzisionsmeßgeräte 64 ff.
Präzisionsstoppuhr 90
Prüfklemmen 165
Prüfschaltungen 124 ff.
Prüfzähler 94

Quarzuhr 93
Quecksilberdampfgleichrichter 29
Quecksilbernormal 3

Raumtemperatur 7, 55, 207
Regeln des VDE 7
Regler 43
Regeltransformatoren 35
Reibungskompensation 194
Reibungsmoment 182 ff.
Relaiskette 109
Röhrenregler 48
Röhrensender mit Synchronuhr 91

Sekundenstrom 209
Selbsttätige Zähleinrichtungen 107
Selenzelle 108
Skalenkorrektion 20, 75
Sollgröße 1
Spannungsfehler 79
Spannungsgleichhalter, magnetischer 45
Spannungsmesserersatzschalter 88
Spannungsstöße 211
Spannungssymmetrieanzeiger 103
Spannungsteiler 55, 171
Spannungstranformatoren 36
Spannungswandler 78, 83, 168 ff.
Sparschaltung 27
Spartransformator 35
Stabilisator 44
Stelltransformatoren 35
Stillstandsmethode zur Fehlwinkelbestimmung 220
Stimmgabelsender 92
Stoppuhr 90
Stoßspannung 211
Stoßweise Belastung 202
Stroboskopische Einrichtungen 119
Stroboskopische Verfahren 23, 106
Stromfehler 79
Stromführende Leitungen, Einfluß auf Angaben 205
Stromquellen 28 ff.
Stromrichtung 80
Stromtransformatoren 36
Strömung in der Scheibe 226
Stromwandler 78, 83
Strom- und Spannungswandler, Prüfung 168 ff.
Stufentransformator 37, 177
Summer 219
Sychrondrehzahlmethode zur Reibungsmessung 193
— zur Eigenbremsungsmessung 199
Synchroneinstellung 21
Synchronuhr 91
Schalter für zyklische Vertauschung 41
Schaltung der Leistungsmesser 125
— der Zähler 125
Scheibenströme 226
Schiefe Aufhängung 229
Schlußhorcher 219
Schrittschaltwerk 116
Schutzleitung 56
Schwebespule 44

Temperatureinfluß 207
Temperaturfehler 12, 46, 53, 55, 64 ff.
Temperaturkoeffizient 208
Thermische Meßgeräte 71

Thermoumformer 69
Tirillregler 46
Toleranz 1
Torsionsdynamometer 184
Torsions-Leistungsmesser 67
Torsionswaage 182
Trägheitsmoment 190
Trimmer 92
Trockengleichrichter 29

Übersetzungsverhältnis 18, 19
Universalprüfzähler 95
Unsicherheit 2

Variator 43
Vektormesser 82
Verkehrsfehlergrenzen 13
Verrechnung mit dem Abnehmer 26
Vibrationsgalvanometer 63, 170, 173, 176, 178, 217
Vierleiter-Drehstrom, Schaltungen 131, 140
Voltameter 202
Vorlauf 196
Vorwiderstände 75, 126

Wahrscheinlicher Meßfehler 6
Watthourmeter-comparator 117
Wechselspannungsregler 53
Wechselstromgeneratoren 31
Wechselstrom-Gleichstrom-Arbeitswaage 60
Wechselstrom-Gleichstrom-Komparator 58
Wechselstrom-Kompensator 62
Westonelement 55
Winkelfehler 220
Winkelmessung mit Hilfspule 222
Wismutspirale zur Feldmessung 223

Zählrelaiskette 109
Zählröhren 114
Zählvorrichtungen 109
Zählwerksablesung 16
Zählwerksreibung 183
Zeigerfrequenzmesser 72
Zeigermeßgeräte 64 ff.
Zeit-Leistungs-Verfahren 105
Zeitmessung 89
Zeitwaage 117
Zeitzeichen 89
Zimmertemperatur 7, 208
Zungenfrequenzmesser 72
Zweileistungsmesserschaltung 136
Zweileiter-Gleichstrom 160
Zweiphasenwechselstrom, Schaltungen 130
Zweiwattmetermethode 136
Zyklische Vertauschung 40